中国海域甲藻 Ⅲ

（多甲藻目）

Dinoflagellates in the China's Seas Ⅲ
(Peridiniales)

杨世民　李瑞香　董树刚　著

Yang Shimin　Li Ruixiang　Dong Shugang

海洋出版社

China Ocean Press

2019年·北京

2019 · Beijing

内容简介

本书记述了我国海域甲藻门甲藻纲的一个大目——多甲藻目的海洋甲藻，共5科、1亚科以及1未确定科，共计14属168种。详细描述了各种的形态特征、地理分布、生态特点和出现时间，对于相似的物种进行了比较区分，对于不同的分类观点也给予了讨论。每个物种都附有手绘图片，绝大多数物种还摄有实物照片和扫描电子显微镜图片。书后附有学名索引和国内外参考文献。

本书可为植物学、藻类学、生态学等领域的科研工作者，以及大专院校生物、水产、环境生态等专业的师生提供参考。

图书在版编目(CIP)数据

中国海域甲藻. Ⅲ, 多甲藻目 / 杨世民, 李瑞香, 董树刚著. — 北京 : 海洋出版社, 2019.8

ISBN 978-7-5210-0405-2

Ⅰ. ①中… Ⅱ. ①杨… ②李… ③董… Ⅲ. ①海域-甲藻门-研究-中国 ②多甲藻目-研究-中国 Ⅳ. ①Q949.24

中国版本图书馆CIP数据核字(2019)第178832号

责任编辑：于秋涛
责任印制：赵麟苏

海洋出版社 出版发行
http://www.oceanpress.com.cn
北京市海淀区大慧寺路8号　邮编：100081
北京朝阳印刷厂有限责任公司印刷　新华书店北京发行所经销
2019年8月第1版　2019年8月北京第1次印刷
开本：787mm×1092mm　1/16　印张：13.75
字数：369千字　定价：220.00元
发行部：010-62132549　邮购部：010-68038093　总编室：010-62114335

序　言

Preface

甲藻是海洋浮游生物的一大类群，其种类和数量仅次于硅藻，在海洋生态系统中占有非常重要的地位。

甲藻的分类学研究至今已有约200年历史，1773年Muller首次提出“dinoflagellates”一词，意为“涡动的鞭毛”，源于希腊文，用来描述Baker 1753年发现的一种发光的甲藻。直至1883年Stein首次出版了关于甲藻形态描述的专著，人们才开始真正认识并研究甲藻。随着甲藻分类学研究的逐步深入，Pouchet、Kofoid & Swezy、Lebour、Schiller、Wood、Abé、Dodge、Balech、Taylor、Steindinger、Tangen、Faust和Larson等人相继出版了一系列专著，成为甲藻分类学的经典之著，直至现在仍被广泛地参考引用。中国甲藻分类学研究始于20世纪30年代，王家楫、倪达书等学者就海南岛近海、厦门港和渤海的甲藻进行了报道和研究，是我国学者早期甲藻分类工作之开端。从50年代开始，我国相继开展了多次海洋普查和海区性调查，许多学者参与到甲藻的研究工作中，前后发表了不少甲藻形态分类方面的研究论文。林永水主编的《中国海藻志：甲藻纲角藻科》于2009年出版。黄宗国等（1994）在《中国海洋生物种类与分布》一书中收录了255种甲藻，2008年的增订版增加到260种，刘瑞玉（2008）编著的《中国海洋生物名录》共有甲藻302种，但这些著作只是列出甲藻的种名录，缺乏种的描述和图的信息。黄宗国、林茂（2012）编的《中国海洋物种多样性》汇集了359种甲藻，虽在《中国海洋生物图集·第一分册》中汇集了甲藻图谱，但缺乏种的描述和其他相关信息。

《中国海域甲藻》是作者基于多年在中国海域采集的甲藻标本而撰写的一部系列著作，本书为多甲藻目共168种继续发表，本书最大的特点是每种甲藻除手绘的轮廓图外，还附有大量的彩色或电镜实物照片，细致地对甲藻形态进行了研究，更易于相关科研和业务监测工作者的参考与把握。

李瑞香教授从事海洋生物学工作30余年，参与过多项大洋、南极、黑潮及我国近海等调查，参与并主持多项国家及地方海洋科学调查及研究工作，在海洋生物，海洋生态等研究中开展并报告了大量甲藻分类的成果。杨世民教授是一位年轻的海洋生物工作者，长期从事海洋浮游植物调查研究，本书的内容即是来自他所收集的第一手资料。本专著是作者们多年工作的结晶，内容丰富，种类全面，大可为海洋生态研究及调查的很可靠的参考书。

作为作者们的同事和科学伙伴，我很荣幸有机会为本书做序，并把这一专著向广大海洋工作者推荐。

中国藻类学会副理事长

2019年4月

前　言

Foreword

多甲藻目 Peridiniales 是甲藻门 Dinophyta 甲藻纲 Dinophyceae 的一个大目。本书中记述了多甲藻目 5 科、1 亚科以及 1 未确定科，共计 14 属 168 种（包括变种），其中在中国海域内首次记录的物种 82 种。

本书中样品的采集海域包括辽东湾、渤海湾、莱州湾、渤海中部海域、渤海海峡、黄海北部海域、獐子岛附近海域、山东荣成附近海域、青岛沿海、黄海南部海域、长江口附近海域、浙江舟山群岛附近海域、福建罗源湾、厦门沿海、东海、冲绳海槽西侧海域（东海大陆架边缘海域）、钓鱼岛附近海域、台湾海峡、台湾东部海域、吕宋海峡（本书所述吕宋海峡系吕宋海峡北部、台湾南侧的中国海域）、珠江口附近海域、南海北部海域、三亚沿海、北部湾、东沙群岛附近海域、西沙群岛附近海域、中沙群岛附近海域、黄岩岛附近海域、南沙群岛附近海域。

样品的采集方法为采水、20 μm 浮游生物网拖网和 76 μm 浮游生物网拖网的方法。大多数样品采上后先在光学显微镜下进行活体细胞拍摄，此项工作是样品采上两小时内在调查船上实验室内完成的。需要进行长期储存的样品则加入 2%～5%

中性福尔马林溶液固定保存。本书中每一物种的手绘图片均根据作者观察到的样本绘制。

本书得到国家自然科学基金应急管理项目“中国孢子植物志的编研”（项目号：31750001），海洋公益性行业科研专项“我国海洋浮游生物分类鉴定技术及在生物多样性保护中的应用”（项目号：201005015），以及国家自然科学青年基金项目（项目号：41306171 和 41506191）的支持。在样品的采集过程中，承蒙中国海洋大学、厦门大学等的多位海洋调查首席科学家的大力支持与协助，李艳、徐宗军、孙萍、张倩、刘任茜、闫彦涛等也参与了部分工作，在此表示衷心的感谢。

对于甲藻门甲藻纲其他目的物种，作者将在今后的工作中逐步研究补充记述。

由于作者水平有限，难免有错误和疏漏之处，敬请批评指正。

著 者

2019 年 3 月

目　录

Contents

甲藻门 Dinophyta

甲藻纲 Dinophyceae（=Dinoflagellata）

多甲藻目 Peridiniales Haeckel, 1894

本目物种的甲板排列不对称，从细胞顶端至底端依次为：

顶孔复合结构 APC（apical pore complex）：包括顶孔板 Po（apical pore plate），顶盖板 cp 或 Pc（canopy plate），X 甲板（X plate）等结构。

顶板′（apical plate）：指与顶孔复合结构相接的甲板，但在有些属的物种中，第一顶板 1′与顶孔复合结构分离。

前沟板″（precingular plate）：位于上壳，围绕横沟上缘并且不与顶孔复合结构相接的甲板。

前间插板 a（anterior intercalary plate）：位于顶板和前沟板之间的甲板。

横沟板 c（cingular plate）

纵沟板 s（sulcal plate）

后沟板‴（postcingular plate）：位于下壳，围绕横沟下缘的甲板。

后间插板 p（posterior intercalary plate）：位于后沟板和底板之间的甲板。

底板⁗（antapical plate）：位于细胞底部的甲板。Balech 认为底板是与纵沟板相接但不与横沟板相连的甲板，本书中采纳了 Balech 的这一观点。

本书所记载的各属的甲板数量见表 1。

表 1　本书记载多甲藻目各属甲板数量

属		′	a	″	c	s	‴	p	⁗
多甲藻属	*Peridinium*	4	3	7	5	5	5	0	2
斯克里普藻属	*Scrippsiella*	4	3	7	6 (t+5)	4～7	5	0	2
异帽藻属	*Heterocapsa*	5	3	7	6	5	5	0	2
翼藻属	*Diplopsalis*	3	1	6	4 (t+3)	5	5	0	1
拟翼藻属	*Diplopsalopsis*	3	2	7	4 (t+3)	6?	5	0	2
倒转藻属	*Gotoius*	3	2	6	4	4?	5	0	2
原多甲藻属	*Protoperidinium*	4	2～3	6～7	(t+3)	6	5	0	2
足甲藻属	*Podolampas*	3	1	5	3	4～5	5	0	1
囊甲藻属	*Blepharocysta*	3	1	5	3	4	4～5	0	1
瘦甲藻属	*Lissodinium*	3	1	5	3	5	5	0	1
尖甲藻属	*Oxytoxum*	5	0	6	5	4	5	0	1
伞甲藻属	*Corythodinium*	5	0	6	5	?	5	0	1
苏提藻属	*Schuettiella*	2	1	6	6	9	6	0	2
螺沟藻属	*Spiraulax*	3	2	6	6	6	6	0	2

多甲藻科 Peridiniaceae Ehrenberg, 1831

多甲藻属 *Peridinium* Ehrenberg, 1832

本属内多数物种为淡水性种，藻体细胞小至中型，腹面观透镜形、卵圆形、球形或多角形。甲板公式为：4′, 3a, 7″, 5c, 5s, 5‴, 2⁗。

四齿多甲藻 *Peridinium quadridentatum* (Stein) Hansen, 1995

Hansen 1995, 169.

同种异名：*Heterocapsa quadridentata* Stein, 1883: Stein 1883, 13, t. 4, fig. 3.

Peridinium quinquecorne Abé, 1927: Abé 1927, 410, fig. 30a–c; Schiller 1937, 142, fig. 142a–c; Kisselev 1950, 209, fig. 353a–c; Abe′ 1981, 294, fig. 40a/264–272; Dodge 1985, 37; 福代康夫等 1990, 138, fig. a–d; Omura et al. 2012, 131.

Protoperidinium quinquecorne (Abé) Balech, 1974: Balech 1974, 59.

藻体细胞大小和形态差别很大，年轻的细胞个体小且底刺短，甚至底刺不可见（如图 1 f），成熟的细胞则个体大且底刺长。细胞长（不包括底刺）19～38 μm，宽 14～33 μm，背腹较扁，腹面观五边形。上壳近锥形，两侧边直或稍凸，顶角短，成熟细胞在顶角腹面还生有一尖锥形的顶刺。第一顶板 1′窄四边形。第二前间插板 2a 与 7 块甲板相连。横沟凹陷，左旋，下降 0.3～0.5 倍横沟宽度，横沟边翅窄。纵沟较短，约至下壳 4/5 处，纵沟右边翅短舌状，覆盖住鞭毛孔。下壳四边形，底边稍斜，在下壳侧边和底边生有 3～5 个长刺，长刺具窄翼。壳面粗糙，生有许多短的脊状条纹。

南海有分布。样品 2016 年 9 月采自广西防城港。

温带至热带浅海性种。日本近海有记录。

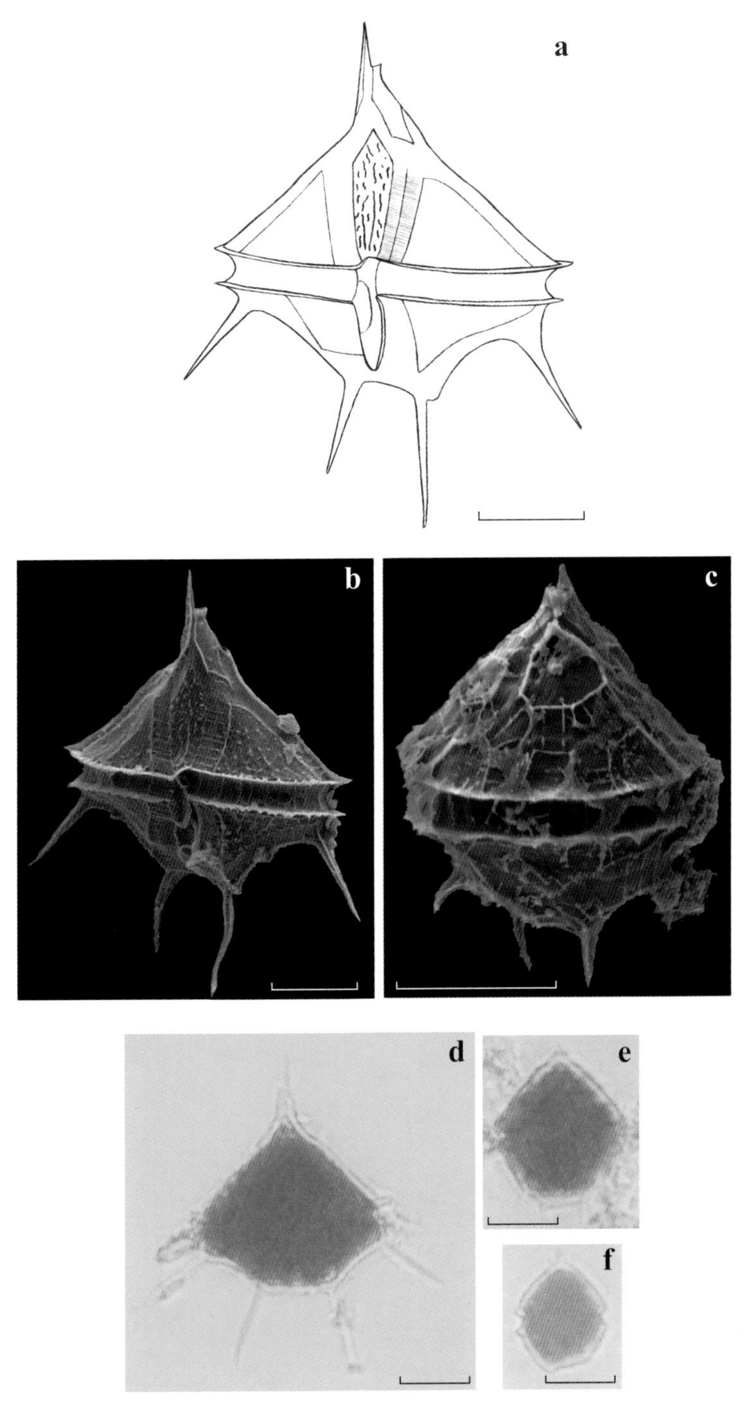

图 1　四齿多甲藻 *Peridinium quadridentatum* (Stein) Hansen, 1995

a, b, d. 腹面观；c, e, f. 背面观；b, c. SEM

注：本书比例尺未具体标明的，均表示 10 μm。

钙甲藻亚科 Calciodinelloideae Fensome, Taylor, Norris, Sarjeant, Wharton & Williams

斯克里普藻属 *Scrippsiella* Balech & Loeblich Ⅲ, 1965

本属藻体细胞小，梨形至卵圆形。具 X 甲板，纵沟后板 (S.p.) 与横沟相连。壳面平滑。营浮游生活、底栖生活或共生生活。本属的甲板公式为：Po, cp, X, 4′, 3a, 7″, 6c(t+5c), 4～7s, 5‴, 2⁗。

本属共 27 种，中国海域已有记录 9 种（蓝东兆和顾海峰 2014；Gu et al. 2013；Gu et al. 2008），本书记述 1 种。

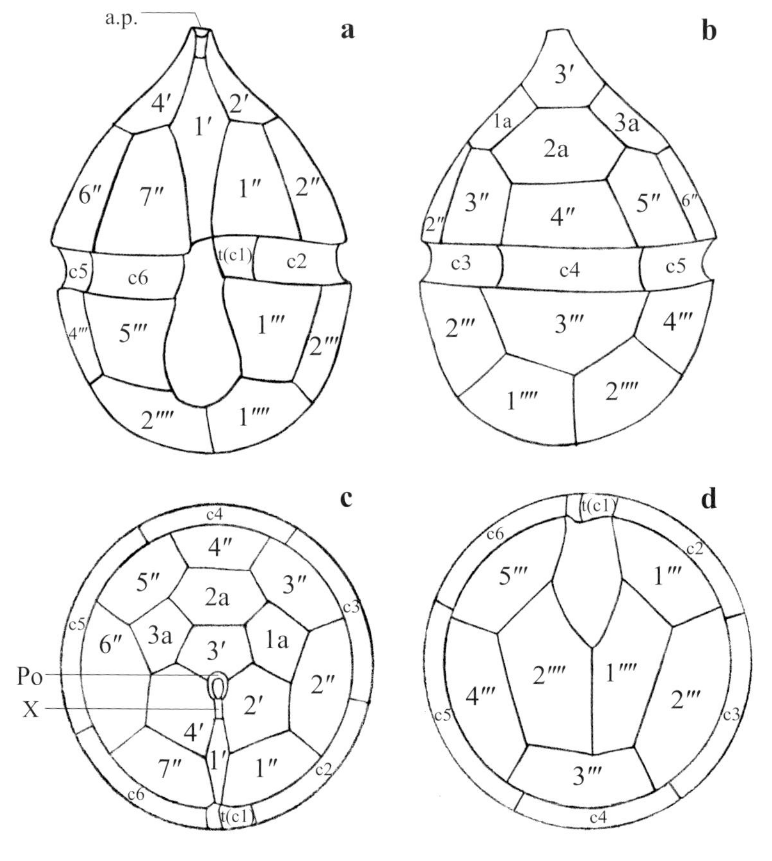

图 2　斯克里普藻属结构示意图

a. 腹面观；b. 背面观；c. 顶面观；d. 底面观

锥状斯克里普藻 *Scrippsiella trochoidea* (Stein) Loeblich Ⅲ, 1976

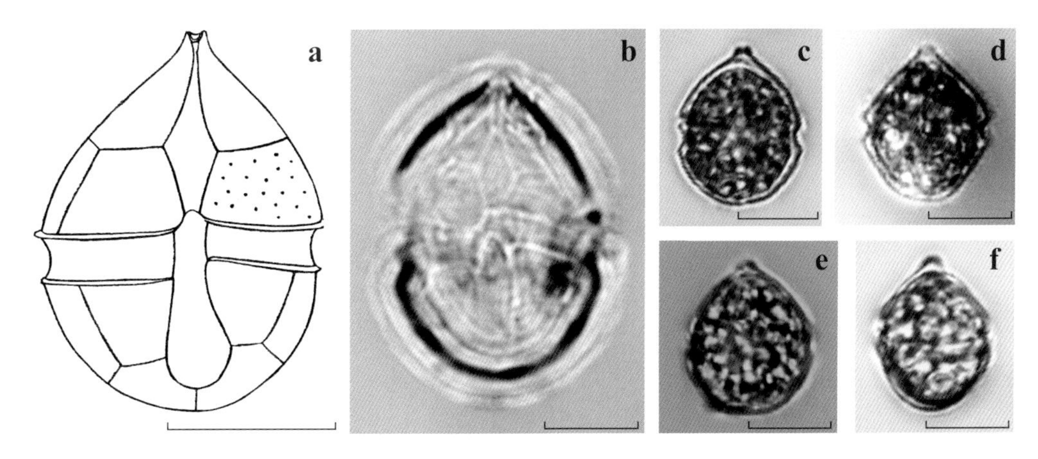

图 3 锥状斯克里普藻 *Scrippsiella trochoidea* (Stein) Loeblich Ⅲ, 1976
a–d. 腹面观；e, f. 背面观

Loeblich Ⅲ 1976, 25; Steidinger & Balech 1977, 69; Dale 1977, 246, fig. 13; Dodge 1982, 163, fig. 18q–s, t. 3d; Dodge 1985, 70; Balech 1988, 159, lam. 71, fig. 9–11; 福代康夫等 1990, 160, fig. a–e; 齐雨藻和钱峰 1994, 209, fig. 6a–c; Tomas 1997, 527, t. 47; Al–Kandari et al. 2009, 172, t. 20a–b; Omura et al. 2012, 129; 杨世民和李瑞香 2014, 159.

同种异名：*Glenodinium trochoideum* Stein, 1883: Stein 1883, t. 3, fig. 27–29; Klebs 1884, fig. 4–5; Schütt 1895, t. 25, fig. 87; Ostenfeld 1908, 163, t. 5, fig. 44–49; Paulsen 1908, 24.

Glenodinium acuminatum Jörgensen, 1899: Jörgensen 1899, 32.

Peridinium faeroense Paulsen, 1905: Paulsen 1905, 5, fig. 5; Paulsen 1908, 64, fig. 85; Lebour et al. 1925, 113, t. 19, fig. 2a–d; Dale 1977, 241, fig. 1–5, 8, 10–11, 14–19, 21, 23–25, 27–31.

Peridinium trochoideum (Stein) Lemmermann, 1910: Lemmermann 1910, 336; Lebour et al. 1925, 113, t. 19, fig. 3a–d; Schiller 1929, 401, fig. 14a–b; Schiller 1937, 137, fig. 134a–d; Wood 1968, 110, fig. 333; Steidinger & Williams 1970, 58, t. 34, fig. 117a–b.

Scrippsiella faeroense (Paulsen) Balech & Soares, 1967: Balech & Soares 1967, 106, fig. 11–20; Dodge 1982, 162, fig. 18n–p, t. 3e–f; Dodge 1985, 69.

Scrippsiella faeronese Dickensheets & Cox, 1971: Dickensheets & Cox 1971, 139, fig. 1–6.

藻体细胞小型，长 18～33 μm，宽 16～24 μm，腹面观梨形。上壳近锥形，两侧边稍凸，顶角粗短，末端平截。第一顶板 1′ 窄四边形。横沟较宽，左旋，下降 0.3～0.5 倍横沟宽度，横沟边翅甚窄。纵沟短，没有达到下壳底部，前端较窄，后端较宽。下壳半球形，无底刺或底角。壳面平滑，孔细小。

中国各海域均有分布。样品采自渤海、黄海、青岛沿海、舟山群岛附近海域、珠江口附近海域、三亚附近海域。

河口、近岸性种，世界广布。

异帽藻科 Heterocapsaceae Fensome, Taylor, Norris, Sarjeant, Wharton & Williams

异帽藻属 *Heterocapsa* Stein, 1883

本属藻体细胞小，梨形、椭圆形、卵圆形或近双锥形。横沟左旋，甲板具鳞片结构 (body scale)。本属的甲板公式为：Po, cp, 5′, 3a, 7″, 6c, 5s, 5‴, 2⁗。其中，纵沟甲板有纵沟前板 (S.a.)、纵沟右板 (S.d.)、纵沟左前板 (S.s.a.)、纵沟左后板 (S.s.p.)、纵沟后板 (S.p.)。

本属共 18 种，中国海域已有记录 3 种（Xiao et al. 2018；Iwataki et al. 2002），本书记述 1 种。

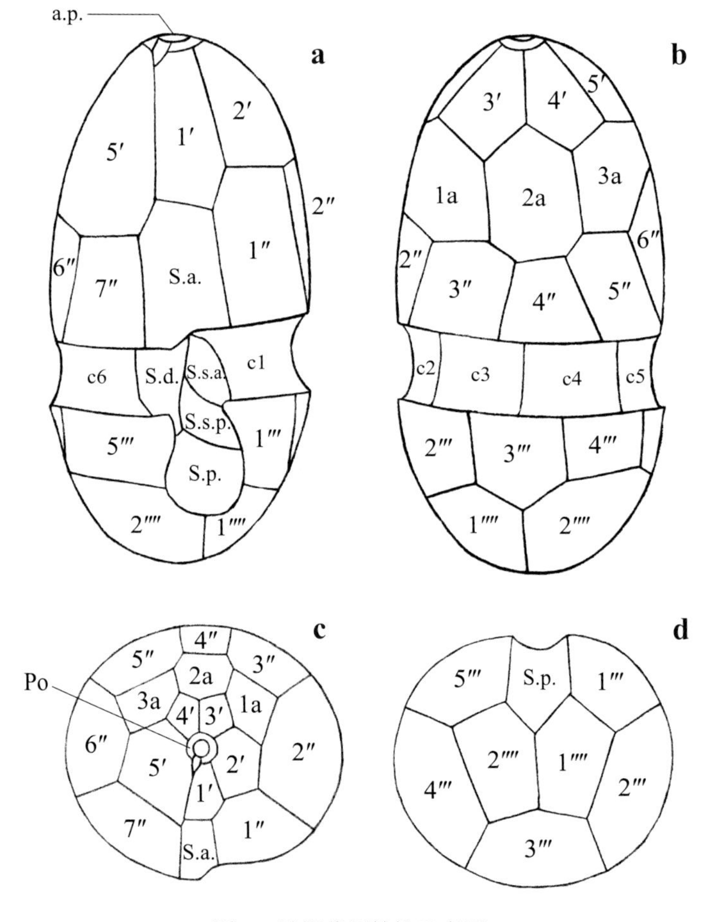

图 4　异帽藻属结构示意图

a. 腹面观；b. 背面观；c. 顶面观；d. 底面观

三角异帽藻 *Heterocapsa triquetra* (Ehrenberg) Stein, 1883

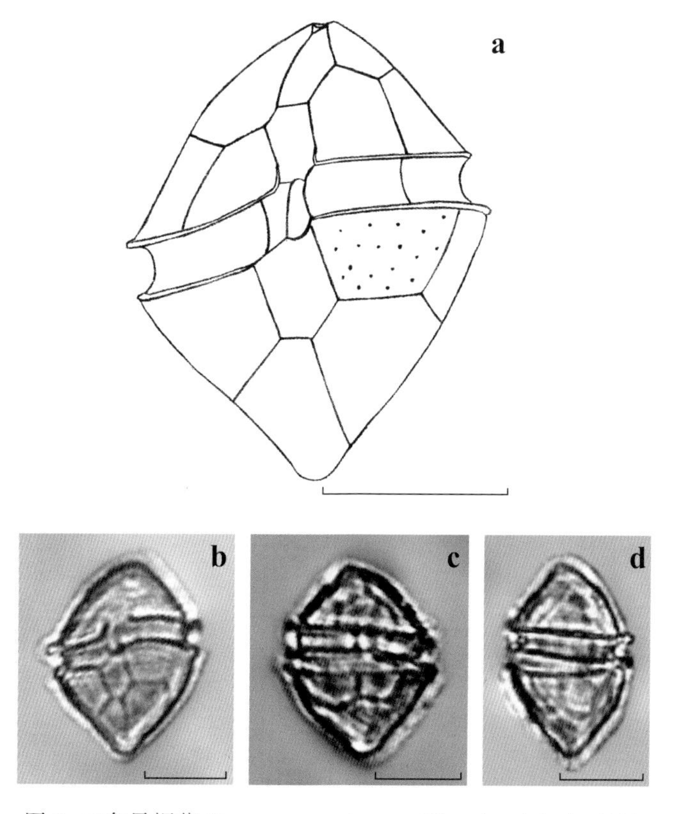

图 5 三角异帽藻 *Heterocapsa triquetra* (Ehrenberg) Stein, 1883
a, b. 腹面观；c. 背面观；d. 左侧面观

Stein 1883, t. 3, fig. 30–40; Schütt 1895, t. 22, fig. 62; Paulsen 1908, 26, fig. 32; Meunier 1910, 45, t. 4, fig. 5–8; Lindemann 1924, 5, fig. 1–11; Dodge 1982, 150, fig. 17c–d, t. 3a; Dodge 1985, 32; Tomas 1997, 531, t. 49; Omura et al. 2012, 131.

同种异名：*Glenodinium triquetrum* Ehrenberg, 1840: Ehrenberg 1840, 200.

Properidinium heterocapsa (Stein) Meunier, 1919: Meunier 1919, t. 19, fig. 43–49.

Peridinium triquetra (Ehrenbourg) Lebour, 1925: Lebour et al. 1925, 109, t. 18, fig. 2a–f; Schiller 1937, 145, fig. 147a–f.

藻体细胞小型，长 24 μm，宽 18 μm，腹面观近双锥形。上壳两侧边直或稍凸，顶部圆钝或较平坦。横沟左旋，下降 0.5 倍横沟宽度，凹陷，横沟边翅窄。纵沟甚短，无纵沟边翅。下壳两侧边凸，向下逐渐收缩至角状。壳面平滑，孔细小。

中国各海域均有分布。样品采自黄海北部海域。

广布性种，分布于近岸、河口、半咸水、低盐水。

原多甲藻科 Protoperidiniaceae Balech, 1988

翼藻属 *Diplopsalis* Bergh, 1881

本属藻体细胞中等大小，透镜形、椭球形至球形，顶角甚短，无底角或底刺。横沟中位，近平直或稍稍右旋。纵沟左边翅发达。壳面平滑。本属的甲板公式为：Po, X, 3′, 1a, 6″, 4c(t+3c), 5s, 5‴, 1⁗。

本属共 8 种，中国海域已有记录 3 种，本书记述 1 种。

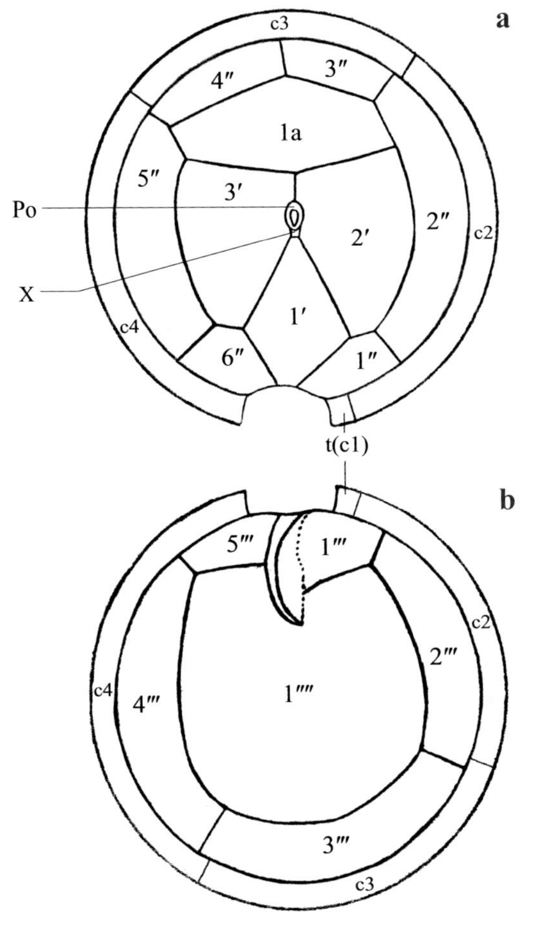

图 6　翼藻属结构示意图
a. 顶面观；b. 底面观

透镜翼藻 *Diplopsalis lenticula* Bergh, 1881

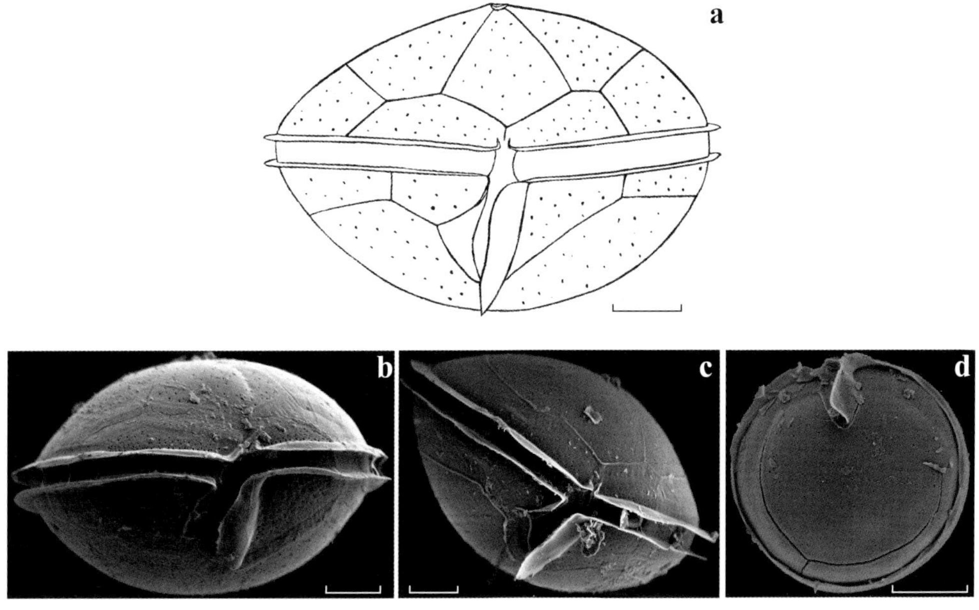

图 7 透镜翼藻 *Diplopsalis lenticula* Bergh, 1881
a–c. 腹面观；d. 底面观；b–d. SEM

Bergh 1881, fig. 60–62; Stein 1883, t. 8, fig. 12–14, t. 9, fig. 1; Lebour 1922, 795, fig. 1–5; Lebour et al. 1925, 99, t. 15, fig. 1a–e; Nie 1943, 10, fig. 9–13; Wood 1954, 222, fig. 86a–c; Yamaji 1966, 79, t. 37, fig. 1; Steidinger & Williams 1970, 49, t. 18, fig. 51; Taylor 1976, 130, fig. 298–299; Abe′ 1981, 26, fig. 3/4–6; Dodge & Hermes 1981, 18, fig. 3–5; Dodge 1982, 154, fig. 18i–k, t. 3b–c; Dodge 1985, 31; Dodge & Toriumi 1993, 139, fig. 1–2; Tomas 1997, 529, t. 48; Omura et al. 2012, 126.

同种异名：*Glenodinium lenticula* (Bergh) Pouchet, 1883: Pouchet 1883, 442, t. 21, fig. 35; Schiller 1937, 103, fig. 95a–h.

Dissodium lenticulum (Bergh) Loeblich Ⅲ, 1970: Loeblich Ⅲ 1970, 905; Rampi & Bernhard 1980, 91, t. 42, fig. a–d.

藻体细胞小至中型，长 21 ~ 45 μm，宽 31 ~ 66 μm，呈透镜状。上、下壳近相等，顶角甚短，三块顶板宽大，前间插板 1a 亦宽大，使得第三前沟板 3″ 和第四前沟板 4″ 很窄小。横沟中位，环状，横沟边翅较宽。纵沟约至下壳 2/3 处，纵沟左边翅发达，右边翅狭窄。壳面平滑，孔稀疏散布。

南海有分布。样品 2016 年 5 月采自南海北部海域。

温带至热带性种。太平洋、大西洋、印度洋、北海、地中海、加勒比海、红海、墨西哥湾、亚丁湾、孟加拉湾、日本附近海域、澳大利亚东部海域、英国附近海域均有记录。

拟翼藻属 *Diplopsalopsis* Meunier, 1910

本属藻体细胞形态与翼藻属 *Diplopsalis* 相似，但甲板结构不同，本属的甲板公式为：Po, X, 3′, 2a, 7″, 4c (t+3c), 6s (?), 5‴, 2⁗。

本属共 9 种，中国海域已有记录 3 种，本书记述 3 种，其中中国首次记录 1 种。

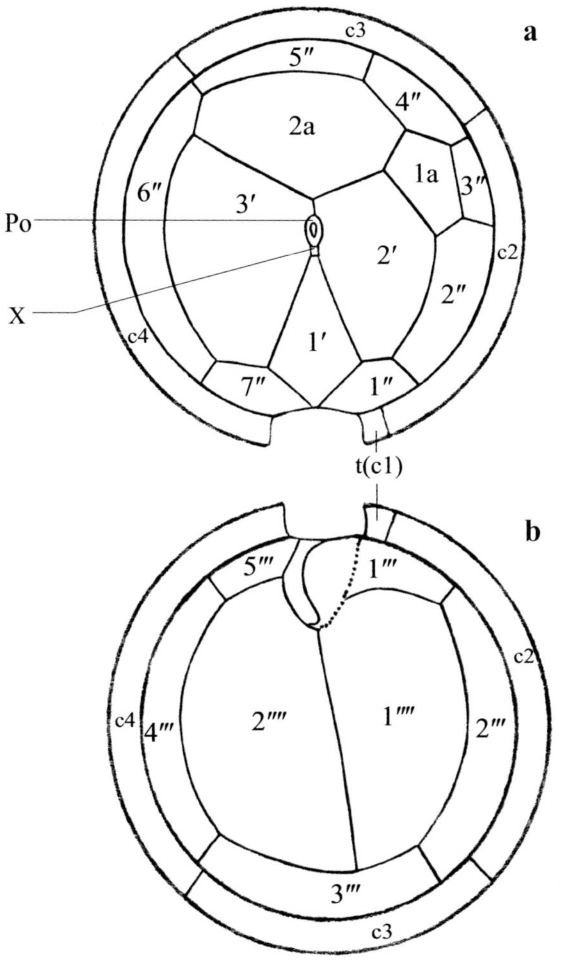

图 8　拟翼藻属结构示意图

a. 顶面观；b. 底面观

蓬勃拟翼藻 *Diplopsalopsis bomba* (Stein) Dodge & Toriumi, 1993

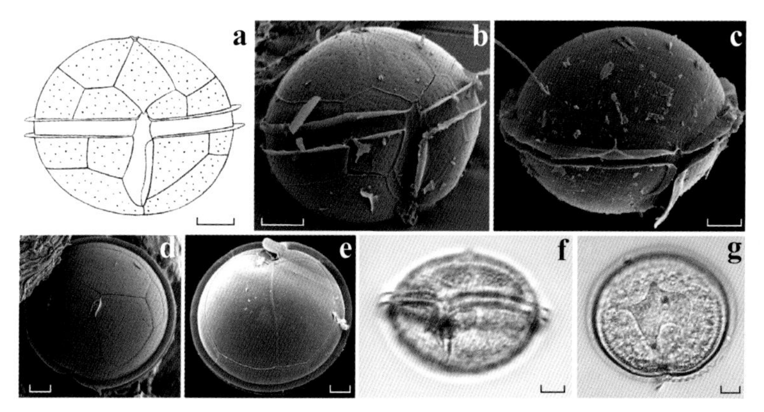

图 9　蓬勃拟翼藻 *Diplopsalopsis bomba* (Stein) Dodge & Toriumi, 1993
a–c, f. 腹面观；d, g. 顶面观；e. 底面观；f, g. 活体；g. 示横鞭毛；b–e. SEM

Dodge & Toriumi 1993, 145, fig. 7–8, 25; 杨世民和李瑞香 2014, 160.

同种异名：*Diplopelta bomba* Stein, 1883: Stein 1883, 12, t. 9, fig. 2–4.

Peridiniopsis asymmetrica Mangin, 1911: Mangin 1911, 31, fig. 1–2; Lebour 1922, 798, fig. 6–10; Lebour et al. 1925, 101, t. 15, fig. 3a–e; Wailes 1928, t. 3, fig. 9–12; Matzenauer 1933, 453, fig. 24a–e; Wailes 1939, 29, fig. 83a–d; Ballantine 1961, 3, fig. 18–20; Taylor 1976, 132, fig. 296a–b, 520a–c.

Diplopsalis asymmetrica (Mangin) Lindemann, 1928: Lindemann 1928, 91; Nie 1943, 14, fig. 1–8.

Glenodinium lenticulum f. *asymmetrica* (Mangin) Schiller, 1937: Schiller 1937, 105, fig. 97a–h; Rampi 1950, 3, fig. 5–6.

Diplopsalopsis asymmetricum (Mangin) Abé, 1941: Abé 1941, 134, fig. 24–31; Abé 1981, 44.

Diplopsalis lenticula f. *asymmetrica* (Mangin) Steidinger, Davis & Williams, 1967: Steidinger, Davis & Williams 1967, t. 6, fig. d; Steidinger & Williams 1970, 49, t. 18, fig. 52.

Dissodium asymmetricum (Mangin) Loeblich Ⅲ, 1970: Loeblich Ⅲ 1970, 905; Drebes 1974, 132, fig. 113a–b; Rampi & Bernhard 1980, 91, fig. a–d; Dodge & Hermes 1981, 22, fig. 15–17; Dodge 1982, 157, fig. 18f–g;

藻体细胞中至大型，长 48～57 μm，宽 55～70 μm，腹面观扁球形至透镜形。上、下壳近相等，顶角甚短，第一顶板 1′ 四边形，第一前间插板 1a 为小的菱形，第二前间插板 2a 非常宽大，前沟板 6 块。横沟近平直或稍稍右旋，略凹陷，横沟边翅较宽，无肋刺。纵沟约至下壳 3/4 处，纵沟左边翅宽大，右边翅狭窄。壳面平滑，孔稀疏。

南海有分布。样品 2008 年 5 月采自三亚附近海域、2016 年 5 月采自南海北部海域。

冷温带至热带性种，世界广布。太平洋、大西洋、印度洋、北海、地中海、阿拉伯海、安达曼海、墨西哥湾、亚丁湾、孟加拉湾、英吉利海峡、莫桑比克海峡、日本附近海域、英国附近海域均有记录。

球状拟翼藻 *Diplopsalopsis globula* Abé, 1941

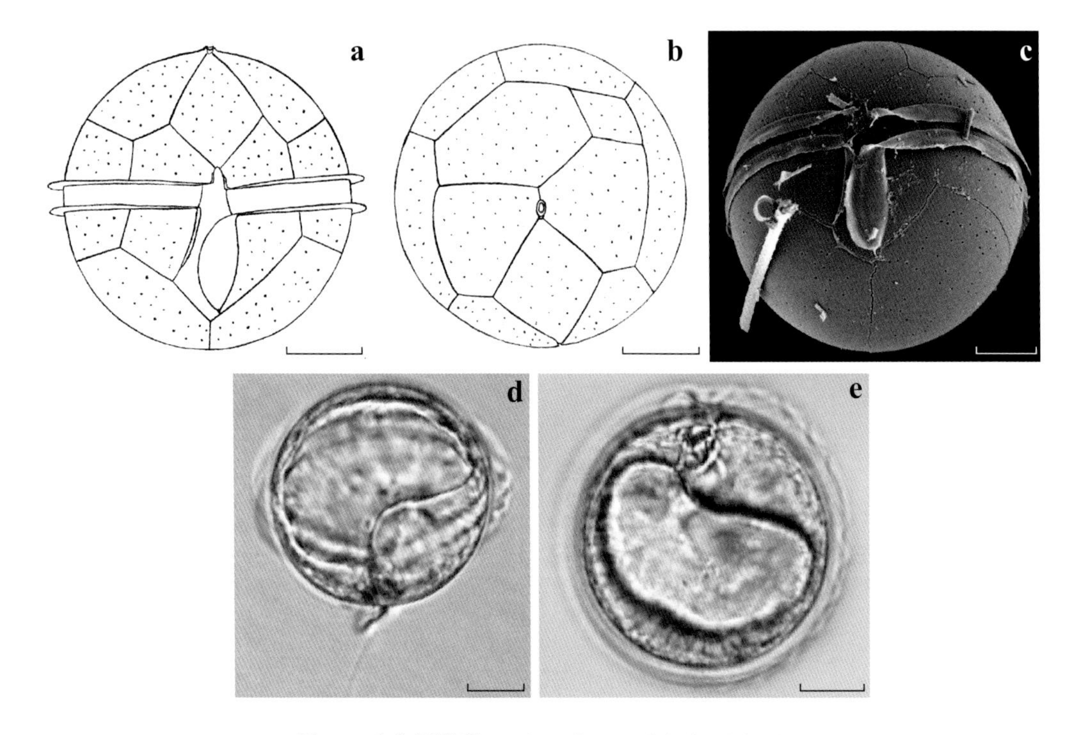

图 10　球状拟翼藻 *Diplopsalopsis globula* Abé, 1941
a, c, d. 腹面观；b. 顶面观；e. 底面观；d, e. 活体（示鞭毛）；c. SEM

Abé 1941, 132, fig. 20–23; Abé 1981, 44; Dodge & Toriumi 1993, 145, fig. 27–28.

同种异名：*Diplopsalopsis sphaerica* (Mangin) Balech, 1962: Balech 1962, 144, t. 19, fig. 281–283.

Dissodium globula (Abé) Dodge & Hermes, 1981: Dodge & Hermes 1981, 22.

藻体细胞中型，长 39～50 μm，宽 40～51 μm，腹面观球形。上壳半球状，顶角甚短，第一顶板 1′ 四边形，第一前间插板 1a 菱形，第二前间插板 2a 宽大，前沟板六块。横沟近平直或稍稍右旋，不凹陷，横沟边翅宽，无肋刺支撑。纵沟约至下壳 3/4 处，纵沟左边翅宽大，右边翅狭窄。壳面平滑，孔稀疏散布。

本种与蓬勃拟翼藻 *D. bomba* 相似，但本种个体相对后者稍小些，形态也更接近球形。

样品 2008 年 5 月采自三亚附近海域、2017 年 5 月采自东海，数量稀少，系中国首次记录。

暖温带至热带性种。太平洋、日本附近海域有记录。

轮状拟翼藻 *Diplopsalopsis orbicularis* (Paulsen) Meunier, 1910

Meunier 1910, 46, t. 3, fig. 14–17; Lebour et al. 1925, 103, t. 16, fig. 1a–e; Abé 1981, 44; Dodge 1982, 155, fig. 18l–m; Dodge & Toriumi 1993, 145, fig. 31–32; Tomas 1997, 529, t. 48; Al–Kandari et al. 2009, 174, t. 20m–o, t. 21a–e; Omura et al. 2012, 126.

同种异名：*Peridinium orbiculare* Paulsen, 1907: Paulsen 1907, fig. 10; Paulsen 1908, 42, fig. 50; Schiller 1937, 141, fig. 141a–e.

Diplopsalis orbicularis (Paulsen) Paulsen, 1930: Paulsen 1930, 41; Wood 1954, 223, fig. 89a–b; Silva 1956a, 59, t. 9, fig. 11–12; Silva 1956b, 357, t. 3, fig. 12–15; Steidinger & Williams 1970, 49.

藻体细胞中至大型，长 60～64 μm，宽 68～72 μm，腹面观扁球形至透镜形。上、下壳近相等，顶角甚短，第一顶板 1′ 四边形，第一前间插板 1a 为较长的五边形，第二前间插板 2a 宽大，前沟板 7 块。横沟近平直，横沟边翅宽，无肋刺。纵沟约至下壳 3/4 处，纵沟左边翅宽，右边翅窄。壳面平滑，孔稀疏散布。

东海、南海有分布。样品 2013 年 8 月采自冲绳海槽西侧海域、2016 年 5 月采自东沙群岛附近海域。

冷温带至热带性种。太平洋、北海、墨西哥湾、英吉利海峡、日本附近海域、澳大利亚附近海域、冰岛附近海域、丹麦附近海域、科威特附近海域均有记录。

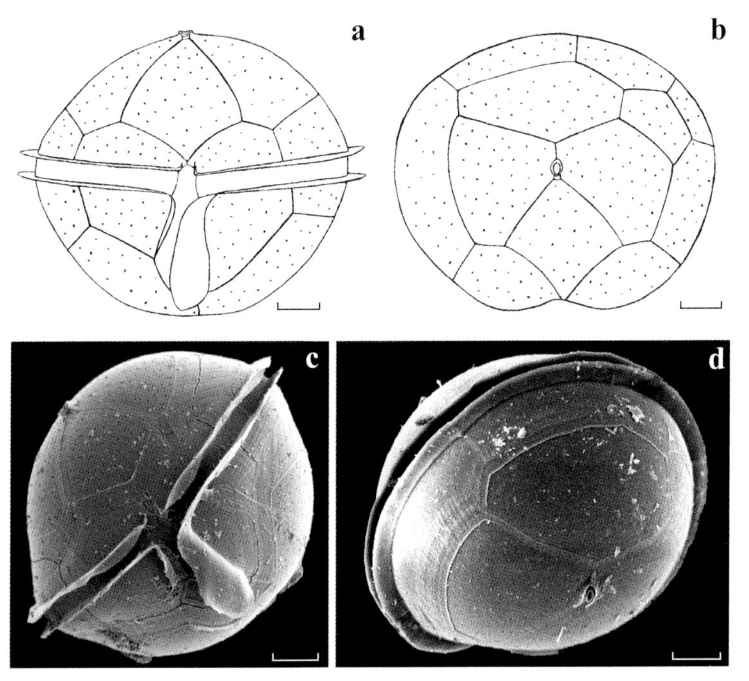

图 11　轮状拟翼藻 *Diplopsalopsis orbicularis* (Paulsen) Meunier, 1910

a, c. 腹面观；b, d. 顶面观；c, d. SEM

倒转藻属 *Gotoius* Abé, 1981

本属藻体细胞中至大型，透镜形至扁球形，无顶孔，亦无顶角或底角。上壳 3 块顶板小，且均聚集在藻体腹面，第二前间插板 2 a 为上壳最大的一块甲板。横沟中位，近平直或稍稍右旋。纵沟短，纵沟左边翅发达。底板 2 块。壳面平滑。本属的甲板公式为：3′, 2a, 6″, 4c, 4s(?), 5‴, 2⁗。

本属共 4 种，本书记述 1 种。

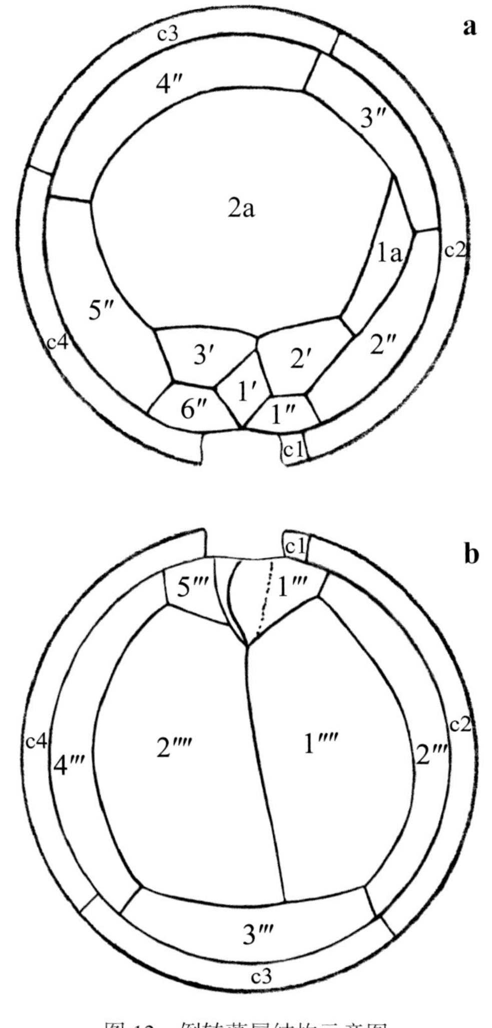

图 12　倒转藻属结构示意图

a. 顶面观；b. 底面观

偏心倒转藻 *Gotoius excentricus* (Nie) Sournia, 1984

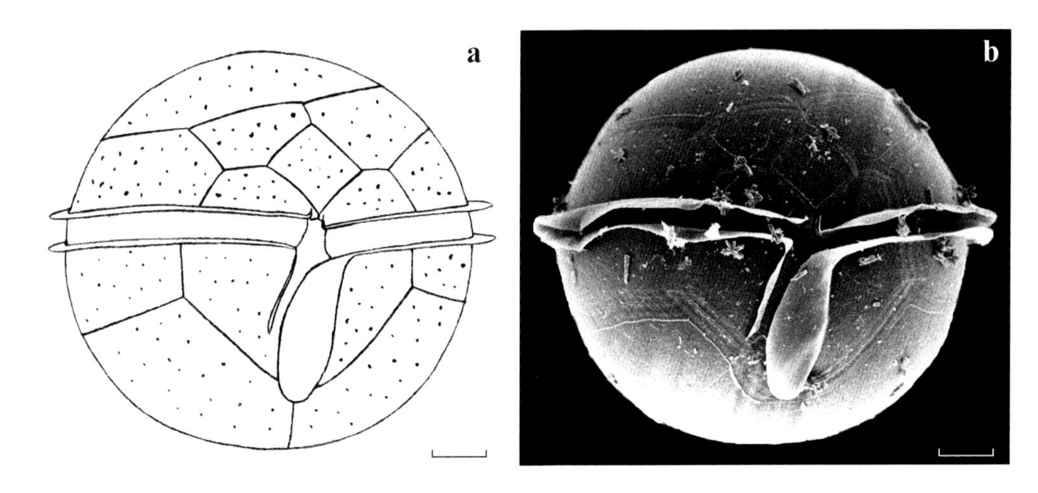

图 13 偏心倒转藻 *Gotoius excentricus* (Nie) Sournia, 1984
a, b. 腹面观；b. SEM

Sournia 1984, 350; Dodge & Toriumi 1993, 142, fig. 21–22.

同种异名：*Diplopsalis excentrica* Nie, 1943: Nie 1943, 17, fig. 32–36;

Dissodium excentricum (Nie) Loeblich, 1970: Loeblich 1970, 905; Dodge & Hermes 1981, 22; Dodge 1982, 158, fig. 18h.

Peridiniopsis excentrica Taylor, 1976: Taylor 1976, 132.

藻体细胞大型，长 70 μm，宽 76 μm，腹面观扁球形。上、下壳近相等，无顶孔。顶板 3 块，第一顶板 1′ 四边形，第一前间插板 1a 细长，第二前间插板 2a 非常宽大。横沟稍右旋，下降 0.3～0.5 倍横沟宽度，不凹陷，横沟边翅宽，无肋刺。纵沟约至下壳 2/3 处，纵沟左边翅发达，右边翅较窄。下壳底板两块。壳面平滑，孔稀疏。

南海有分布。样品 2016 年 5 月采自东沙群岛附近海域。

温带至热带性种。太平洋、北海有记录。

原多甲藻属 *Protoperidinium* Bergh, 1881

本属藻体细胞小型、中型至大型，腹面观透镜形、双锥形、梨形、椭圆形、圆形或多面体形。许多物种具顶角 (apical horn)、底角 (antapical horn) 和底刺 (antapical spine)。横沟为不完整的环状，在腹面中央中断，左旋、右旋或近平直。壳面平滑或具网纹 (reticulation) 纵脊 (ridge)、孔 (pore) 等结构。本属的甲板公式为：Po, X, 4′, 2–3a, 6–7″, (t+3c), 6s, 5‴, 2⁗。其中，纵沟甲板有纵沟前板 (S.a.)、纵沟左板 (S.s.)、纵沟右板 (S.d.)、纵沟中间板 (S.m.)、纵沟后前板 (S.p.a.) 纵沟后板 (S.p.)。

根据第一顶板 1′ 的形状和与前沟板″ 相连的关系分为 3 种类型：

1. 直角形 (Ortho)，第一顶板 1′ 为四边形，与第一前沟板 1″ 和第七前沟板 7″ 相连。

2. 偏角形 (Meta)，第一顶板 1′ 为五边形，与第一前沟板 1″、第二前沟板 2″ 和第七前沟板 7″ 相连。

3. 伸角形 (Para)，第一顶板 1′ 为六边形，左侧与第一前沟板 1″、第二前沟板 2″ 相连，右侧与第六前沟板 6″、第七前沟板 7″ 相连。

根据第二前间插板 2a 的形状和与前沟板″ 相连的关系也分为 3 种类型：

1. 四边形 (Quadra)，第二前间插板 2a 仅与第四前沟板 4″ 相连。

2. 五边形 (Penta)，第二前间插板 2a 与第三前沟板 3″ 和第四前沟板 4″ 相连，或 2a 与第四前沟板 4″ 和第五前沟板 5″ 相连。

3. 六边形 (Hexa)，第二前间插板 2a 与第三前沟板 3″、第四前沟板 4″ 和第五前沟板 5″ 相连。

以前有学者先将本属分为几个亚属，再分组阐述，作者不作亚属的区分，根据第一顶板 1′、第二前间插板 2a 的形状，横沟的位置，以及前后角的形态，将本属分为 10 个组进行阐述。

本属共 340 余种（包括变种），中国海域已有记录 70 余种，本书记述 118 种，其中中国首次记录 60 种（包括变种）。

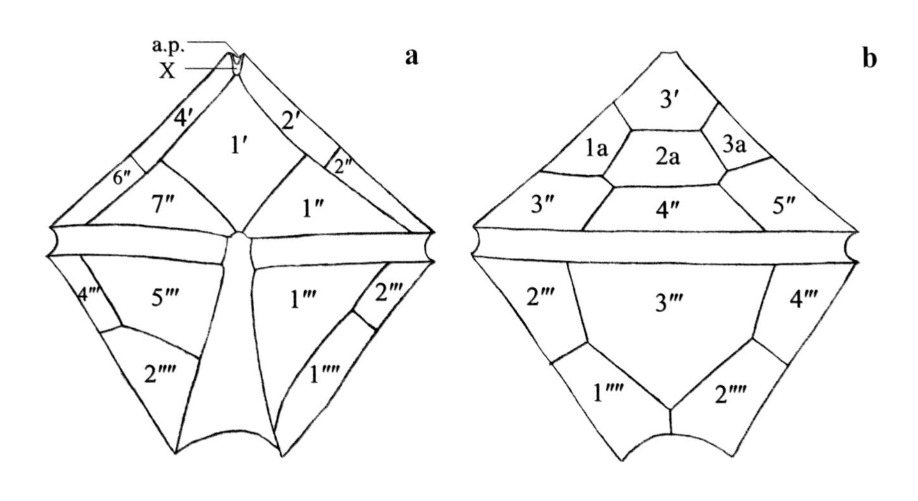

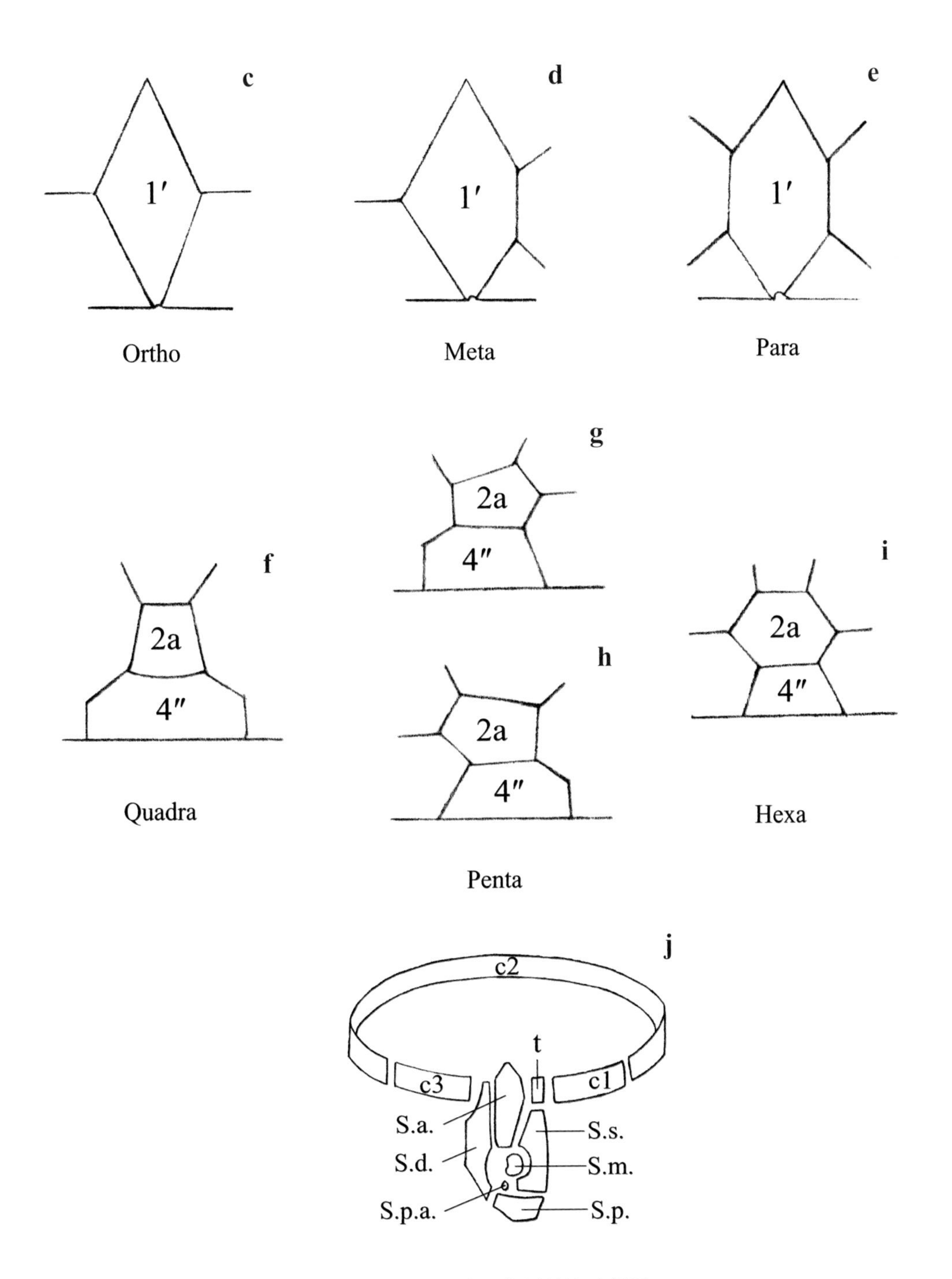

图 14　原多甲藻属结构示意图

a. 腹面观；b. 背面观；c–e. 第一顶板 1′ 类型；f–i. 第二前间插板 2a 类型；j. 横沟、纵沟甲板；c–j. 仿 Taylor（1976）

Protoperidinium thorianum 组：1′ Ortho 型，前间插板 2～3 块，2a Penta 或 Hexa 型，无明显顶角，无底刺或底刺很小，横沟左旋或近环状。

陆奥原多甲藻 *Protoperidinium abei* (Paulsen) Balech, 1974

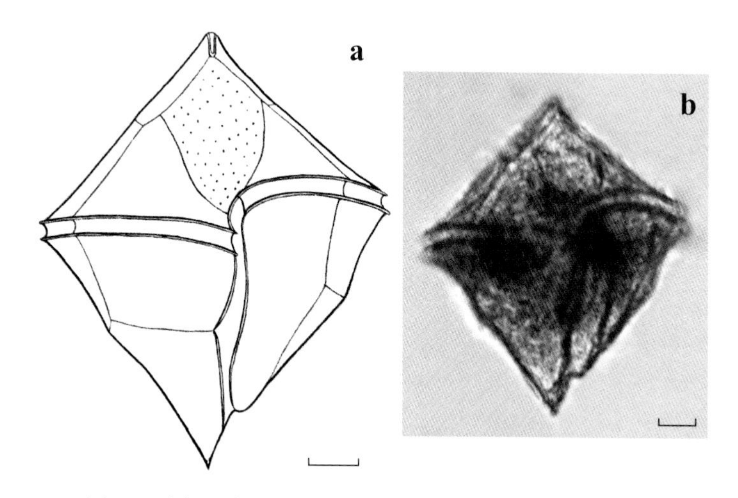

图 15　陆奥原多甲藻 *Protoperidinium abei* (Paulsen) Balech, 1974
a, b. 腹面观；b. 活体

Balech 1974, 54; Okolodkov 2008, 105, t. 1, fig. 9–12; Omura et al. 2012, 113.

同种异名：*Peridinium abei* Paulsen, 1930: Paulsen 1930, 73; Abe′ 1936a, 667, fig. 52–55, 59–61; Schiller 1937, 138, fig. 136a–h; Kisselev 1950, 157, fig. 250; Wood 1954, 229, fig. 91; Yamaji 1966, 86, t. 41, fig. 10; Halim 1967, 734, t. 5, fig. 68–69; Wood 1968, 97, fig. 283; Steidinger & Williams 1970, 55, t. 27, fig. 90a–c; Subrahmanyan 1971, 25, t. 9, fig. 1–8; Taylor 1976, 136, fig. 363, 366.

藻体细胞中至大型，长 83 μm，宽 72 μm，长大于宽，形态变化大，腹面观通常为双锥形。上壳两侧边直或稍凹，顶角甚短。第一顶板 1′ 四边形。第二前间插板 2a 六边形。横沟凹陷，左旋，下降 1～1.5 倍横沟宽度。纵沟深陷，下端常偏向左侧，将下壳分为不均等的两部分，使得右底角长于左底角。

样品 2010 年 8 月采自吕宋海峡，数量稀少。

暖温带至热带性种。太平洋、印度洋、墨西哥湾、波斯湾、孟加拉湾、佛罗里达海峡、莫桑比克海峡、日本附近海域、澳大利亚附近海域有记录。

陆奥原多甲藻圆形变种 *Protoperidinium abei* var. *rotundatum* (Abé) Taylor, 1976

Taylor 1976, 137.

同种异名：*Peridinium abei* f. *rotunda* Abe′, 1936: Abe′ 1936b, 667, fig. 56–58.

藻体细胞中型，长 54 μm，宽 43 μm，长大于宽，腹面观双锥形。上壳两侧边直或稍凹，无顶角。第一顶板 1′ 四边形，其左、右下缘向外侧弧形弯曲。第二前间插板 2a 六边形。横沟凹陷，左旋，下降 1 ~ 1.5 倍横沟宽度。纵沟较直，直达下壳底部。下壳底部窄，无底角或底刺。

本变种与原种 *P. abei* 的主要区别在于本变种的纵沟后端相对于原种更宽，且通常位于下壳中央位置，使得下壳左、右两部分约略相等。另外，本变种无底角或底刺，个体也相对原种较小。

样品 2008 年 6 月采自三亚附近海域，数量稀少，系中国首次记录。

暖温带至热带性种。日本附近海域有记录。

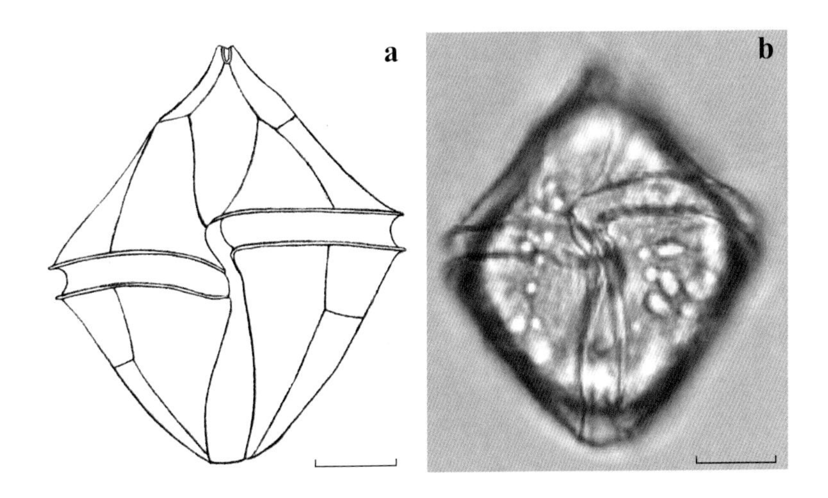

图 16 陆奥原多甲藻圆形变种 *Protoperidinium abei* var. *rotundatum* (Abé) Taylor, 1976

a, b. 腹面观；b. 活体

无色原多甲藻 *Protoperidinium achromaticum* (Levander) Balech, 1974

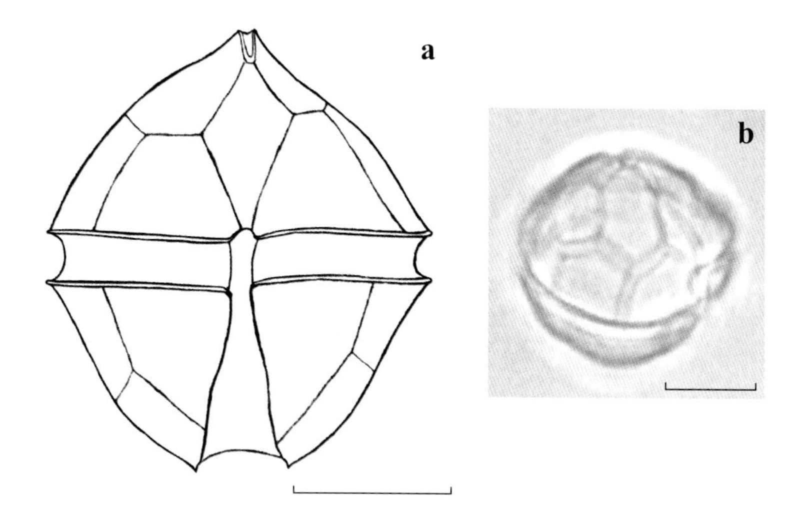

图 17 无色原多甲藻 *Protoperidinium achromaticum* (Levander) Balech, 1974
a. 腹面观；b. 右侧面观

Balech 1974, 56; Dodge 1982, 183, fig. 21b.

同种异名：*Peridinium achromaticum* Levander, 1902: Levander 1902, 49, fig. 1–2; Paulsen 1908, 62, fig. 80; Lebour et al. 1925, 114, t. 22, fig. 1a–g; Abe′1927, 412, fig. 31a–f; Schiller 1937, 229, fig. 225a–h; Nie 1939, fig. 16; Kisselev 1950, 195, fig. 330a–e; Wood 1954, 250, fig. 144; Balech 1963b, 112, fig. 1–10; Subrahmanyan 1971, 72, t. 50, fig. 1–7, t. 51, fig. 1, t. 52, fig. 7, 9–16; Taylor 1976, 138, fig. 371a–b; Abe′1981, 302.

藻体细胞小型，长 28 μm，宽 25 μm，腹面观双锥形。上壳两侧边稍凸，无顶角。第一顶板 1′为较窄的四边形。前间插板 3 块，第二前间插板 2a 六边形。横沟较宽，凹陷，近平直。纵沟前端稍窄，后端加宽至下壳底部，纵沟左、右边翅均窄。下壳圆钝，具两个非常短小的底刺。壳面平滑。

样品 2017 年 7 月采自南海北部海域，数量稀少，系中国首次记录。

浅海性种。太平洋、大西洋、印度洋、北海、咸海、日本附近海域、澳大利亚附近海域、西非沿岸海域、英国附近海域、芬兰附近海域、加拿大东南部海域有记录。

巴莱什原多甲藻 *Protoperidinium balechii* (Akselman) Balech, 1988

Balech 1988, 90, lam. 29, fig. 1–3.

同种异名：*Peridinium balechii* Akselman, 1972: Akselman 1972, 384, t. 1–2.

藻体细胞小型，长 29 μm，宽 29 μm，长宽近相等或长稍大于宽，腹面观五边形或趋于球形。上壳两侧边凸，无顶角。第一顶板 1′ 狭长四边形。第二前间插板 2a 六边形。横沟宽阔，凹陷，近平直或稍稍左旋，横沟边翅窄。纵沟深陷，前窄后宽，纵沟左边翅较宽，右边翅狭窄。下壳底部稍上凹，但不对称，下壳的左侧相较于右侧更短些，在纵沟边翅延伸至下壳底部处形成两个非常短的底刺。壳面具粗大凹陷的眼纹，但较稀疏，孔散布。

样品 2013 年 7 月采自黄海南部临近长江口海域，数量稀少，系中国首次记录。

世界稀有种，仅在阿根廷巴塔哥尼亚的河口区域有记录。

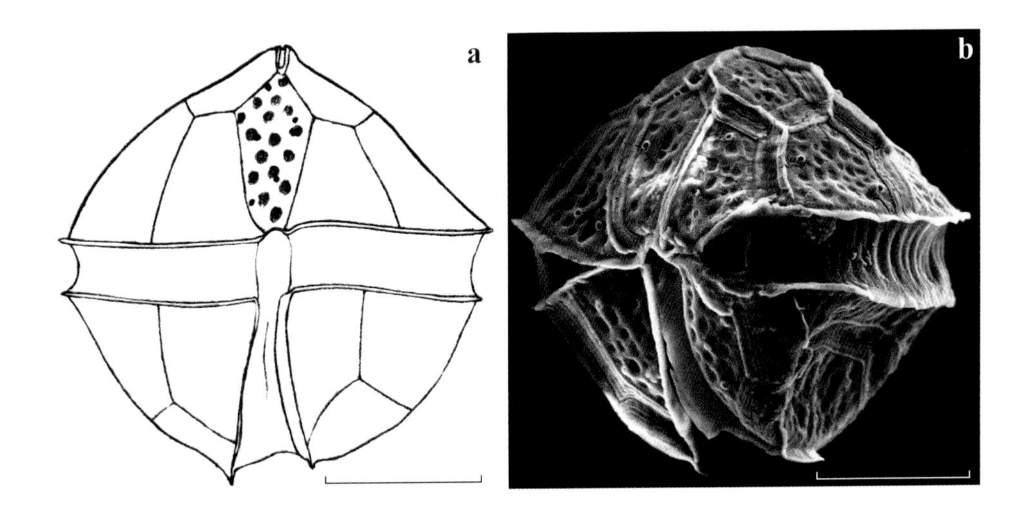

图 18　巴莱什原多甲藻 *Protoperidinium balechii* (Akselman) Balech, 1988

a, b. 腹面观；b. SEM

偏心原多甲藻 *Protoperidinium excentricum* (Paulsen) Balech, 1974

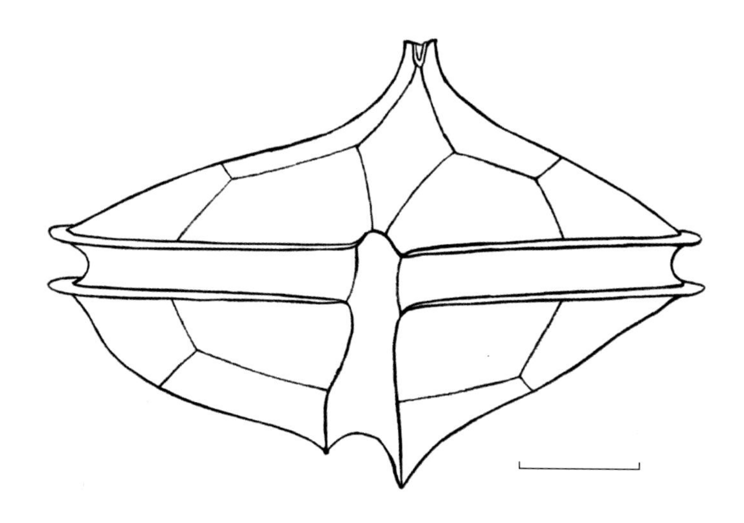

图 19 偏心原多甲藻 *Protoperidinium excentricum* (Paulsen) Balech, 1974
腹面观

Balech 1974, 54; Dodge 1982, 174, fig. 19j–k; Dodge 1985, 53; Balech 1988, 83, lam. 21, fig. 13–16, lam. 22, fig. 1–2; Tomas 1997, 540; Okolodkov 2005, 289, fig. 9; Omura et al. 2012, 114.

同种异名：*Peridinium excentricum* Paulsen, 1907: Paulsen 1907, 14, fig. 17a–f; Pavillard 1916, 30, fig. 4; Lebour et al. 1925, 108, t. 18, fig. 1a–d; Schiller 1937, 144, fig. 145a–g; Kisselev 1950, 160, fig. 254a–c, 261a–c; Gaarder 1954, 42; Wood 1954, 229, fig. 94a–b; Wood 1968, 101, fig. 299; Steidinger & Williams 1970, 56, t. 31, fig. 101a–b; Subrahmanyan 1971, 28, t. 11, fig. 3–11; Abe′ 1981, 311.

藻体细胞小至中型，长 37 μm，宽 54 μm，背腹倾斜扁平，腹面观通常为斜五边形。上壳两侧边凹，顶角短，顶部明显向腹部偏斜。第一顶板 1′ 四边形，较窄。第二前间插板 2a 六边形，非常宽大。横沟凹陷，近环状，横沟边翅窄，其上具肋刺。纵沟深陷至下壳底部。下壳后端向背侧偏斜，右底角甚短，左底角稍长于右底角。壳面网纹结构粗大清晰，孔散布。

东海有分布。样品 1984 年采自东海大陆架。

河口至浅海、寒带至热带性种。太平洋、印度洋、地中海、北海、佛罗里达海峡、墨西哥东南部海域、英国附近海域有记录。

侧边原多甲藻 *Protoperidinium latum* Paulsen, 1908

Paulsen 1908, 41, fig. 48; Schiller 1937, 168, fig. 170a–f; Kisselev 1950, 173, fig. 278a–b; Wood 1954, 233, fig. 103; Wood 1968, 104, fig. 309.

藻体细胞小至中型，长 35 μm，宽 46 μm，腹面观宽五边形。上壳为对称的宽锥形，两侧边直或稍凸，顶角短，有明显的"肩"。第一顶板 1′ 窄四边形。第二前间插板 2a 六边形。横沟宽阔，凹陷，横沟边翅窄。纵沟亦宽，达下壳底部。下壳两侧边凸，底部平坦或稍上凹，两底角甚短，两底刺也非常短小。壳面网纹结构细弱，网结处常有棘状凸起，孔散布。

样品 2016 年 5 月采自海南岛附近海域，数量稀少，系中国首次记录。

淡水至半咸水种。欧洲湖泊或河口、佛罗里达大沼泽、澳大利亚近岸海域有记录。

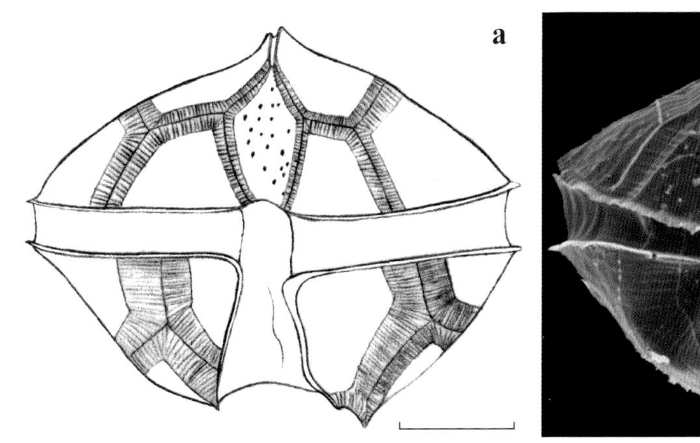

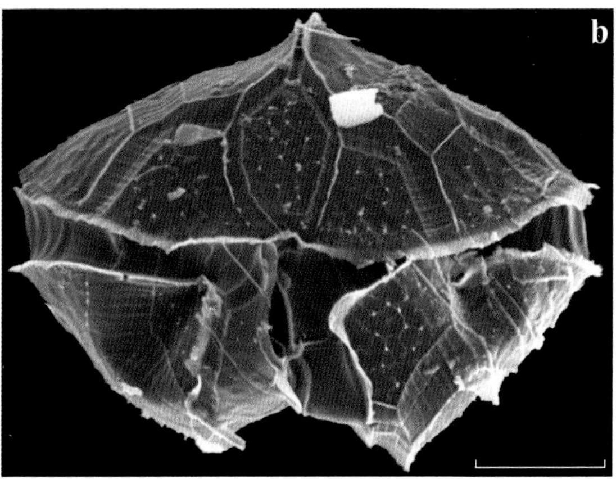

图 20 侧边原多甲藻 *Protoperidinium latum* Paulsen, 1908

a, b. 腹面观；b. SEM

坚果原多甲藻 *Protoperidinium nux* (Schiller) Balech, 1974

Balech 1974, 55; Omura et al. 2012, 114.

同种异名：*Peridinium nux* Schiller, 1937: Schiller 1937, 140, fig. 139a–c; Subrahmanyan 1971, 27, t. 8, fig. 13–15.

Peridinium levanderi Abé, 1927: Abé 1927, 413, fig. 32a–h.

藻体细胞小型，长 34 μm，宽 29 μm，腹面观双锥形。上壳两侧边稍凸或稍凹，无顶角。第一顶板 1′ 四边形，较狭长，其左、右下缘向外侧弧形弯曲。第二前间插板 2a 六边形。横沟宽阔且凹陷，近平直，横沟边翅甚窄。纵沟较宽，无纵沟边翅，无底刺。壳面较平滑。

本种与 *P. argentiniense* 非常相似，但本种只有 2 块前间插板，而后者有 3 块。

样品 2017 年 5 月采自冲绳海槽西侧海域，数量稀少，系中国首次记录。

大洋性种。太平洋、印度洋有分布。

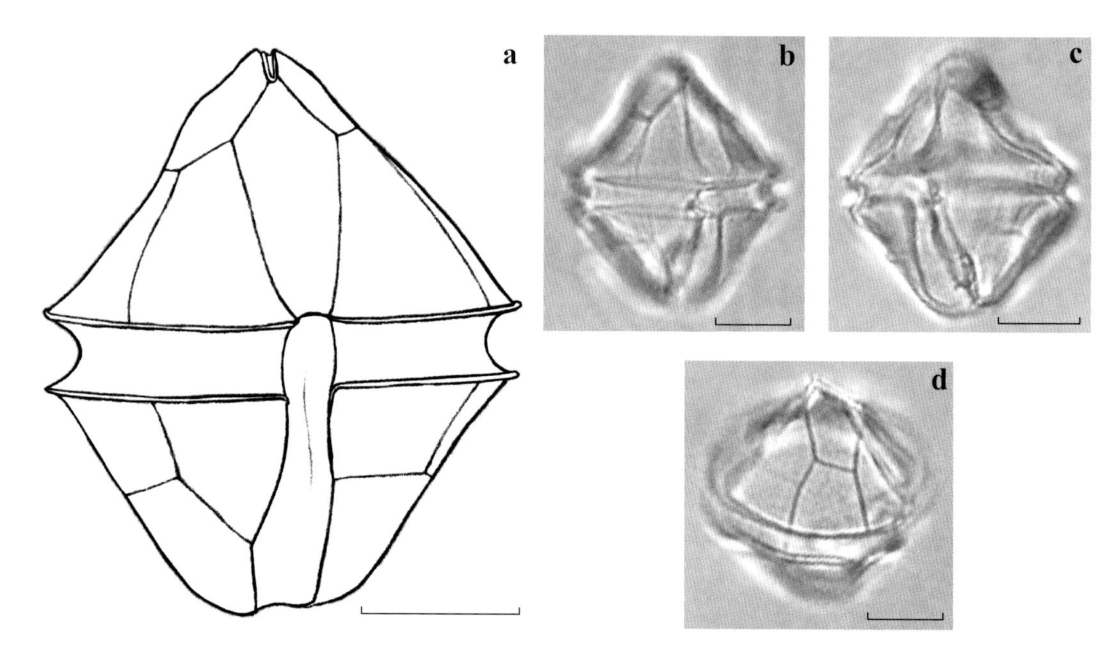

图 21 坚果原多甲藻 *Protoperidinium nux* (Schiller) Balech, 1974

a–c. 腹面观；d. 右侧面观

方格原多甲藻 *Protoperidinium thorianum* (Paulsen) Balech, 1973

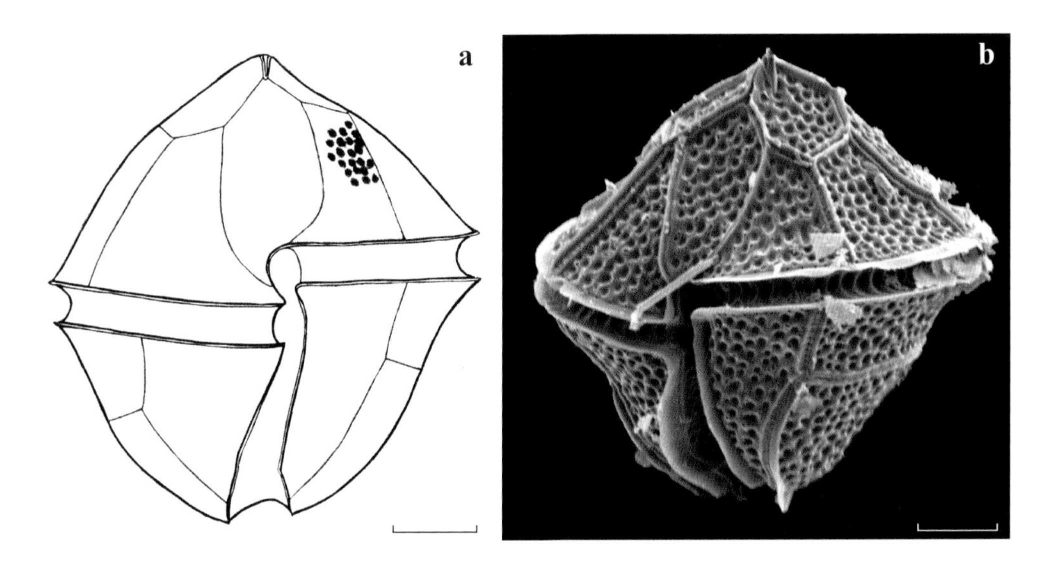

图 22 方格原多甲藻 *Protoperidinium thorianum* (Paulsen) Balech, 1973
a, b. 腹面观；b. SEM

Balech 1973, 347, t. 1, fig. 1–18; Dodge 1982, 176, fig. 19e; Dodge 1985, 67; Balech 1988, 84, lam. 20, fig. 6–8; Tomas 1997, 546, t. 53; Okolodkov 2008, 107, t. 2, fig. 1–4; Al–Kandari et al. 2009, 186, t. 35g; Omura et al. 2012, 113.

同种异名：*Peridinium thorianum* Paulsen, 1905: Paulsen 1905, 3, fig. 1; Lebour et al. 1925, 108, t. 17, fig. 2a–f; Dangeard 1927c, 347, fig. 13c–d; Schiller 1937, 142, fig. 143a–e; Gaarder 1954, 50; Wood 1954, 229, fig. 92a–b; Subrahmanyan 1971, 26, t. 10, fig. 1–5.

藻体细胞中型，长 55 μm，宽 57 μm，长宽约略相等或长稍大于宽，腹面观宽双锥形。上壳两侧边稍凸，无顶角。第一顶板 1′ 狭长四边形。第二前间插板 2a 六边形。横沟宽阔且凹陷，左旋，下降 1 倍横沟宽度，横沟边翅窄。纵沟前端较窄，后端稍稍变宽，无底刺。壳面网纹结构粗大清晰，其上具孔。

样品 2016 年 5 月采自东沙群岛附近海域，数量稀少。

冷水至暖水性种。太平洋、大西洋、印度洋、巴伦支海、墨西哥湾、科威特、冰岛、英国、挪威、加拿大、美国附近海域均有记录。

心室原多甲藻 *Protoperidinium ventricum* (Abé) Balech, 1974

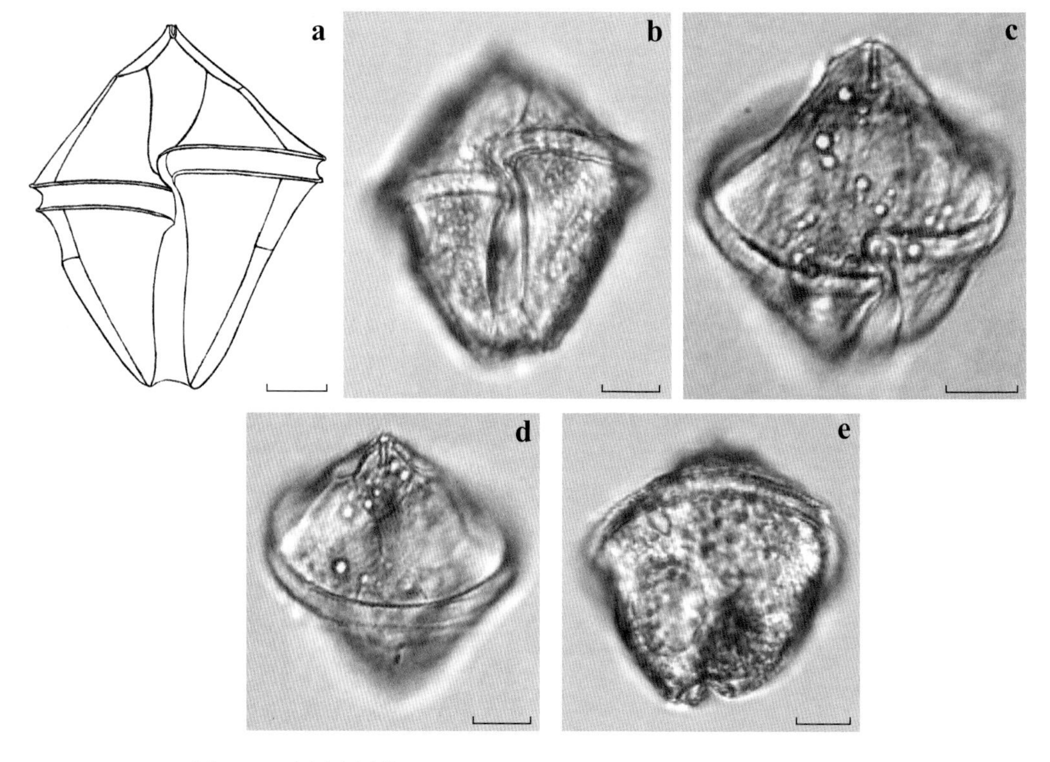

图 23 心室原多甲藻 *Protoperidinium ventricum* (Abé) Balech, 1974
a–c. 腹面观；d, e. 背面观

Balech 1974, 55; Al-Kandari et al. 2009, 186, t. 35h–i, t. 36a–c.

同种异名：*Peridinium ventricum* Abé, 1927: Abé 1927, 418, fig. 35a–g; Schiller 1937, 143, fig. 144a–e; Nie 1939, fig. 9a–e; Kisselev 1950, 210, fig. 345; Wood 1954, 229, fig. 93a–b; Subrahmanyan 1971, 25, t. 8, fig. 8–12; Taylor 1976, 137, fig. 521a–c; Abe′ 1981, 304.

藻体细胞中型，长 52～60 μm，宽 44～51 μm，腹面观为不对称的双锥形，下壳明显大于上壳。上壳两侧边直或稍凹，无顶角，顶孔狭缝状。第一顶板 1′ 四边形，其左、右下缘向外侧弧形弯曲。第二前间插板 2a 六边形。横沟凹陷，左旋，下降 1～1.5 倍横沟宽度。下壳底部窄，稍上凹。纵沟前端窄且略弯曲，后端加宽至下壳底部，无底刺。

样品 2008 年 6 月采自三亚附近海域，数量稀少。

热带性种。太平洋、印度洋、日本附近海域、澳大利亚新南威尔士附近海域、印度尼西亚附近海域、科威特附近海域、肯尼亚附近海域有记录。

Protoperidinium oceanicum 组：1′ Ortho 型，2a Quadra 型，少数为 Penta 或 Hexa 型，具顶角和两个中空的底角，横沟左旋。

窄角原多甲藻 *Protoperidinium claudicans* (Paulsen) Balech, 1974

Balech 1974, 57; Dodge 1982, 182, fig. 20g–h; Dodge 1985, 45; Balech 1988, 86, lam. 24, fig. 5–9; Tomas 1997, 536, t. 51; Omura et al. 2012, 124; Li et al. 2016, 110, fig. Ⅲ/5.

同种异名：*Peridinium claudicans* Paulsen, 1907: Paulsen 1907, 16, fig. 22a–d; Lebour et al. 1925, 123, t. 25, fig. 1a–d; Schiller 1937, 249, fig. 250a–g; Kisselev 1950, 202, fig. 339a–b, 343a–b; Gaarder 1954, 39; Wood 1954, 255, fig. 154; Wood 1968, 99, fig. 290; Steidinger & Williams 1970, 55, t. 28, fig. 93a–b; Subrahmanyan 1971, 83, t. 57, fig. 1–11; Abe′1981, 323, fig. 46/298–299.

藻体细胞中型，长 78～93 μm，宽 46～60 μm，背腹扁平，腹面观梨形。上壳两侧边凸，向上平滑收缩形成中等长度的顶角。第一顶板 1′ 四边形，第二前间插板 2a 四边形。横沟左旋，下降 1 倍横沟宽度，横沟边翅宽，具肋刺支撑。下壳两底角末端尖锐，右底角稍长于左底角，且两底角不在同一平面上，左底角更偏向腹部。壳面网纹结构细弱，孔散布。

东海、南海有分布。样品 2005 年 9 月采自福建罗源湾、2009 年 8 月采自东海，数量少。

温带至热带、浅海至大洋性种，在河口区域也能找到。太平洋、大西洋、印度洋、澳大利亚附近海域、美国附近海域、英国附近海域、比利时及荷兰附近海域、阿根廷东部海域有记录。

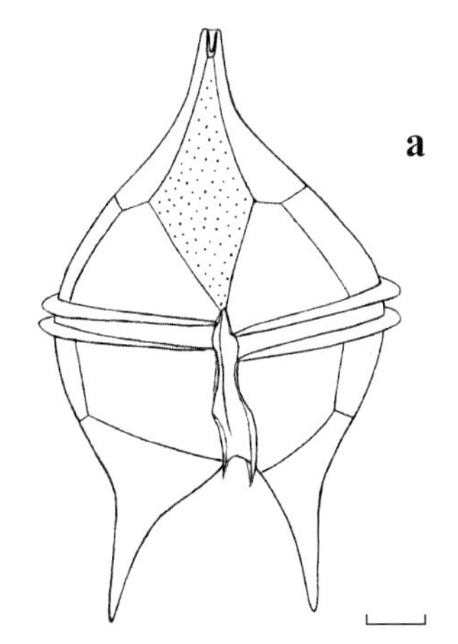

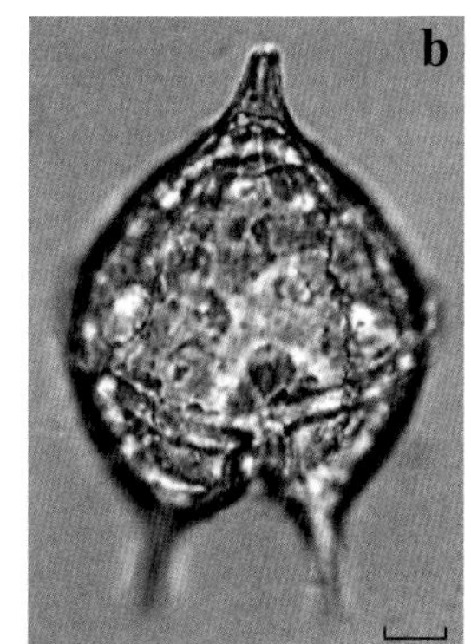

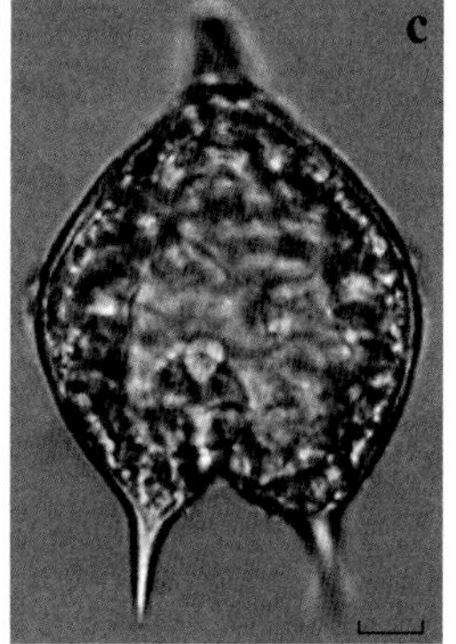

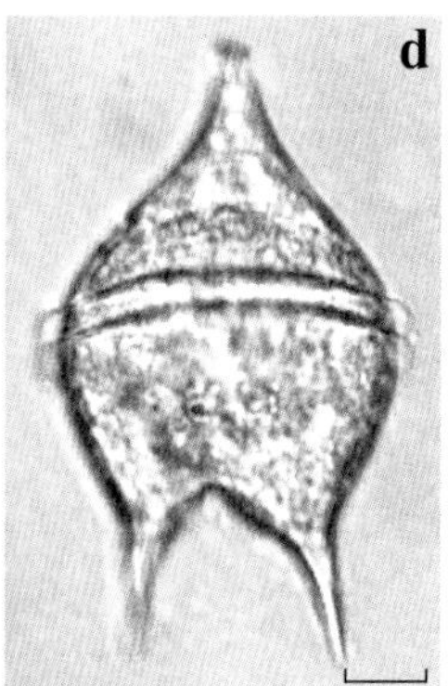

图 24 窄角原多甲藻 *Protoperidinium claudicans* (Paulsen) Balech, 1974
a, b. 腹面观；c, d. 背面观

平扁原多甲藻 *Protoperidinium complanatum* Meunier, 1910

Meunier 1910, 29, t. 1, fig. 29–30.

同种异名：*Peridinium complanatum* Karsten, 1905: Karsten 1905, t. 53, fig. 4a–b; Abe′ 1981, 319, fig. 44/285–289.

平行原多甲藻 *Protoperidinium parallelum* Broch, 1906: Broch 1906, 153, t. 2; 杨世民和李瑞香 2014, 200.

藻体细胞中至大型，长（不包括底刺）104 ~ 157 μm，宽 106 ~ 138 μm，背腹明显倾斜，腹面观扁透镜状。上壳两侧边直或稍凸，近锥形，腹部长，背部短。顶部收缩形成顶角，顶角偏向背侧，末端平截。第一顶板 1′ 为宽大的四边形，第二前间插板 2a 小四边形。横沟左旋，横沟边翅宽，无肋刺或肋刺非常细弱。纵沟达细胞底部，纵沟边翅窄。下壳两底角尖锥形，不在同一平面上，右底角与顶角近平行方向伸出，左底角则更偏向腹部。壳面网纹结构清晰，网结处具棘状凸起。

黄海有分布。样品 2007 年 5 月采自黄海北部海域。

冷水性种。鄂霍次克海、日本东部海域有分布。

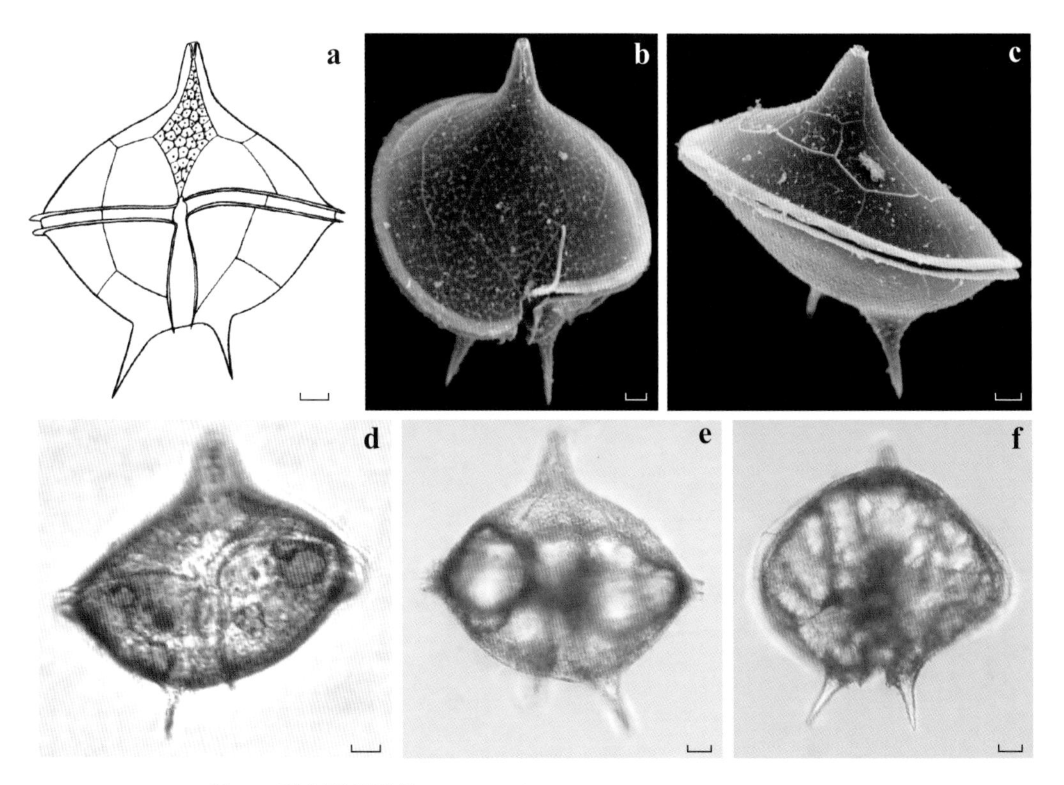

图 25 平扁原多甲藻 *Protoperidinium complanatum* Meunier, 1910

a, b, d. 腹面观；c, e, f. 背面观；d. 活体；b, c. SEM

扁形原多甲藻 *Protoperidinium depressum* (Bailey) Balech, 1974

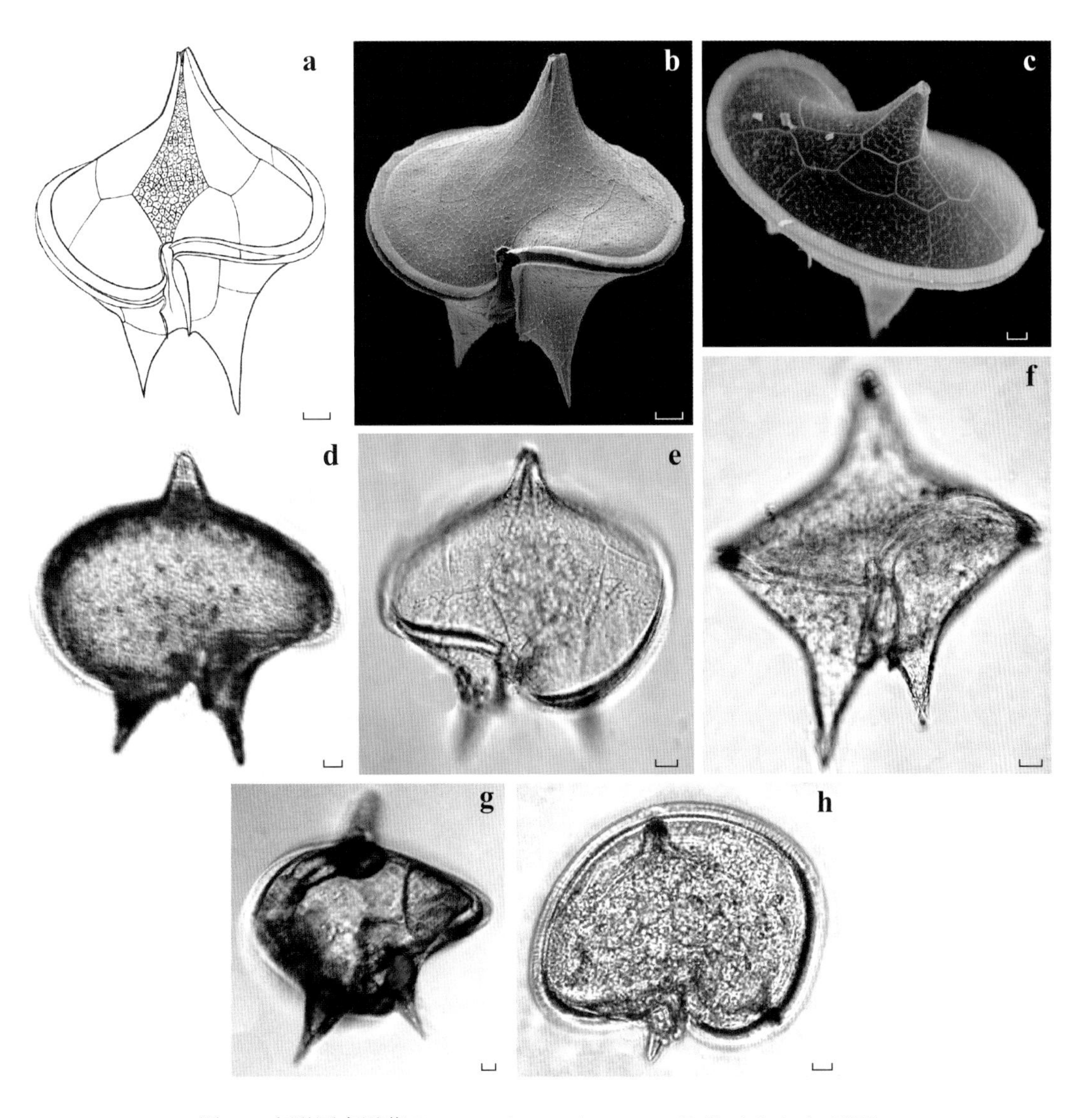

图 26　扁形原多甲藻 *Protoperidinium depressum* (Bailey) Balech, 1974
a, b, d–f. 腹面观；c, g. 背面观；h. 顶面观；d, g. 活体；b, c. SEM

Balech 1974, 57; Dodge 1982, 177, fig. 20a, t. 5e; Dodge 1985, 50; Balech 1988, 87, lam. 25, fig. 4–8; 福代康夫等 1990, 146, fig. a–f; Tomas 1997, 538, t. 52; Okolodkov 2005, 287, fig. 6, 23; Okolodkov 2008, 118, t. 6, fig. 1–3; Al-Kandari et al. 2009, 180, t. 25a–j; Omura et al. 2012, 124; 杨世民和李瑞香 2014, 196; Li et al. 2016, 110, fig. Ⅱ/5–8, fig. Ⅲ/4.

同种异名：*Peridinium depressum* Bailey, 1854: Bailey 1854, 12, fig. 33–34; Jörgensen 1899, 36; Paulsen 1908, 53, fig. 67; Forti 1922, 99, fig. 81; Lebour et al. 1925, 119, t. 23, fig. a–f; Peters 1928, 63, fig. 17–18, 20; Pavillard 1931, 55, fig. 6; Böhm 1936, 45, fig. 17b1–2; Schiller 1937, 250, fig. 251a–t; Nie 1939, fig. 8a–e; Graham 1942, 18, fig. 14–19, 21–28; Gaarder 1954, 41; Wood 1954, 255, fig. 155a–b; Wood 1968, 100, fig. 295a–b; Steidinger & Williams 1970, 56, t. 29, fig. 96a–b; Subrahmanyan 1971, 80, t. 53, fig. 8–10, t. 55, fig. 1–10, t. 56, fig. 1–11; Taylor 1976, 160, fig. 383, 526; Abe′ 1981, 321, fig. 45/290–297.

藻体细胞大型，长 142～196 μm，宽 121～180 μm，背腹倾斜扁平，呈扁透镜状。上壳两侧边凹，为不对称的锥形。顶角凸，偏向背侧，第一顶板 1′ 四边形，第二前间插板 2a 四边形。横沟清晰，左旋，具横沟边翅，其上有肋刺。纵沟深陷至细胞底部，纵沟边翅明显。下壳内凹，两中空底角较长，末端尖细，且两底角不在同一平面上，右底角与顶角近平行方向伸出。壳面网纹及孔清晰可辨。

中国各海域均有分布。样品采自渤海、黄海、青岛沿海、南海北部海域。

广盐性种，世界广布，从冷水至温带到热带、从近岸至大洋皆能找到。

墨氏原多甲藻 *Protoperidinium murrayi* (Kofoid) Hernández-Becerril, 1991

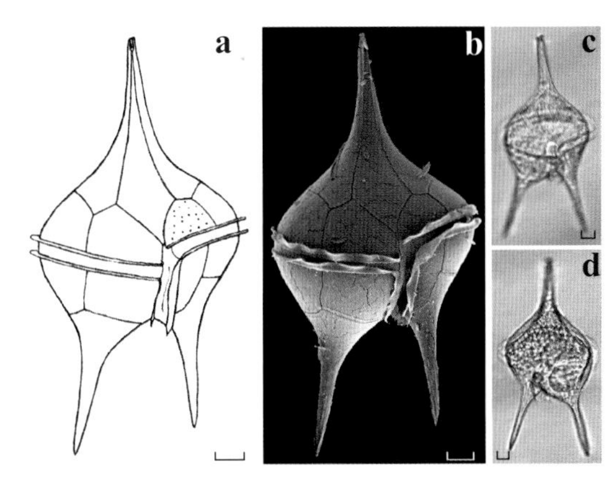

图 27 墨氏原多甲藻 *Protoperidinium murrayi* (Kofoid) Hernández-Becerril, 1991
a–c. 腹面观；d. 背面观；b. SEM

Hernández-Becerril 1991, 79, t. 1, fig. 6, t. 2, fig. 27; Al-Kandari et al. 2009, 183, t. 29j-k, t. 30a-b; Omura et al. 2012, 124; 杨世民和李瑞香 2014, 197; Li et al. 2016, 110, fig. Ⅱ/1-2, fig. Ⅲ/2.

同种异名：*Peridinium murrayi* Kofoid, 1907: Kofoid 1907a, 176, t. 5, fig. 29; Pavillard 1909, 282, fig. 3a; Matzenauer 1933, 464, fig. 46a-b; Schiller 1937, 259, fig. 256a-e; Böhm 1936, 49, fig. 18b1-2; Margalef 1948, 47, fig. 1n-p; Kisselev 1950, 204, fig. 356; Gaarder 1954, 47; Wood 1954, 256, fig. 156; Klement 1964, 350, t. 1, fig. 4; Wood 1968, 105, fig. 312; Léger 1973, 19, fig. 8-9; Subrahmanyan 1971, 83, t. 58, fig. 1-5, t. 60, fig. 2-4, t. 61, fig. 4, t. 78, fig. 3; Taylor 1976, 161, fig. 379-380, 522a-b, 523; 林金美 1984, 41, t. 4, fig. 9; 李瑞香和毛兴华 1985, 52, fig. 19a-b.

藻体细胞大型，长 158 ~ 178 μm，宽 66 ~ 77 μm。上壳两侧边向上收缩形成细长的顶角。第一顶板 1′ 四边形，第二前间插板 2a 四边形。横沟左旋，下降 1 ~ 1.5 倍横沟宽度，不凹陷，横沟边翅薄。纵沟深陷至细胞底部，纵沟左边翅宽，右边翅窄。两底角细长，约呈 30° 向外分歧伸出。

关于本种的分类 Balech（1988）认为本种与海洋原多甲藻 *P. oceanicum* 属于同一物种，而 Taylor（1976）、李瑞香（1985）等学者则认为二者应分开。作者通过对所采集的样本进行比对，认为二者有如下区别：墨氏原多甲藻的顶角和两底角更长，使得其长宽比超过 2:1，而海洋原多甲藻长宽比通常不超过 1.5:1。而且，墨氏原多甲藻两底角向外分歧的角度更大。另外，墨氏原多甲藻横沟位于藻体细胞最宽处，近中位，而海洋原多甲藻的横沟在背部更斜向上方，相应的，在腹部更斜向下方，使得海洋原多甲藻藻体相较前者更倾斜。因此，作者认可后一种观点，即墨氏原多甲藻与海洋原多甲藻应属不同的物种。

东海、南海有分布。样品 2007 年 1 月采自东海、2009 年 7 月采自南海北部海域、2009 年 8 月采自东海、2011 年 7 月采自中沙群岛北部海域、2016 年 5 月采自南海北部海域。

暖水大洋性种。太平洋、大西洋、印度洋、地中海、安达曼海、阿拉伯海、莫桑比克海峡、澳大利亚附近海域、阿根廷东部海域、科威特附近海域均有分布。

长椭圆原多甲藻 *Protoperidinium oblongum* (Aurivillius) Parke & Dodge, 1976

Parke & Dodge 1976, 545; Dodge 1982, 180, fig. 20b–d; Dodge 1985, 58; Tomas 1997, 541, t. 52; Omura et al. 2012, 125; 杨世民和李瑞香 2014, 198.

同种异名：*Peridinium divergens* var. *oblongum* Aurivillius, 1898: Aurivillius 1898, 96.

Peridinium oblongum (Aurivillius) Lebour, 1925: Lebour et al. 1925, 121, t. 24, fig. 1a–c; Wood 1954, 256, fig. 158a–c; Steidinger & Williams 1970, 57, fig. 107a–d; Abe′ 1981, 327.

藻体细胞中至大型，长 76～97 μm，宽 51～63 μm，背腹扁平，腹面观近五边形。上壳两侧边稍凹，向上逐渐收缩形成顶角，顶角中等长度。第一顶板 1′ 四边形，第二前间插板 2a 四边形。横沟左旋，下降 1～1.5 倍横沟宽度，横沟边翅较窄，无肋刺。纵沟宽且深，纵沟边翅狭窄。下壳两侧边平直或稍凹，两底角长度亦为中等，末端尖锐，稍向外分歧伸出。壳面网纹结构清晰，孔散布。

东海、南海、吕宋海峡皆有分布。样品 2008 年 5 月采自三亚附近海域、2009 年 7 月采自南海北部海域、2010 年 8 月采自吕宋海峡，数量不多。

浅海至大洋、冷水至暖水性种。太平洋、北海、墨西哥湾、日本附近海域、澳大利亚东部海域、英国附近海域有记录。

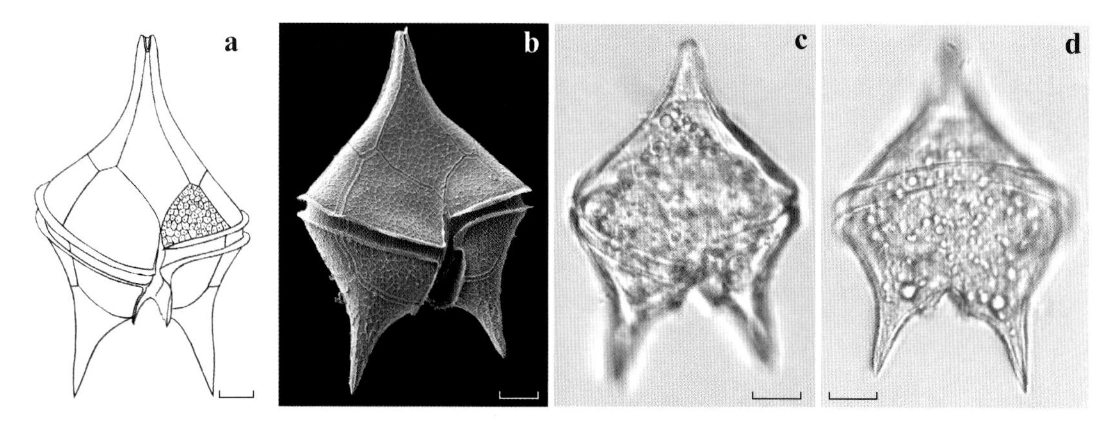

图 28 长椭圆原多甲藻 *Protoperidinium oblongum* (Aurivillius) Parke & Dodge, 1976
a–c. 腹面观；d. 背面观；b. SEM

海洋原多甲藻 *Protoperidinium oceanicum* (VanHöffen) Balech,1974

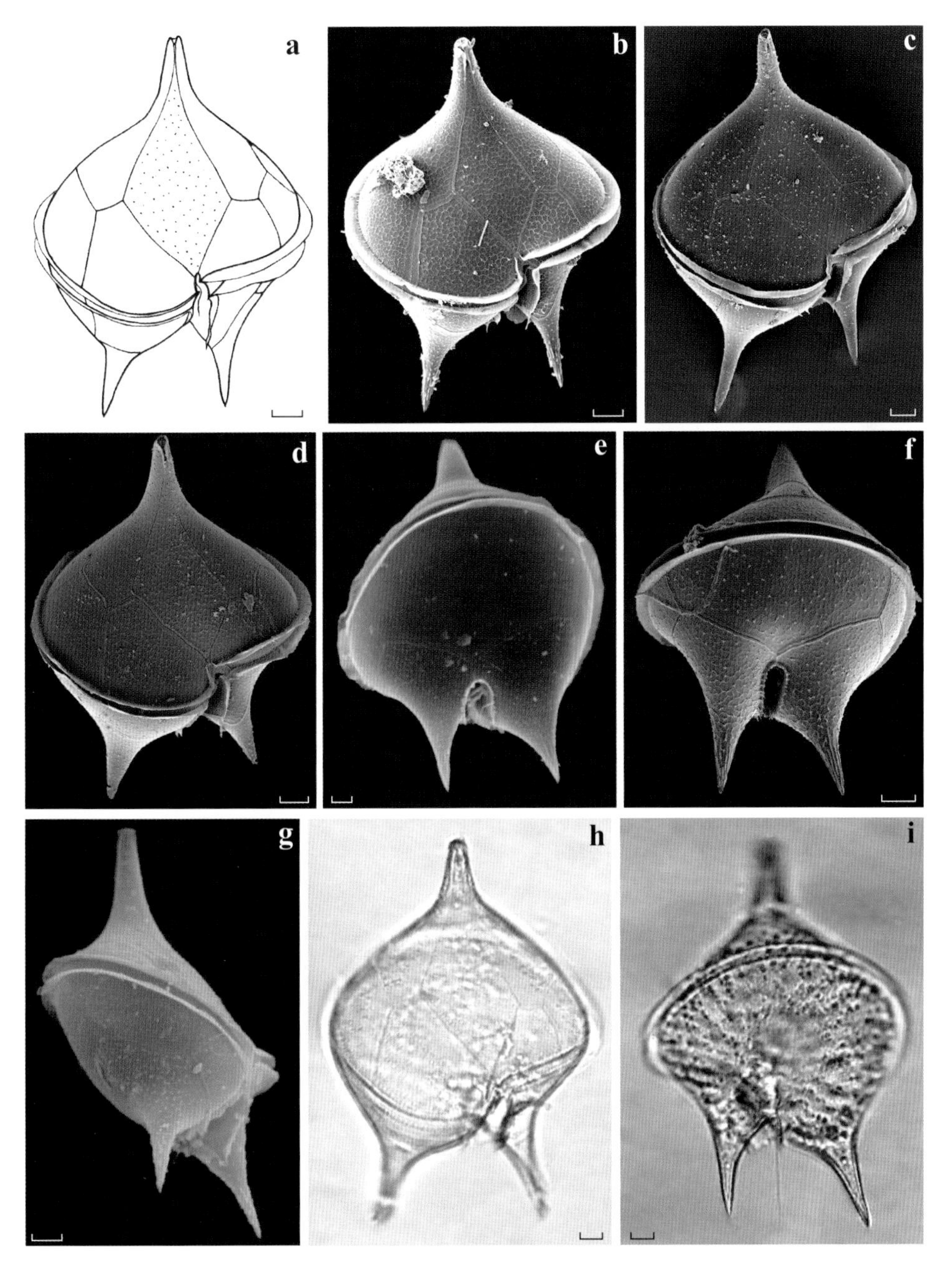

图 29

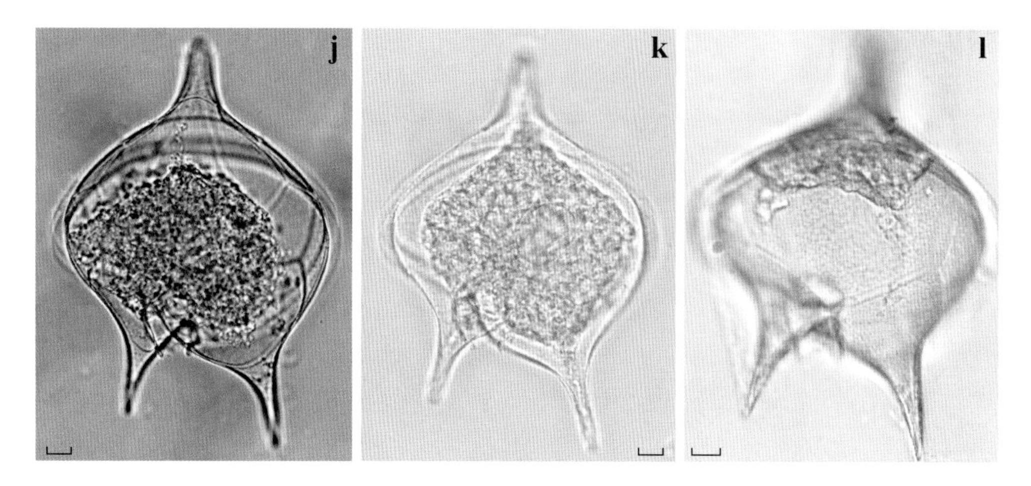

图 29 海洋原多甲藻 *Protoperidinium oceanicum* (VanHöffen) Balech, 1974
a–d, h. 腹面观；e, f, i–l. 背面观；g. 右侧面观；i, l. 活体；i. 示纵鞭毛；b–g. SEM

Balech 1974, 57; Dodge 1982, 180, fig. 20e; Dodge 1985, 60; Balech 1988, 85, lam. 23, fig. 7–10; Tomas 1997, 542, t. 52; Okolodkov 2008, 119, t. 6, fig. 4–7; Omura et al. 2012, 125; 杨世民和李瑞香 2014, 202; Li et al. 2016, 110, fig. Ⅱ/3–4, fig. Ⅲ/3.

同种异名：*Peridinium oceanicum* Vanhöffen, 1897: Vanhöffen 1897, t. 5, fig. 2; Cleve 1900, t. 7, fig. 17–18; Broch 1906, 154, fig. 3; Paulsen 1908, 54, fig. 69; Mangin 1911, t. 1, fig. 1–2; Forti 1922, 90, fig. 82; Lindemann 1924, fig. 56–62; Lebour et al. 1925, 120, fig. 36b; Dangeard 1927c, 352, fig. 18c; Abe′ 1927, 403, fig. 21; Böhm 1936, 49, fig. 21a–d; Schiller 1937, 260, fig. 257a–k; Diwald 1939, 178, fig. 11d–e; Graham 1942, 24, fig. 30; Rampi 1950b, 236, t. 1, fig. 5; Balech 1951, 306, t. 1, fig. 1–8, t. 2, fig. 9–32; Gaarder 1954, 47; Wood 1954, 256, fig. 157a–b; Margalef 1957, 47, fig. 3e; Halim 1960, t. 2, fig. 29; Klement 1964, 350, t. 1, fig. 1–2; Yamaji 1966, 86, t. 41, fig. 14; Halim 1967, 742, t. 7, fig. 87; Wood 1968, 105, fig. 313; Avaria 1970, t. 3, fig. 5; Subrahmanyan 1971, 84, t. 57, fig. 12–15, t. 60, fig. 1, t. 61, fig. 1–3, t. 79, fig. 1, 3; Taylor 1976, 162, fig. 381–382; Abe′ 1981, 324, fig. 46/300–302; 李瑞香和毛兴华 1985, 53, fig. 20a–c.

藻体细胞大型，长 128～187 μm，宽 92～129 μm，背腹倾斜略扁（如图 29f），腹面观近五边形。上壳两侧边稍凸，向上逐渐收缩形成顶角。顶角中等长度，末端平截。第一顶板 1′ 四边形，第二前间插板 2a 四边形。横沟左旋，下降 1～2 倍横沟宽度，不凹陷，横沟边翅薄，具肋刺支撑。纵沟深陷至细胞底部，纵沟左边翅较宽，右边翅窄。下壳两侧边亦凸，两底角较长，末端尖锐，近平行或稍向外分歧伸出。壳面具网纹结构，孔散布。

本种与窄角原多甲藻 *P. claudicans* 相似，但本种个体更大、更饱满，横沟也更向背侧倾斜。

中国各海域均有分布。样品采自渤海、黄海、东海、南海北部海域。

温带至热带、近岸至大洋性种。世界广布，各大洋均有记录。

迷人原多甲藻 *Protoperidinium venustum* (Matzenauer) Balech, 1974

Balech 1974, 57; Balech 1988, 86, lam. 24, fig. 1–4; Okolodkov 2005, 294, fig. 17, 33; Okolodkov 2008, 118, t. 5, fig. 13–16; Li et al. 2016, 110, fig. Ⅲ/6.

同种异名：*Peridinium venustum* Matzenauer, 1933: Matzenauer 1933, 464, fig. 45; Schiller 1937, 263, fig. 260a–b; Steidinger & Williams 1970, 58, t. 35, fig. 119a–b; Subrahmanyan 1971, 92, t. 62, fig. 5–6, t. 63, fig. 5–6.

藻体细胞中型，长 107 μm，宽 76 μm，背腹扁平，腹面观近五角形。上壳两侧边稍凹，向上逐渐收缩形成顶角，顶角较长，末端平截。第一顶板 1′ 四边形，第二前间插板 2a 四边形。横沟左旋，下降 1 ~ 1.5 倍横沟宽度。纵沟深陷至下壳底部。下壳底部倒“V”形上凹，形成两个尖锥形的底角，两底角长，末端尖锐。

本种与种下变种——迷人原多甲藻灵巧变种 *P. venustum* var. *facetum* 的区别在于：本种藻体更加丰满，上、下壳侧边虽然略凹，但凹陷程度明显小于变种，尤其在上、下壳与横沟相接处更为明显。

样品 2005 年 9 月采自福建附近海域，数量稀少。

温带至热带性种。太平洋、印度洋、阿拉伯海、墨西哥湾、墨西哥西南部海域、阿根廷东部海域有记录。

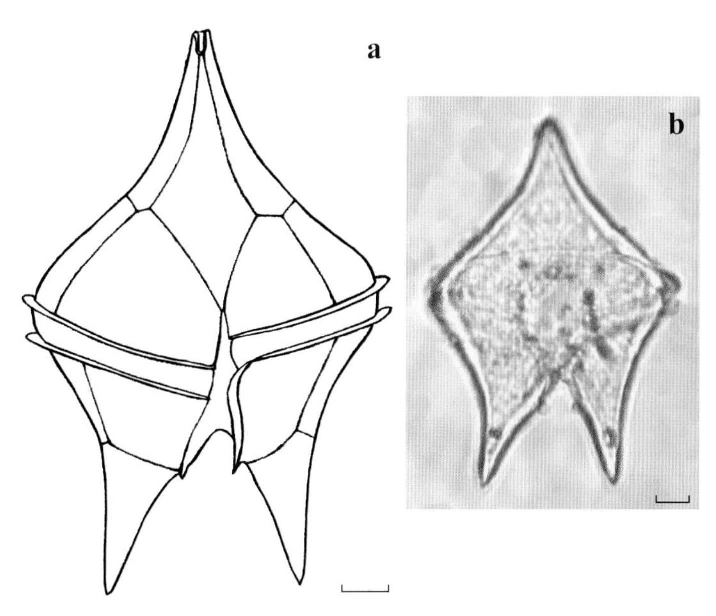

图 30 迷人原多甲藻 *Protoperidinium venustum* (Matzenauer) Balech, 1974

a, b. 腹面观

迷人原多甲藻灵巧变种 *Protoperidinium venustum* var. *facetum* Balech, 1988

Balech 1988, 188, lam. 84, fig. 13–16.

藻体细胞中型，长 88 ~ 109 μm，宽 64 ~ 76 μm，背腹扁平，腹面观五角星状。上壳两侧边凹，顶角修长，末端平截。第一顶板 1′ 四边形，第二前间插板 2a 四边形。横沟左旋，下降 1 ~ 1.5 倍横沟宽度，横沟边翅窄，其上具肋刺支撑。纵沟左边翅较宽，右边翅窄。下壳两侧边亦凹，两底角长，末端尖锐。壳面网纹结构清晰，孔细小。

东海、南海有分布。样品 2008 年 6 月采自三亚附近海域、2009 年 7 月采自南海北部海域、2013 年 7 月采自东海。

热带性种。加利福尼亚南部海域、巴西南部海域有记录。

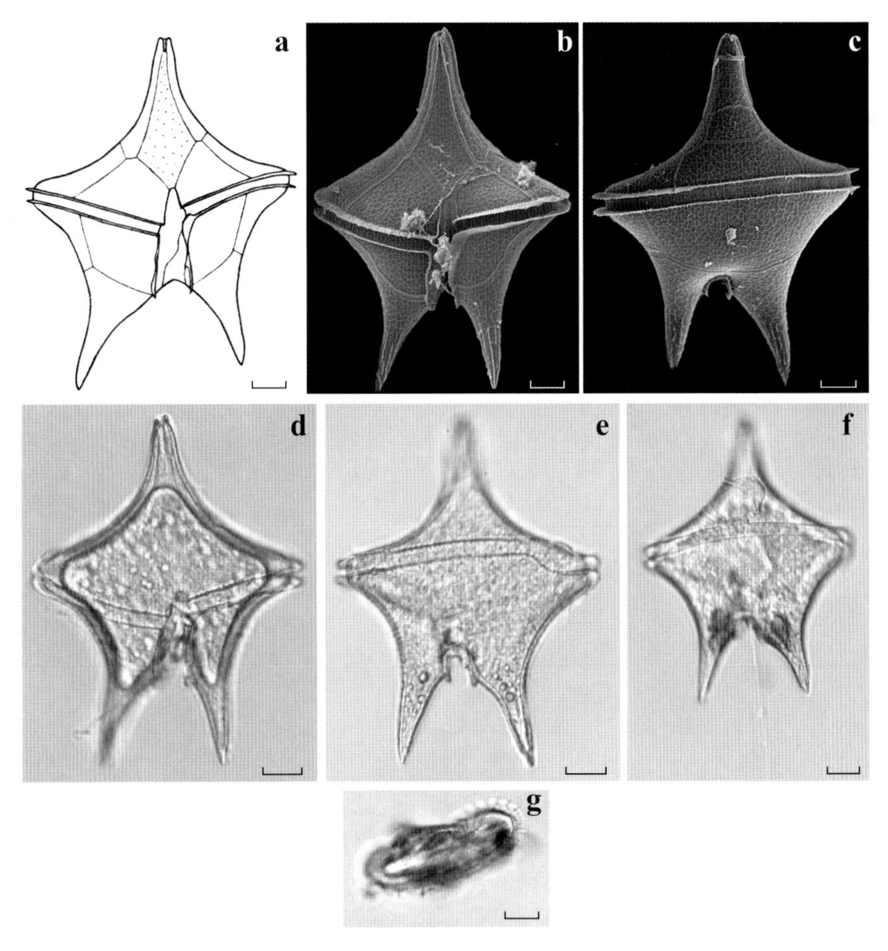

图 31 迷人原多甲藻灵巧变种 *Protoperidinium venustum* var. *facetum* Balech, 1988
a, b, d. 腹面观；c, e, f. 背面观；g. 底面观；d–g. 活体；d, f. 示纵鞭毛；g. 示横鞭毛；b, c. SEM

Protoperidinium conicum 组：1′ Ortho 型，2a Hexa 型，少数为 Quadra 或 Penta 型，无顶角，多数物种具两个中空的底角，横沟近环状或左旋。

双锥原多甲藻 *Protoperidinium biconicum* (Dangeard) Balech, 1974

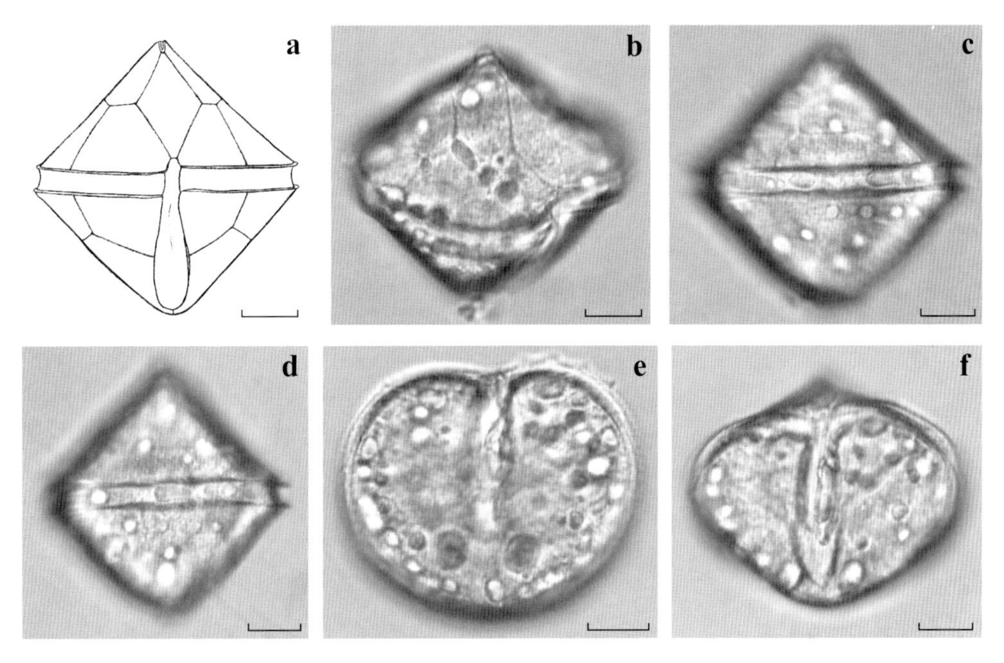

图 32 双锥原多甲藻 *Protoperidinium biconicum* (Dangeard) Balech, 1974
a. 腹面观；b. 右侧面观；c, d. 背面观；e, f. 底面观；b–f. 活体；e. 示横鞭毛

Balech 1974, 58; Al–Kandari et al. 2009, 178, t. 22i–k, t. 23a.

同种异名：*Peridinium biconicum* Dangeard, 1927: Dangeard 1927a, 11, fig. 7; Paulsen 1930, 72, fig. 44; Matzenauer 1933, 458, fig. 33; Schiller 1937, 230, fig. 227a–e; Nie 1939, fig. 4; Gaarder 1954, 38; Wood 1968, 97, fig. 285; Steidinger & Williams 1970, 55, t. 28, fig. 91a–b; Subrahmanyan 1971, 74, t. 49, fig. 11–15; Taylor 1976, 139, fig. 365.

藻体细胞中型，长 48 ~ 50 μm，宽 51 ~ 53 μm，宽略大于长，背腹稍扁，腹面观双锥形。上壳两侧边直，无顶角。第一顶板 1′ 四边形，中等宽度。第二前间插板 2a 六边形。横沟宽，近平直或稍稍左旋。下壳底部圆钝，无底角或底刺。壳面网纹结构细弱。

样品 2008 年 6 月采自三亚附近海域、2016 年 5 月采自南海北部海域，数量少。

温带至热带性种。太平洋、大西洋、印度洋、地中海、波斯湾、孟加拉湾、佛罗里达海峡、科威特附近海域有记录。

双曲原多甲藻 *Protoperidinium conicoides* (Paulsen) Balech, 1973

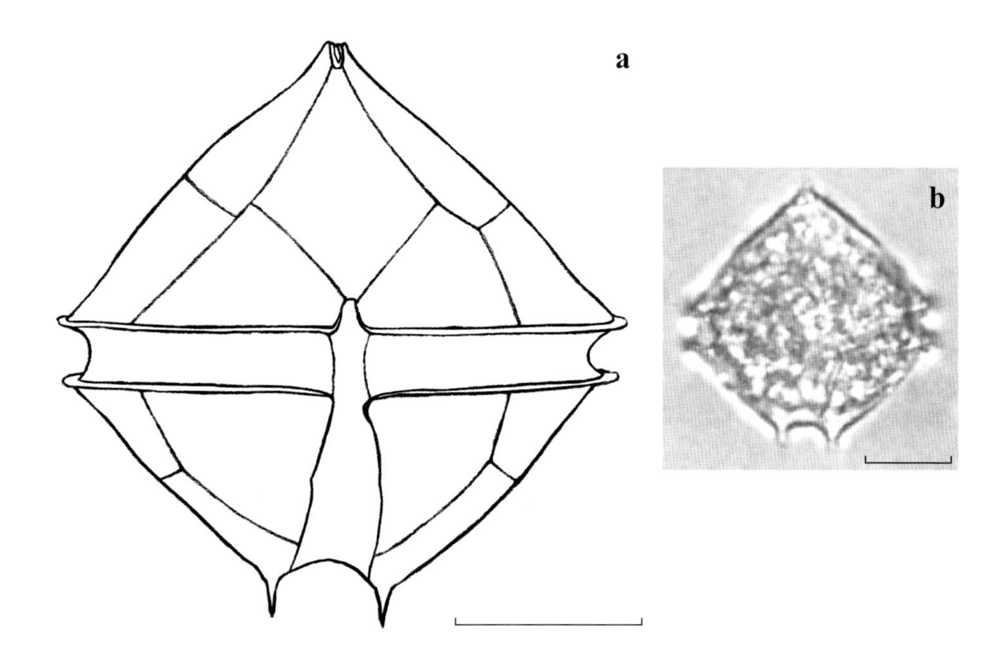

图 33　双曲原多甲藻 *Protoperidinium conicoides* (Paulsen) Balech, 1973
a, b. 腹面观

Balech 1973, 356, t. 3, fig. 50–56; Dodge 1982, 184, fig. 21a; Dodge 1985, 46; Balech 1988, 92, lam. 26, fig. 7–11; Tomas 1997, 536; Omura et al. 2012, 121.

同种异名：*Peridinium conicoides* Paulsen, 1905: Paulsen 1905, 3, fig. 2; Lebour et al. 1925, 112, t. 20, fig. 2a–d; Schiller 1937, 231, fig. 228a–d; Gaarder 1954, 39; Wood 1954, 250, fig. 145a–b; Wood 1968, 99, fig. 291; Subrahmanyan 1971, 66, t. 41, fig. 1–8; Abe′ 1981, 355, fig. 50/336–347, 51/348.

藻体细胞小型，长（不包括底刺）30 μm，宽 32 μm，长宽约略相等，腹面观双锥形。上壳两侧边稍凸，无顶角。第一顶板 1′ 四边形。第二前间插板 2a 六边形。横沟宽，近平直，横沟边翅窄。纵沟前端较窄，后端加宽。具两个小的、中空的底角，左、右底角上各生有一个短的、尖锥形的底刺，底刺上无翼。壳面网纹结构清晰，孔散布。

样品 2017 年 5 月采自东海，数量稀少。

冷水至暖水性种。太平洋、大西洋、印度洋、北冰洋、孟加拉湾、澳大利亚、格陵兰岛、冰岛、英国、挪威、印度附近海域均有记录。

锥形原多甲藻 *Protoperidinium conicum* (Gran) Balech, 1974

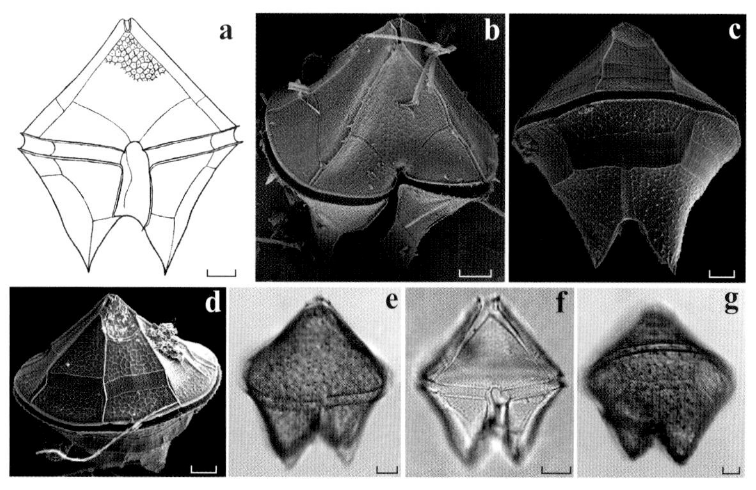

图 34 锥形原多甲藻 *Protoperidinium conicum* (Gran) Balech, 1974
a, b, e, f. 腹面观；c, d, g. 背面观；e, g. 活体；b–d. SEM

Balech 1974, 58; Dodge 1982, 186, fig. 21g–h; Dodge 1985, 47; Balech 1988, 87, lam. 26, fig. 1–4; Tomas 1997, 538, t. 52; Okolodkov 2005, 286, fig. 4, 21; Okolodkov 2008, 120, t. 6, fig. 11–14; Al-Kandari et al. 2009, 179, t. 24a–g; Omura et al. 2012, 120; 杨世民和李瑞香 2014, 191; Li et al. 2016, 113, fig. Ⅲ/10–11.

同种异名：*Peridinium divergens* var. *conica* Gran, 1900: Gran 1900, 47.

Peridinium conicum (Gran) Ostenfeled & Schmidt, 1900: Ostenfeled & Schmidt 1900, 174; Gran 1902, 189, fig. 14; Paulsen 1908, 58, fig. 74; Lebour et al. 1925, 111, t. 19, fig. 1a–d; Abe′ 1927, 406, fig. 24a–b; Schiller 1937, 233, fig. 229; Kisselev 1950, 195, fig. 326–327; Gaarder 1954, 39; Wood 1954, 250, fig. 146a–b; Halim 1960, t. 3, fig. 11; Hada 1967, 18, fig. 28f; Halim 1967, 736, t. 6, fig. 74; Wood 1968, 99, fig. 292; Steidinger & Williams 1970, 55, t. 29, fig. 94a–b; Subrahmanyan 1971, 66, t. 42, fig. 1–9, t. 44, fig. 1; Taylor 1976, 139, fig. 361; Abe′ 1981, 371, fig. 55/375–381.

藻体细胞中型，长 65～97 μm，宽 56～89 μm，背腹略扁，腹面观近五边形。上壳宽锥形，两侧边直或稍凹，无顶角。第一顶板 1′ 为宽大的四边形。第二前间插板 2a 六边形，但形状接近梯形，因其侧下方两条边非常短（如图 34d）。横沟近平直或稍稍左旋，凹陷，横沟边翅甚窄。纵沟深陷至下壳底部。下壳底部上凹，形成两个粗壮的、锥形的底角，两底角末端各生有一个短小的底刺。壳面网纹结构清晰，孔散布。

黄海、东海、南海均有分布。样品 2009 年 7 月采自南海北部海域、2013 年 7 月采自黄海南部海域、2017 年 7 月采自南海北部海域。

近岸至大洋、温带至热带性种。太平洋、大西洋、印度洋、地中海、波罗的海、阿拉伯海、红海、安达曼海、墨西哥湾、亚丁湾、孟加拉湾、日本附近海域、澳大利亚附近海域、墨西哥西南部海域、英国附近海域、西班牙附近海域、阿根廷东部海域、科威特附近海域、亚马孙河口均有记录。

锥形原多甲藻凹形变种 *Protoperidinium conicum* var. *concavum* (Matzenauer) Balech, 1988

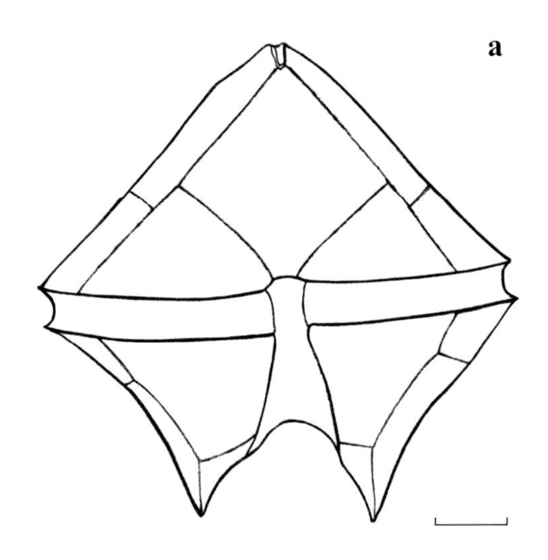

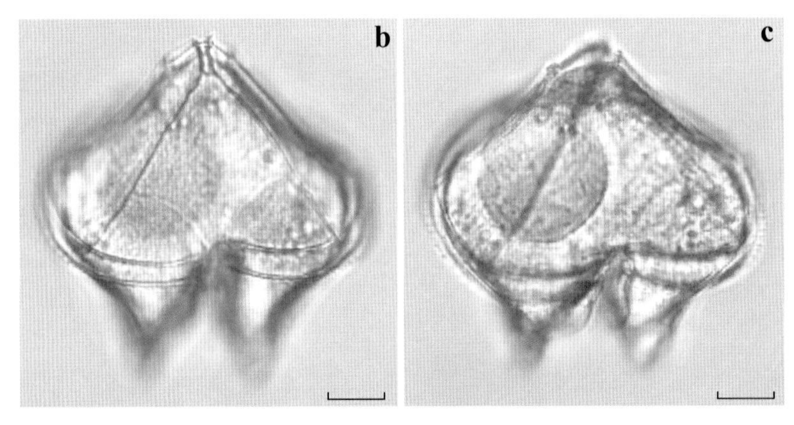

图 35　锥形原多甲藻凹形变种 *Protoperidinium conicum* var. *concavum* (Matzenauer) Balech, 1988
a–c. 腹面观；b, c. 活体

Balech 1988, 88, lam. 26, fig. 5–6.

同种异名：*Peridinium conicum* var. *concava* Matzenauer, 1933: Matzenauer 1933, 455, fig. 28d.

藻体细胞中型，长 65 μm，宽 63 μm。本变种与原种的区别在于藻体更宽，长宽相近，而原种长大于宽。另外，本变种的上、下壳内凹，尤其是下壳两侧边凹陷更为明显，使得两底角较原种更“瘦”。其余甲板形态结构等特征与原种相同。

样品 2008 年 6 月采自三亚附近海域，数量稀少，系中国首次记录。

热带性种。阿根廷东部海域有记录。

锥形原多甲藻青森变种 *Protoperidinium conicum* var. *asamushi* (Abé)

同种异名：*Peridinium conicum* f. *asamushi* Abé, 1927: Abé 1927, 406, fig. 25a–d.

Peridinium conicum var. *asamushi* (Abé) Taylor, 1976: Taylor 1976, 139, fig. 362.

藻体细胞中型，长 73 μm，宽 61 μm。本变种与原种的区别在于藻体更加修长，长明显大于宽，而且上、下壳侧边内凹，下壳底部向上深度凹陷呈倒“V”形，使得两底角较原种更细、更长。

Abé (1927) 记载本变种有 4 块前间插板，但 Taylor (1976) 认为 Abé 所观察的是畸形细胞。作者通过对样本的观察也没有找到 4 块前间插板，因此，作者同意 Taylor 的观点，即本变种与原种同样只有 3 块前间插板。

样品 2010 年 9 月采自黄海，数量稀少，系中国首次记录。

温带至热带性种。安达曼海、孟加拉湾、日本附近海域有记录。

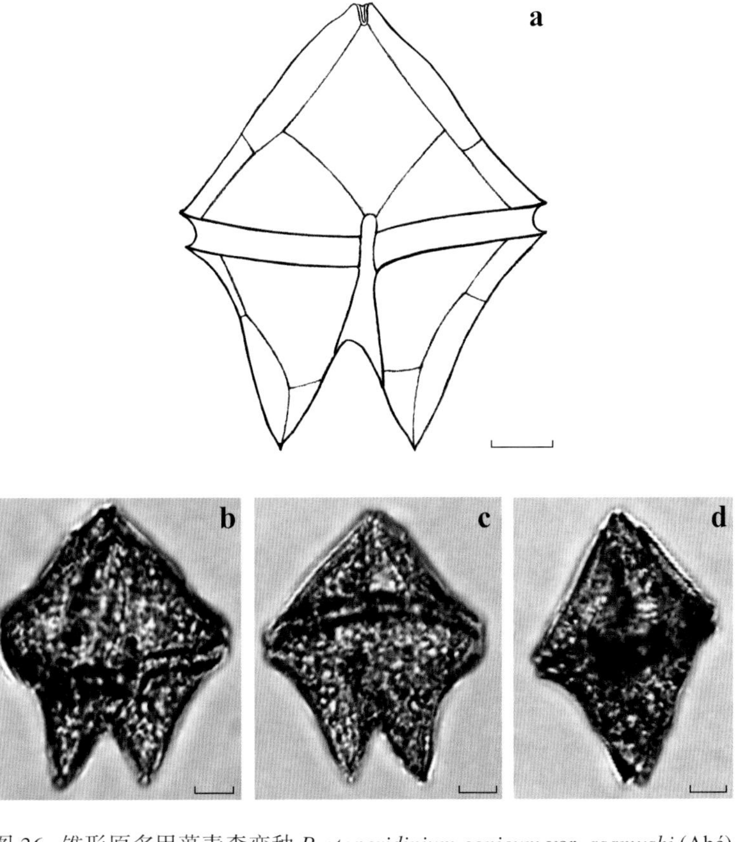

图 36 锥形原多甲藻青森变种 *Protoperidinium conicum* var. *asamushi* (Abé)

a, b. 腹面观；c. 背面观；d. 左侧面观

消褪原多甲藻 *Protoperidinium decollatum* (Balech) Balech, 1974

Balech 1974, 58; Balech 1988, 89, lam. 29, fig. 10–13.

同种异名：*Peridinium decollatum* Balech, 1971: Balech 1971a, 85, t. 15, fig. 240–248.

藻体细胞中型，长 54 μm，宽 48 μm，背腹略扁，腹面观窄五边形。上壳锥形，两侧边稍凸，无顶角。第一顶板 1′ 四边形，中等宽度。第二前间插板 2a 六边形。横沟左旋，下降 0.3～0.5 倍横沟宽度，横沟边翅窄。纵沟直，深陷至下壳底部。下壳两侧边亦凸，底部上凹，两中空底角甚粗短，其上各生有一个非常短的底刺。壳面网纹结构清晰，孔细小。

样品 2017 年 7 月采自南海北部海域，数量稀少，系中国首次记录。

冷水至暖水性种。阿根廷东部海域有记录。

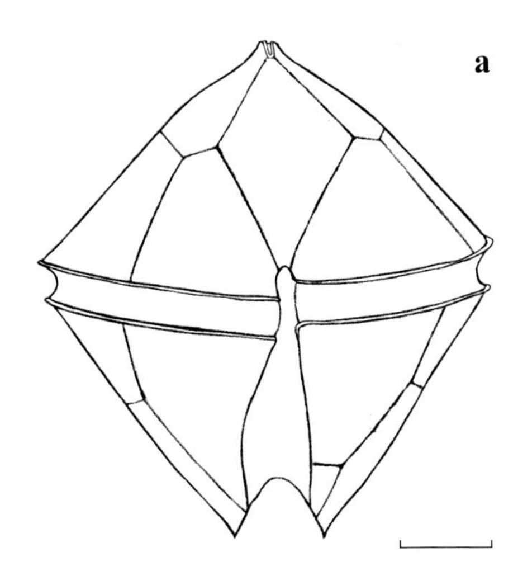

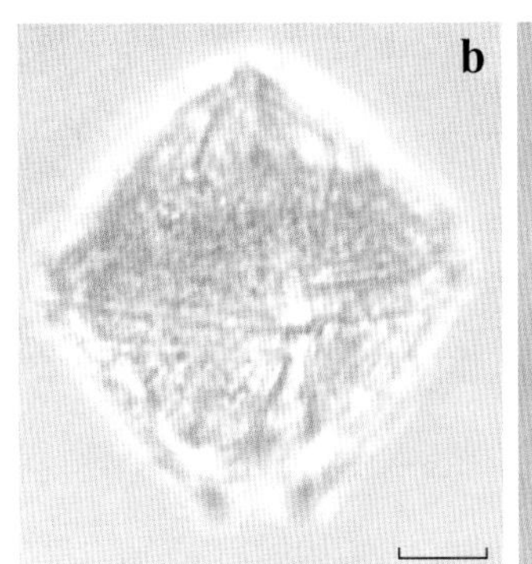

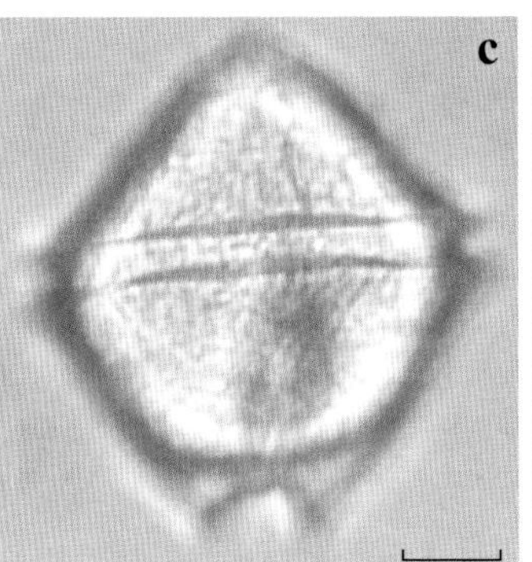

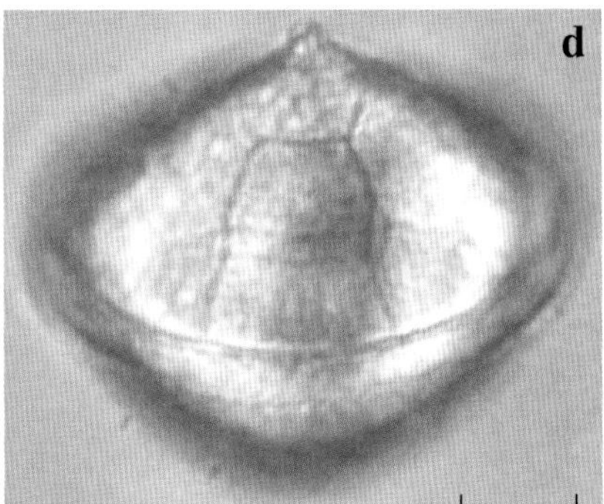

图 37 消褪原多甲藻 *Protoperidinium decollatum* (Balech) Balech, 1974

a, b. 腹面观；c, d. 背面观；b–d. 活体

异锥原多甲藻 *Protoperidinium heteroconicum* (Matzenauer) Balech, 1974

Balech 1974, 58.

同种异名：*Peridinium heteroconicum* Matzenauer, 1933: Matzenauer 1933, 459, fig. 34; Schiller 1937, 235, fig. 234a–c; Subrahmanyan 1971, 68, t. 47, fig. 1–3.

藻体细胞小型，长 36 μm，宽 38 μm，长、宽约略相等或宽大于长，腹面观五边形。上壳锥形，两侧边直或稍凹，无顶角。第一顶板 1′ 四边形。第二前间插板 2a 六边形。横沟近环状或稍左旋，凹陷，横沟边翅窄。纵沟深陷，前端稍窄，后端加宽至下壳底部，纵沟边翅清晰。下壳两侧边稍凹，底部上凹明显。两底角短，其上各生有一个短小的底刺。壳面网纹结构清晰，孔散布。

样品 2017 年 5 月采自东海，数量稀少，系中国首次记录。

世界稀有种，仅印度洋有记录。

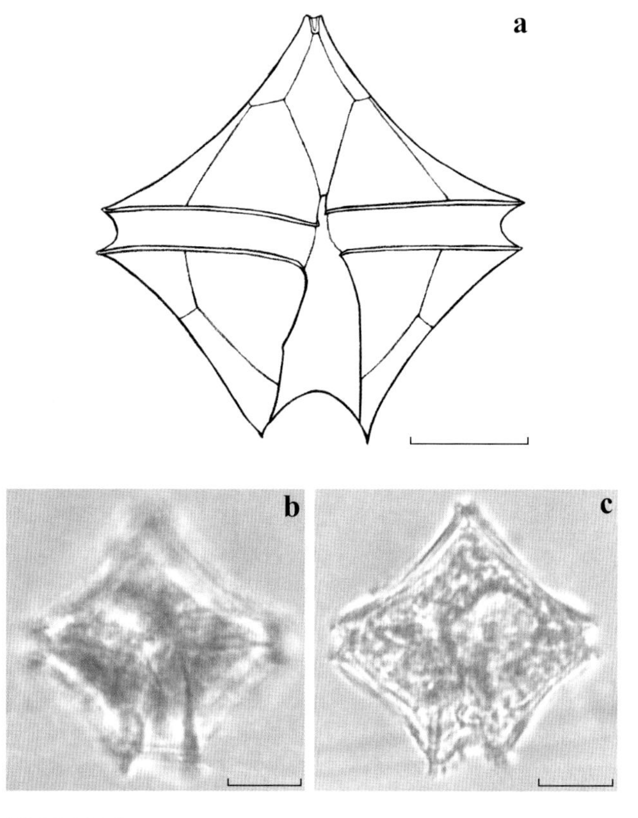

图 38 异锥原多甲藻 *Protoperidinium heteroconicum* (Matzenauer) Balech, 1974

a, b. 腹面观；c. 背面观

低矮原多甲藻 *Protoperidinium humile* (Schiller) Balech, 1974

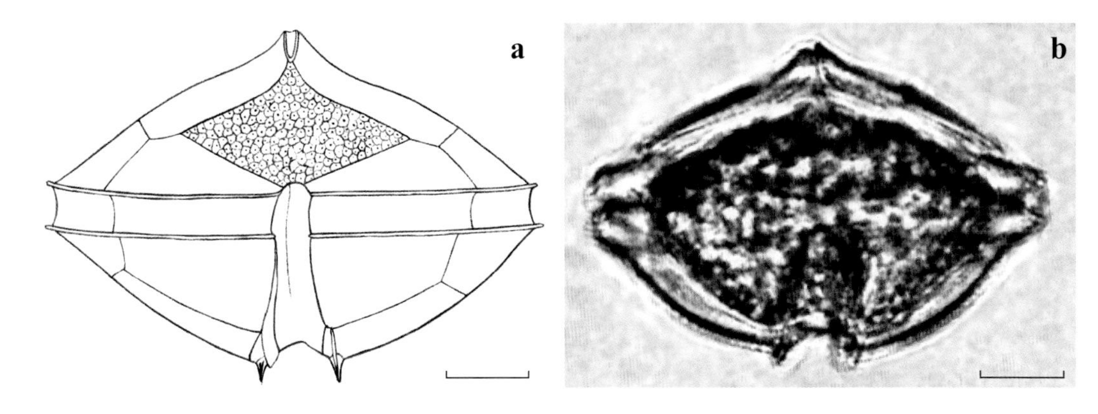

图 39　低矮原多甲藻 *Protoperidinium humile* (Schiller) Balech, 1974
a, b. 腹面观

Balech 1974, 57; Balech 1988, 188, lam. 84, fig. 7–12.

同种异名：*Peridinium humile* Schiller, 1937: Schiller 1937, 235, fig. 235; Subrahmanyan 1971, 68, t. 47, fig. 10.

藻体细胞中型，长 41 μm，宽 59 μm，腹面观为宽而扁的双锥形。上壳两侧边稍凸，顶角甚粗短。第一顶板 1′ 为宽四边形，第二前间插板 2a 五边形。横沟宽阔，近平直，横沟边翅窄。下壳两侧边亦凸，底部上凹。纵沟深陷，达下壳底部，在纵沟末端左、右各生有 1 个非常短的底刺。壳面网纹结构清晰。

样品 2010 年 9 月采自黄海南部海域，数量稀少。

浅海性种。印度洋、巴西里约热内卢附近海域有记录。

宽阔原多甲藻 *Protoperidinium latissimum* (Kofoid) Balech, 1974

Balech 1974, 67; Balech 1988, 116, lam. 27, fig. 7–9; Okolodkov 2008, 112, t. 3, fig. 8–10; Omura et al. 2012, 122; 杨世民和李瑞香 2014, 192.

同种异名：*Peridinium latissimum* Kofoid, 1907: Kofoid, 1907b, 175, fig. 31–32; Matzenauer 1933, 456, fig. 30a, c, e; Margalef 1957, 45, fig. 2c; Taylor 1976, 140, fig. 360.

Peridinium pentagonum var. *latissimum* (Kofoid) Schiller, 1937: Schiller 1937, 242, fig. 243a–j; Wood 1954, 253, fig. 150b–c; Steidinger & Williams 1970, 57, t. 34, fig. 113; Subrahmanyan 1971, 72, t. 48, fig. 4–11, t. 49, fig. 1–10.

藻体细胞中至大型，长（不包括底刺）71 ~ 116 μm，宽 75 ~ 113 μm，背腹略扁，腹面观五边形。上壳宽锥形，两侧边稍凸，无顶角。第二前间插板 2a 六边形。横沟凹陷，弯曲稍左旋，横沟边翅窄。纵沟深陷。下壳两侧边凹，下壳底部较宽且上凹。具两个中空的底角，两底角上各生有一个尖锥形的底刺。壳面网纹结构粗大明显，孔散布。

关于本种的第一顶板 1′，Taylor（1976）认为四边、五边、六边形都可能出现，只是 1′ 与第二前沟板 2″ 和第六前沟板 6″ 即使相连，这两条边也非常短。而作者在观察样本的过程中也发现了上述情况。

东海、南海有分布。样品 2005 年 9 月采自福建附近海域、2012 年 4 月采自南海黄岩岛附近海域、2017 年 7 月采自南海北部海域。

暖水性种。太平洋、印度洋、阿拉伯海、墨西哥湾、孟加拉湾、日本附近海域、澳大利亚附近海域、阿根廷东部海域有记录。

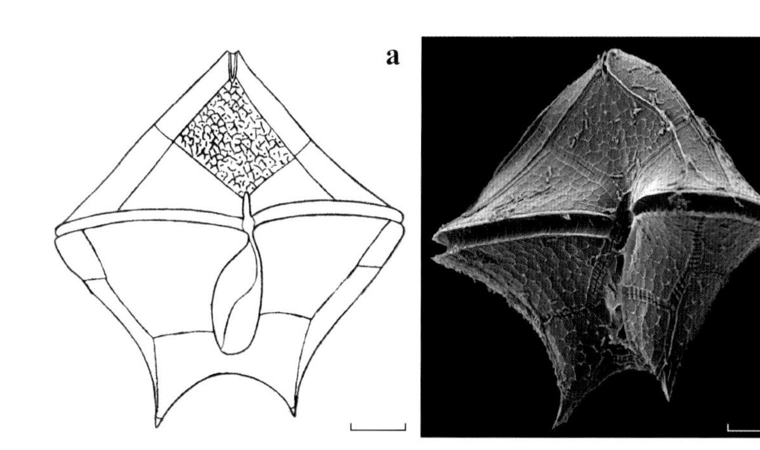

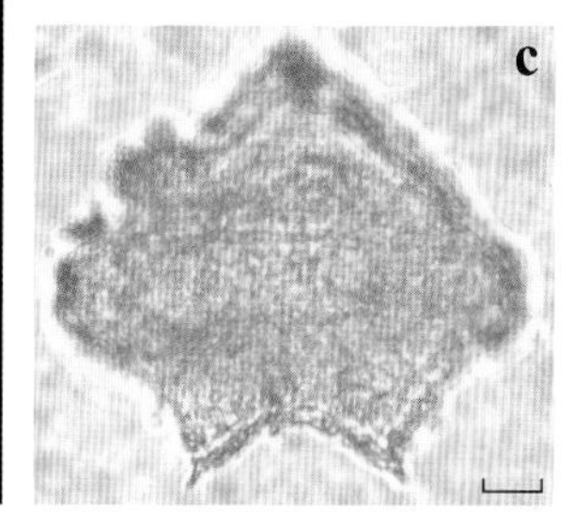

图 40 宽阔原多甲藻 *Protoperidinium latissimum* (Kofoid) Balech, 1974
a, b. 腹面观；c. 背面观；b. SEM

里昂原多甲藻 *Protoperidinium leonis* (Pavillard) Balech, 1974

Balech 1974, 58; Dodge 1982, 187, fig. 21d–f, t. 5d; Dodge 1985, 39, 57; 福代康夫等 1990, 150, fig. a–i; Tomas 1997, 540, t. 51; Al–Kandari et al. 2009, 181, t. 28a–f; Omura et al. 2012, 121; 杨世民和李瑞香 2014, 193; Li et al. 2016, 113, fig. Ⅲ/12–13.

同种异名：*Peridinium leonis* Pavillard, 1916: Pavillard 1916, 32, fig. 6; Forti 1922, 89, fig. 80; Lebour et al. 1925, 112, t. 21, fig. 1a–d; Dangeard 1927c, 349, fig. 14b–c; Paulsen 1920, 70, fig. 41; Matzenauer 1933, 456, fig. 29a; Schiller 1937, 236, fig. 236a–m; Kisselev 1950, 196, fig. 333–334; Rampi 1950b, 235, fig. 14; Gaarder 1954, 46; Wood 1954, 251, fig. 148a–c; Halim 1960, t. 3, fig. 10; Wood 1968, 104, fig. 310; Steidinger & Williams 1970, 56, t. 32, fig. 105; Subrahmanyan 1971, 68, t. 43, fig. 1–9, 11–13, t. 44, fig. 10–14; Taylor 1976, 141, fig. 369; Abe′1981, 384, fig. 58/398–404.

藻体细胞中型，长 73～80 μm，宽 72～81 μm，腹部凹陷，腹面观近五边形。上壳锥形，两侧边较直，顶端钝，无顶角。第一顶板 1′ 四边形，其上方的两条边短于下方的两条边。第二前间插板 2a 六边形。横沟近环状或弯曲左旋，下降 0.5～1.5 倍横沟宽度，横沟边翅窄。纵沟深陷至下壳底部，下壳底部及两侧边均凹，形成两个短锥形的、中空的底角，两底角上各生有一个短刺。上壳前沟板生有多条脊状纵条纹，其余壳面多为粗大的网纹结构，孔细小。

本种与锥形原多甲藻 *P. conicum* 相似，但本种第一顶板 1′ 为较窄的四边形，而后者的 1′ 宽大。另外，本种上壳具有明显的脊状纵条纹，而锥形原多甲藻壳面为网纹结构。

中国各海域均有分布。样品 2017 年 5 月采自东海。

近岸至大洋、温带至热带性种。太平洋、大西洋、印度洋、北海、地中海、加勒比海、阿拉伯海、安达曼海、孟加拉湾、日本附近海域、澳大利亚附近海域、英国附近海域、科威特附近海域均有记录。

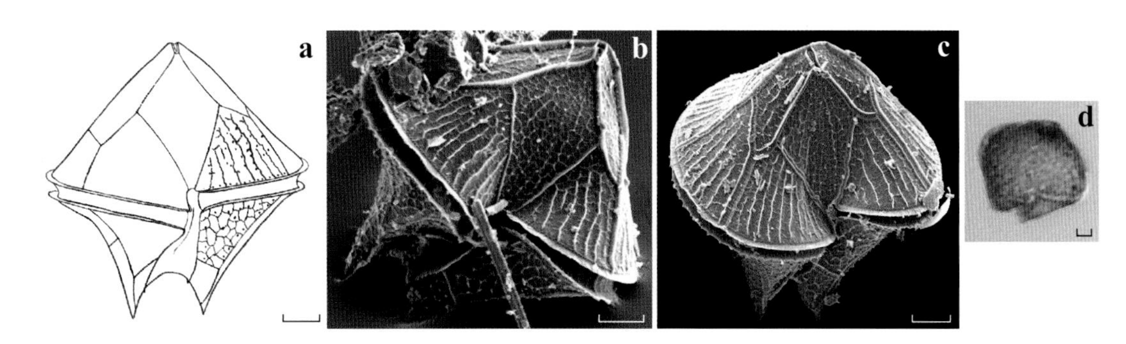

图 41　里昂原多甲藻 *Protoperidinium leonis* (Pavillard) Balech, 1974

a–d. 腹面观；b, c. SEM

玛勒原多甲藻 *Protoperidinium marielebouriae* (Paulsen) Balech, 1974

Balech 1974, 57; Dodge 1982, 178, fig. 20h–j.

同种异名：*Peridinium marielebouriae* Paulsen, 1931: Paulsen 1931, 69, fig. 40; Schiller 1937, 239, fig. 239a–i; Wood 1954, 253, fig. 149; Subrahmanyan 1971, 69, t. 45, fig. 3–11, t. 46, fig. 2–12.

藻体细胞中型，长 54～63 μm，宽 53～61 μm，腹面观近五边形。上壳两侧边直或微凸，无顶角。第一顶板 1′ 四边形。第二前间插板 2a 六边形。横沟近平直或左旋（下降 0.5 倍横沟宽度），凹陷，横沟边翅窄，其上具肋刺。纵沟后端无明显加宽。下壳底部上凹，左、右各有一短的底角，底角上生有小的底刺。壳面稀疏散布小棘，也有的形成纵条纹，孔清晰。

关于本种的第二前间插板 2a，国外有学者认为是四边形（Paulsen, 1931; Dodge, 1982），也有学者疑似为六边形（Wood, 1954; Subrahmanyan, 1971）。作者通过对扫描电镜图的观察确定本种的 2a 应为六边形，只是其两条侧下方的边非常短（如图 42c）。

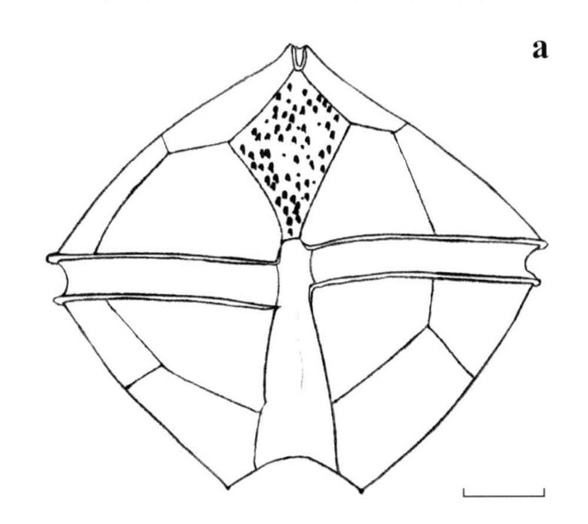

样品 2017 年 8 月采自南海中部海域，数量稀少，系中国首次记录。

暖温带性种。大西洋、印度洋、地中海、澳大利亚东南部海域有记录。

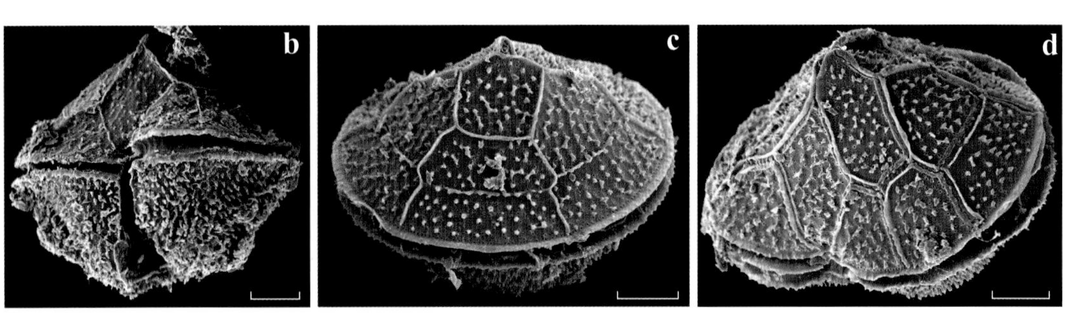

图 42 玛勒原多甲藻 *Protoperidinium marielebouriae* (Paulsen) Balech, 1974

a, b. 腹面观；c. 背面观；d. 顶面观；b–d. SEM

钝形原多甲藻 *Protoperidinium obtusum* (Karsten) Parke & Dodge, 1976

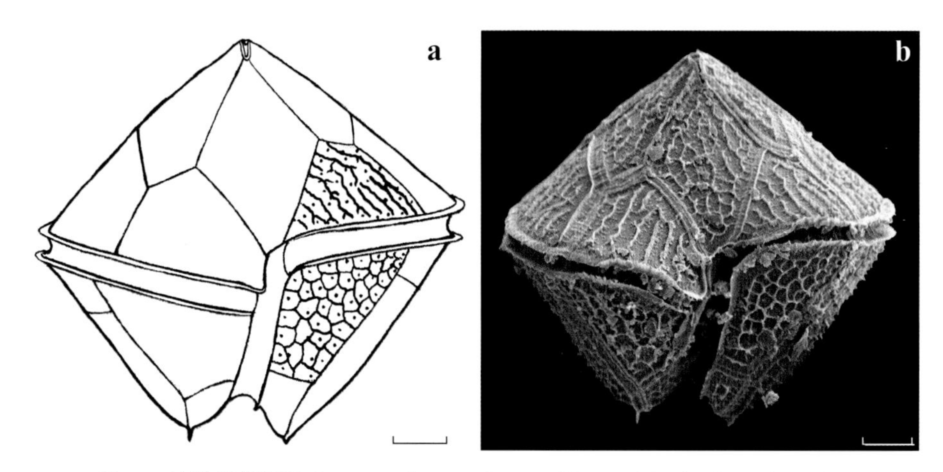

图 43 钝形原多甲藻 *Protoperidinium obtusum* (Karsten) Parke & Dodge, 1976
a, b. 腹面观；b. SEM

Parke & Dodge 1976, 545; Dodge 1982, 187, fig. 21c; Dodge 1985, 59; Balech 1988, 88, lam. 28, fig. 3–6; Tomas 1997, 541; Okolodkov 2005, 292, fig. 13, 29; Okolodkov 2008, 119, t. 6, fig. 8–10; Omura et al. 2012, 122.

同种异名：*Peridinium obtusum* Karsten, 1906: Karsten 1906, 149, t. 23, fig. 12; Lebour et al. 1925, 121, t. 24, fig. 2a–d; Schiller 1937, 240, fig. 241a–b; Abe′ 1981, 379, fig. 56/388–392, 57/393–397.

藻体细胞中型，长 76 μm，宽 81 μm，背腹倾斜略扁，腹面观近五边形。上壳宽锥形，两侧边直或稍凸，顶端钝，无顶角。第一顶板 1′ 四边形，较窄，上方的两条边明显短于下方的两条边。横沟凹陷，左旋，下降 1～1.5 倍横沟宽度，横沟边翅窄。下壳底部上凹，纵沟直且深陷。有两个短的、中空的底角，两底角上各生有一个非常短的小刺。上壳生有许多粗大的脊状纵条纹，而下壳则为粗大的网纹结构，孔细小。

关于本种的第二前间插板 2a，Dodge（1982）记载为六边形，其左、右下方的两条边（即与第三前沟板 3″ 和第五前沟板 5″ 相连的两条边）非常短。而 Okolodkov（2005）除了 2a 为六边形的样本外，还找到了少量 2a 为五边形或四边形的样本。

本种与玛勒原多甲藻 *P. marielebouriae* 相似，但本种壳面覆盖纵条纹和网纹结构，而后者壳面通常散布小棘。本种与里昂原多甲藻 *P. leonis* 也相似，但本种上、下壳侧边直或稍凸，而里昂原多甲藻侧边凹，尤其是下壳更为明显，使得本种两底角相较后者更为粗短。

样品 2017 年 8 月采自南海北部海域，数量少。

浅海至大洋、温带至热带性种。太平洋、北海、墨西哥湾、墨西哥西南部海域、阿根廷东部海域有记录。

短颈原多甲藻 *Protoperidinium parvicollum* (Balech) Balech, 1973

Balech 1973a, 22, t. 6, fig. 100–102; Balech 1988, 91, lam. 29, fig. 17–21.

同种异名：*Peridinium parvicollum* Balech, 1958: Balech 1958: 87, t. 4, fig. 86–87, t. 5, fig. 92–99.

藻体细胞小型至中型，长 39 μm，宽 45 μm，腹面观近五边形。上壳两侧边稍凸，具明显的“肩”，顶角不明显。第一顶板 1′ 四边形，中等宽度或稍狭窄，其右缘在靠近横沟处或多或少向外突出。第二前间插板 2a 六边形。横沟宽阔且明显凹陷，呈环状，两末端无下降移位，横沟边翅窄。纵沟前端较窄，后端急剧向两侧扩展变宽，以至于纵沟后板 S.p. 腹面观即明显可见。下壳两侧边亦稍凸，两底角扁平，其上有时具小刺。壳面网纹清晰。

据 Balech（1988）记载，本种长宽比例变化很大，有长大于宽的个体，也有宽大于长的个体。

样品 2016 年 5 月采自南海北部海域，数量稀少，系中国首次记录。

冷水至暖水性种。南极至南大西洋有分布。

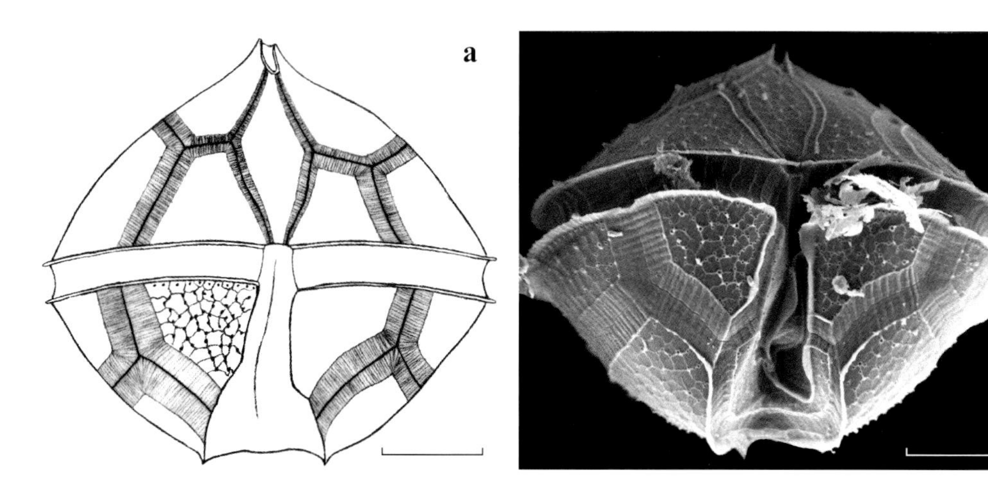

图 44　短颈原多甲藻 *Protoperidinium parvicollum* (Balech) Balech, 1973

a, b. 腹面观；b. SEM

五角原多甲藻 *Protoperidinium pentagonum* (Gran) Balech, 1974

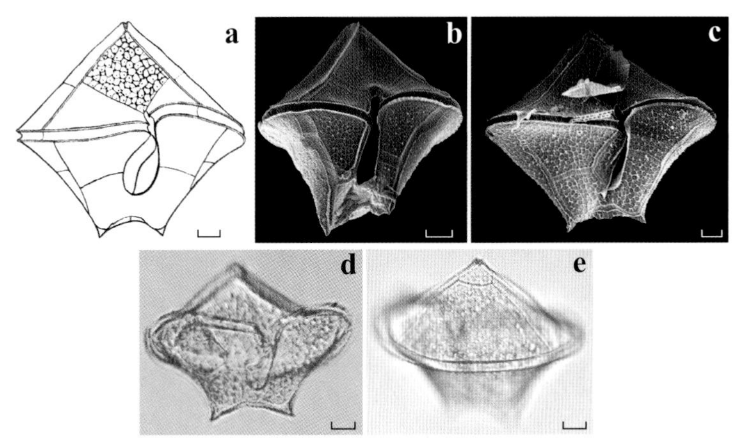

图 45　五角原多甲藻 *Protoperidinium pentagonum* (Gran) Balech, 1974
a–d. 腹面观；e. 背面观；b, c. SEM

Balech 1974, 59; Dodge 1982, 188, fig. 21l–n; Dodge 1985, 63; Balech 1988, 88, lam. 27, fig. 1–6; 福代康夫等 1990, 154, fig. a–g; Tomas 1997, 545, t. 53; Okolodkov 2005, 293, fig. 15, 31; Okolodkov 2008, 122, t. 7, fig. 1–2; Al–Kandari et al. 2009, 184, t. 31b–i, t. 32a; Omura et al. 2012, 122; 杨世民和李瑞香 2014, 195; Li et al. 2016, 112, fig. Ⅲ/7.

同种异名：*Peridinium pentagonum* Gran, 1902: Gran 1902, 185, fig. 15; Paulsen 1908, 59, fig. 76; Lebour et al. 1925, 112, t. 20, fig. 1a–e; Dangeard 1927c, 349, fig. 14a; Abé 1927, 409, fig. 28; Pavillard 1931, 54, t. 2, fig. 4; Schiller 1937, 241, fig. 242a–e; Wood 1954, 253, fig. 150a; Wood 1968, 107, fig. 321; Steidinger & Williams 1970, 57, t. 33, fig. 112a–b; Subrahmanyan 1971, 71, t. 47, fig. 4–9, t. 48, fig. 1–3; Abe′1981, 386, fig. 59/405–411, 60/412–413.

藻体细胞中至大型，长 68～92 μm，宽 66～108 μm，腹部凹陷，腹面观五边形。上壳宽锥形，两侧边直或稍凹，无顶角。第一顶板 1′ 四边形。第二前间插板 2a 六边形，但与第三前沟板 3″ 和第五前沟板 5″ 相连的两条边非常短。横沟弯曲左旋，下降 1～2 倍横沟宽度，明显凹陷，横沟边翅窄。纵沟较短，深陷至下壳 3/4 处。下壳两侧边凹，底部较平坦或稍上凹。两底角短，其上各生有一个短刺。壳面网纹结构粗大清晰，孔散布。

本种与宽阔原多甲藻 *P. latissimum* 非常相似，但本种个体比后者稍小，下壳底部相较后者短且更为平坦，两底刺也较宽阔原多甲藻更短小些。另外，本种第一顶板 1′ 四边形，即因为本种的第二前沟板 2″ 和第六前沟板 6″ 的长度较短，这两块甲板与 1′ 不相交，而宽阔原多甲藻的 2″ 和 6″ 较长，与 1′ 均有可能相交，使得 1′ 呈四边形、五边形或六边形。

东海、南海均有分布。样品 2008 年 6 月采自三亚附近海域、2009 年 7 月采自南海北部海域、2009 年 8 月采自东海、2016 年 5 月采自南海北部海域、2017 年 5 月采自东海。

温带至热带浅海性种。太平洋、大西洋、印度洋、北海、阿拉伯海、墨西哥湾、孟加拉湾、佛罗里达海峡、日本附近海域、澳大利亚附近海域、墨西哥西南部海域、英国附近海域、特立尼达和多巴哥附近海域、阿根廷东部海域、科威特附近海域均有记录。

杏仁原多甲藻 *Protoperidinium persicum* (Schiller) Okolodkov, 2008

Okolodkov 2008, 125, t. 8, fig. 1–4.

同种异名：*Peridinium persicum* Schiller, 1937: Schiller 1937, 272; Taylor 1976, 142, fig. 368a–b.

藻体细胞中型，长 69 μm，宽 67 μm，腹面观近五边形。上壳锥形，两侧边凹，无顶角。第一顶板 1′ 四边形，中等宽度。第二前间插板 2a 六边形。横沟近环状或稍稍左旋，凹陷，横沟边翅窄。纵沟深陷至下壳底部。下壳底部上凹，两粗壮底角锥形，左底角大于右底角且更偏向腹部，两底角末端各生有一个短小的底刺。壳面网纹结构清晰，网结处常有棘状凸起，孔散布。

本种与 *P. matzenaueri* 相似，但本种的第一前沟板 1″ 和第七前沟板 7″ 为四边形，而后者的 1″ 和 7″ 为三角形 Taylor (1976)。

样品 2016 年 5 月采自南海北部海域，数量稀少，系中国首次记录。

暖水大洋性种。西太平洋热带海域、印度洋、加勒比海、墨西哥湾、波斯湾、斯里兰卡南部海域有记录。

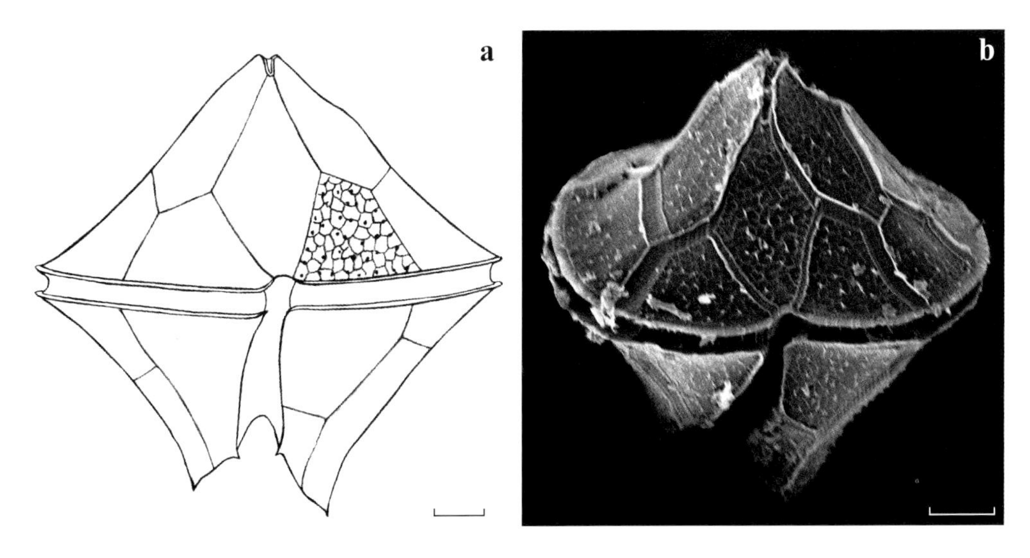

图 46 杏仁原多甲藻 *Protoperidinium persicum* (Schiller) Okolodkov, 2008

a, b. 腹面观；b. SEM

点刺原多甲藻 *Protoperidinium punctulatum* (Paulsen) Balech, 1974

Balech 1974, 58; Dodge 1982, 183, fig. 20l–m; Dodge 1985, 64; Balech 1988, 90, lam. 30, fig. 1–5; Okolodkov 2005, 294, fig. 16, 32; Al–Kandari et al. 2009, 184, t. 32b–i; Omura et al. 2012, 123; 杨世民和李瑞香 2014, 194; Li et al. 2016, 112, fig. Ⅲ/8.

同种异名：*Peridinium punctulatum* Paulsen, 1907: Paulsen 1907, 19, fig. 28; Mangin 1910, 8, fig. 677; Pavillard 1916, 32; Lebour et al. 1925, 123, fig. 37; Dangeard 1927c, 354, fig. 20e–f; Wood 1954, 254, fig. 152a–c; Abe′ 1981, 352, fig. 49/326–330.

Peridinium subinerme var. *punctulatum* (Paulsen) Schiller, 1937: Schiller 1937, 245, fig. 245a–b.

藻体细胞中型，长 47 ~ 55 μm，宽 55 ~ 62 μm，腹面观近五边形。上壳两侧边直或略凸，无顶角。第一顶板 1′ 四边形。第二前间插板 2a 五边形或六边形。横沟平直，明显凹陷，横沟边翅甚窄。纵沟较宽，纵沟左、右边翅亦非常窄。下壳底部向上凹陷，无底刺或底角。壳面密布小棘，无纵条纹或网纹结构。

样品 2009 年 7 月采自南海北部海域、2013 年 8 月采自东海、2016 年 5 月采自南海北部海域，数量少。

冷水至暖水、浅海至大洋性种。太平洋、北海南部、澳大利亚附近海域、墨西哥东南部海域、阿根廷东部海域、科威特附近海域有记录。

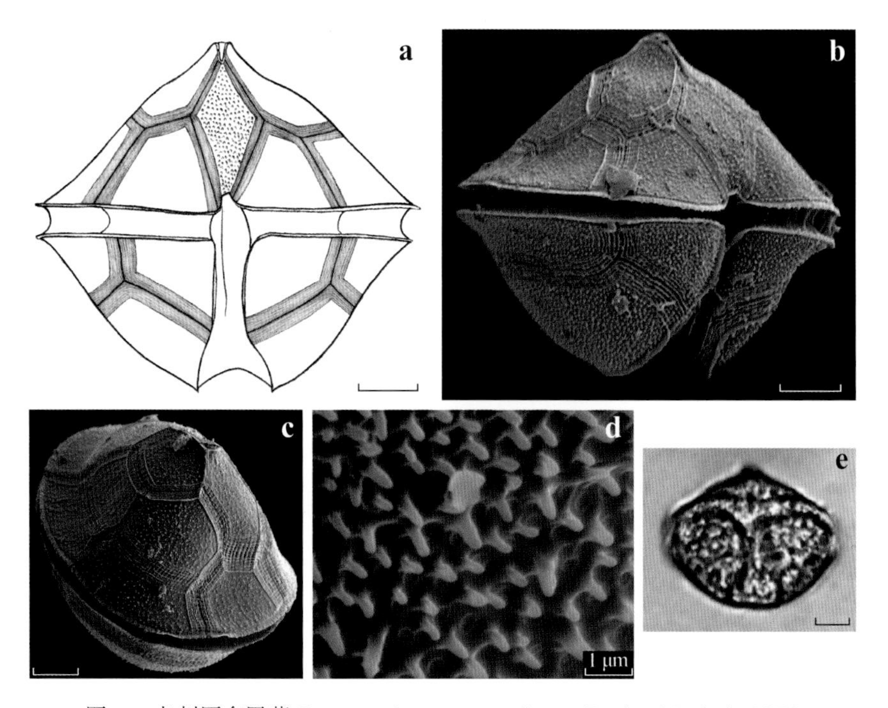

图 47　点刺原多甲藻 *Protoperidinium punctulatum* (Paulsen) Balech, 1974

a, b, e. 腹面观；c. 背面观；d. 示壳面小棘；b–d. SEM

盘曲原多甲藻 *Protoperidinium sinuosum* Lemmermann, 1905

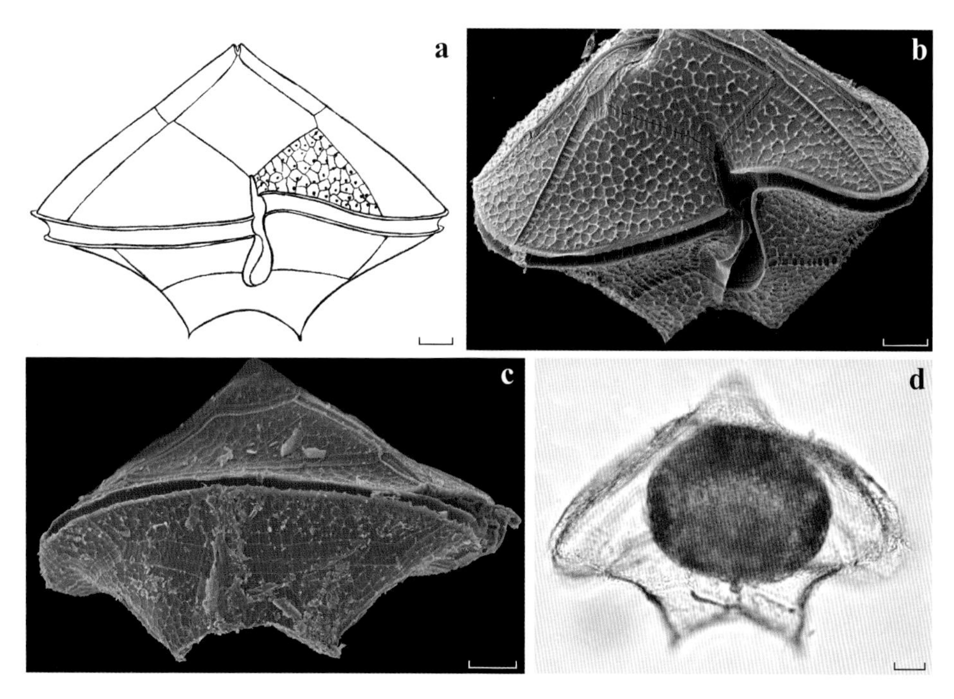

图 48 盘曲原多甲藻 *Protoperidinium sinuosum* Lemmermann, 1905
a, b. 腹面观；c, d. 背面观；b, c. SEM

Lemmermann 1905, 32; Abe′ 1981, 396, fig. 63/423–428, 64/429–438, 65/439–440; Omura et al. 2012, 122.

藻体细胞大型，长 65～95 μm，宽 98～120 μm，腹部凹陷，腹面观宽五边形。上壳为低且宽的锥形，两侧边凸，无顶角。第一顶板 1′ 四边形或五边形。第二前间插板 2a 六边形，与第三前沟板 3″ 和第五前沟板 5″ 相连的两条边非常短。横沟左旋，下降 1.5～2 倍横沟宽度，凹陷，横沟边翅窄。纵沟短且深陷，纵沟边翅亦窄。下壳两侧边凹，下壳底部较宽，上凹。两底角短且钝，其上各生有一个非常短的底刺。壳面网纹结构粗大，孔散布。

本种与五角原多甲藻 *P. pentagonum* 相似，但本种藻体更宽，长 : 宽 = 0.65～0.75，而后者长、宽约略相等。另外，本种藻体在横沟处明显下垂，而五角原多甲藻藻体在横沟处较平直。

样品 2007 年 11 月采自东海、2013 年 8 月采自冲绳海槽西侧海域、2017 年 8 月采自南海北部海域，数量少。

暖水性种。太平洋、日本附近海域有记录。

赛裸原多甲藻 *Protoperidinium subinerme* (Paulsen) Loeblich Ⅲ, 1969

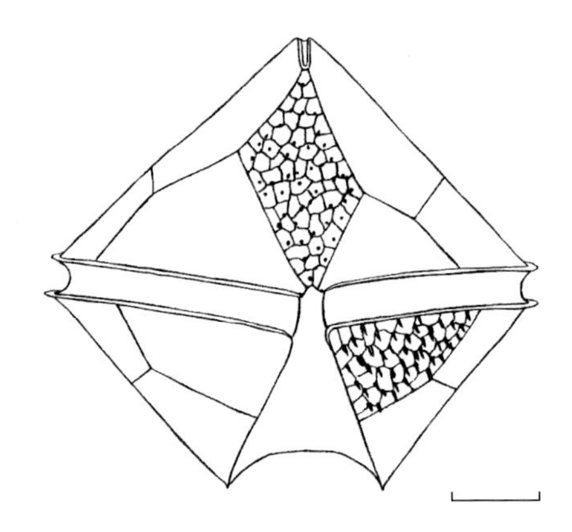

图 49 赛裸原多甲藻 *Protoperidinium subinerme* (Paulsen) Loeblich Ⅲ, 1969
a. 腹面观

Loeblich Ⅲ 1969, 905; Dodge 1982, 189, fig. 21i–k, t. 5f; Dodge 1985, 66; Balech 1988, 89, lam. 29, fig. 14–16; Tomas 1997, 545, t. 51; Okolodkov 2008, 126, t. 8, fig. 5–8; Al–Kandari et al. 2009, 185, t. 34h–i, 35a–f; Omura et al. 2012, 123; Li et al. 2016, 113, fig. Ⅲ/9.

同种异名：*Peridinium subinerme* Paulsen, 1904: Paulsen 1904, 24, fig. 10; Paulsen 1908, 60, fig. 78; Broch 1910, fig. 28; Meunier 1910, 40, t. 2, fig. 43–44; Meunier 1919, 43, t. 17, fig. 36–40; Lebour et al. 1925, 114, t. 22, fig. 2a–f; Dangeard 1927c, 349, fig. 14d; Peters 1928, 52, fig. 15; Böhm 1936, 44, fig. 16a1–4; Schiller 1937, 243, fig. 244a–o; Diwald 1939, 175, fig. 22a–d; Silva 1949, 345, t. 5, fig. 15–17; Gaarder 1954, 49; Wood 1954, 254, fig. 151a–b; Silva 1955, 142, t. 5, fig. 4–5; Yamaji 1966, 87, t. 42, fig. 3; Halim 1967, 748, t. 6, fig. 84, t. 7, fig. 85; Wood 1968, 109, fig. 330; Steidinger & Williams 1970, 58, t. 34, fig. 115; Subrahmanyan 1971, 75, t. 50, fig. 8–14, t. 51, fig. 2–15, t. 52, fig. 1–6, 8; Taylor 1976, 142, fig. 364, 367a–b; Abe′ 1981, 365, fig. 54/368–374.

藻体细胞中型，长 49 ~ 53 μm，宽 52 ~ 58 μm，腹面观五边形。上壳锥形，两侧边直或稍凸，无顶角。第一顶板 1′ 四边形。第二前间插板 2a 六边形。横沟近环状，凹陷，横沟边翅窄，具肋刺支撑。纵沟深陷，后端迅速加宽，有时由于纵沟后板（S.p.）的加宽呈现“L”形（Tomas, 1997）。下壳两侧边直，底部上凹。两底角短锥形，末端各生有一个短刺。壳面网纹结构粗大清晰，常伴有小棘，孔散布。

本种与点刺原多甲藻 *P. punctulatum* 相似，但后者壳面遍布小棘，无网纹结构，而本种壳面网纹结构发达，网结处（尤其是在下壳）伴生小棘。另外，本种的纵沟后端加宽迅速，而点刺原多甲藻则是缓慢的加宽（Balech, 1974）。

东海、南海有分布。样品 1984 年采自东海大陆架，数量少。

寒带至热带性种。太平洋、大西洋、印度洋、北冰洋、巴伦支海、加勒比海、安达曼海、墨西哥湾、孟加拉湾、日本附近海域、澳大利亚附近海域、格陵兰岛附近海域、冰岛附近海域、英国附近海域、巴西北部海域、阿根廷东部海域、科威特附近海域均有记录。

普通原多甲藻 *Protoperidinium vulgare* Balech, 1978

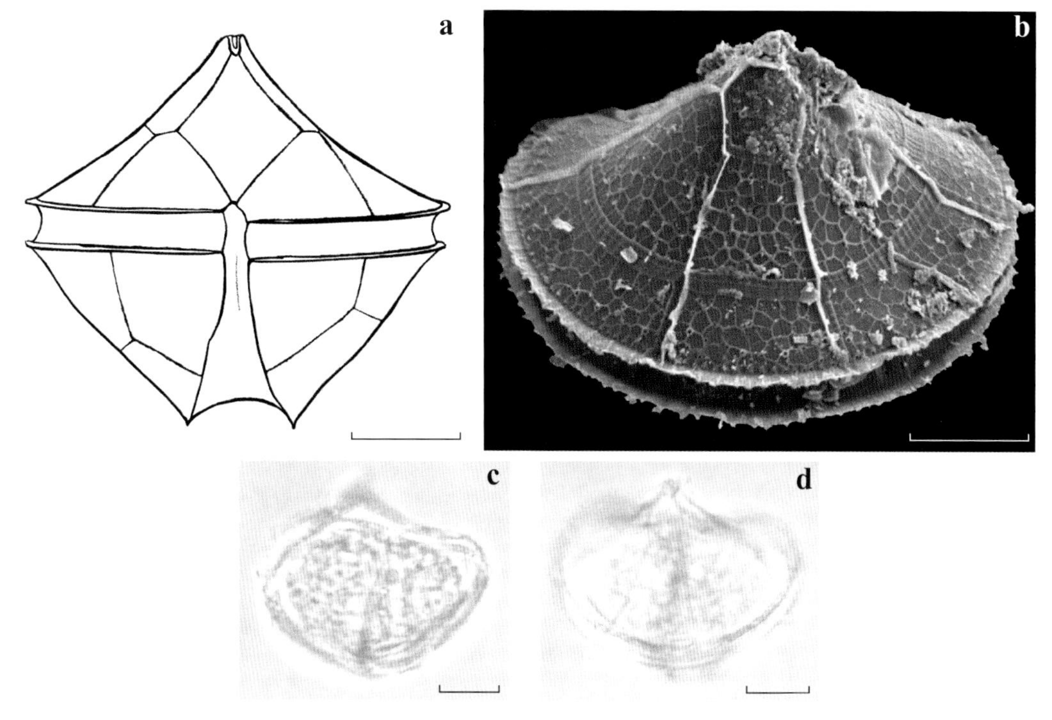

图 50　普通原多甲藻 *Protoperidinium vulgare* Balech, 1978
a, c. 腹面观；b, d. 背面观；b. SEM

Balech 1978, 169; Balech 1988, 89, lam. 29, fig. 4–9; Okolodkov 2005, 295, fig. 18, 34.

藻体细胞小型，长 26～39 μm，宽 29～43 μm，腹面观五边形。上壳宽锥形，两侧边稍凸或稍凹，顶角甚短。第一顶板 1′ 四边形。第二前间插板 2a 六边形。横沟凹陷，稍右旋，下降 0.3～0.5 倍横沟宽度，横沟边翅窄，具肋刺支撑。纵沟深陷，前端稍窄，后端加宽至下壳底部。下壳两侧边稍凸，底部上凹，两底角短，中等间距，末端各生有一个非常短的底刺。壳面网纹结构清晰，孔散布。

关于本种的第二前间插板 2a，Balech（1988）记载有两种形态，一种是与第三前沟板 3″ 和第五前沟板 5″ 相连的两条边非常短的六边形，另一种是与 3″ 和 5″ 相连的两条边较长的六边形。作者所采得的样本属于前一种。

样品 2017 年 8 月采自南海中部海域，数量稀少，系中国首次记录。

温带至热带性种。墨西哥西南部海域、阿根廷东部海域有记录。

Protoperidinium metananum 组：1′ Meta 型，2 a Quadra 型，无底角但具两个小的底刺，横沟右旋。

梅坦原多甲藻 *Protoperidinium metananum* (Balech) Balech, 1974

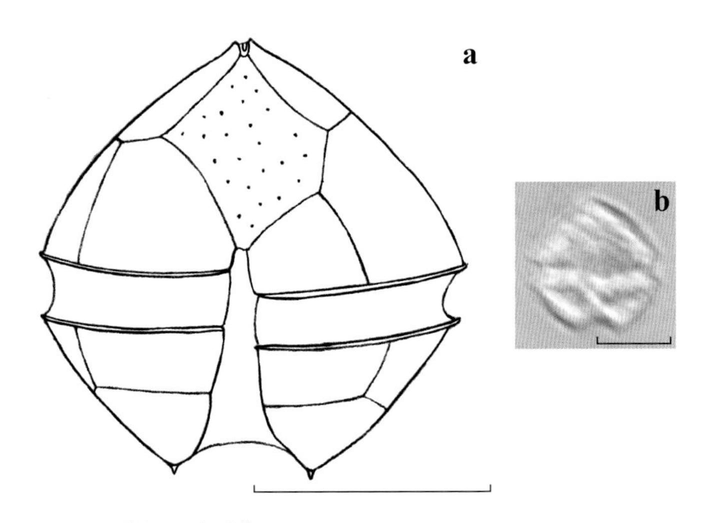

图 51　梅坦原多甲藻 *Protoperidinium metananum* (Balech) Balech, 1974
a, b. 腹面观

Balech 1974, 61; Balech 1988, 104, lam. 38, fig. 26–31; 杨世民和李瑞香 2014, 174.

同种异名：*Peridinium metananum* Balech, 1965: Balech 1965, 120, t. 2, fig. 27–33.

藻体细胞非常小，长 19 μm，宽 20 μm，腹面观近五边形。上壳宽锥形，两侧边稍凸，顶角甚短。第一顶板 1′ 五边形，较宽，且稍偏向左侧（Balech, 1988）。第二前间插板为非常小的四边形。横沟宽阔且凹陷，右旋，下降 0.3～0.5 倍横沟宽度，横沟边翅窄。纵沟较直，前端狭窄，后端加宽。下壳底部上凹，具两个细小的底刺。壳面较平滑或有细弱的网纹结构，常散布棘状小凸起。

南海有分布。样品 2017 年 8 月采自南海中部海域，数量稀少。

Balech（1988）认为本种为南极种，但作者在中国南海北部海域、南海中部海域都采到少量样本，可能其适应温度的范围更广，抑或生活在热带海域水层较深的、水温较低的区域，尚待更深入的研究才能确定。

Protoperidinium divergens 组：1′ Meta 型，2a Quadra 型，少数为 Penta 型，具顶角和两个中空的底角。

尖脚原多甲藻 *Protoperidinium acutipes* (Dangeard) Balech, 1974

Balech 1974, 59; 杨世民和李瑞香 2014, 184.

同种异名：*Peridinium acutipes* Dangeard, 1927: Dangeard 1927c, 363, fig. 30; Matzenauer 1933, 469, fig. 54; Taylor 1976, 145, fig. 4c, 317–318, 321, 325.

Peridinium divergens f. *acutipes* (Dangeard) Schiller, 1937: Schiller 1937, 227, fig. 223a–d.

藻体细胞中至大型，长 64～71 μm，宽 57～62 μm，腹面观五角状。上壳两侧边直或稍凸，顶角短且粗壮。第一顶板 1′ 五边形。第二前间插板 2a 四边形。横沟近环状或稍稍下旋，横沟边翅窄，具肋刺。纵沟左边翅宽，右边翅窄。下壳两侧边内凹，两中空底角短，底角间距较小，稍向外分歧伸出，其上各生有一个锥形底刺。壳面网纹结构粗大，孔散布。

本种与歧分原多甲藻 *P. divergens* 非常相似，但本种上壳相对后者更饱满，两底角间距更小也更短。

作者所采得的样本相较以前的学者个体更小些（Dangeard 1927，长 110～120 μm；Taylor 1976，长大于 88 μm）。

南海、吕宋海峡有记录。样品 2016 年 5 月采自南海北部海域，数量少。

热带性种。大西洋热带海域、印度洋、安达曼海、孟加拉湾有分布。

a

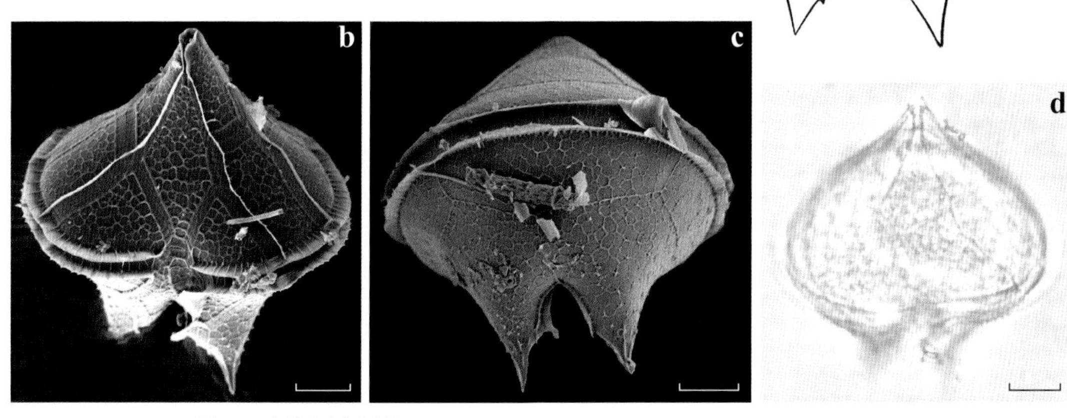

图 52 尖脚原多甲藻 *Protoperidinium acutipes* (Dangeard) Balech, 1974
a, b, d. 腹面观；c. 背面观；b, c. SEM

狭多原多甲藻 *Protoperidinium angustum* (Dangeard) Balech, 1974

Balech 1974, 59; Li et al. 2016, 114, fig. Ⅱ/13–16.

同种异名：*Peridinium angustum* Dangeard, 1927: Dangeard 1927c, 362, fig. 29a–b; Taylor 1976, 145, fig. 333–334; Abe′1981, 265, fig. 34a/223, 34b/224–229.

藻体细胞中型，长 70 μm，宽 63 μm，腹面观近五边形。上、下壳两侧边在与横沟相接处明显外凸，顶角短且粗壮，末端平截。第一顶板 1′ 五边形。第二前间插板 2a 四边形。横沟右旋，下降 0.5～1 倍横沟宽度，横沟边翅窄，具肋刺。纵沟前窄后宽，纵沟左边翅宽，右边翅窄。两底角短，间距小，末端各生有一个短刺。壳面网纹结构粗大，孔散布。

据 Taylor（1976）记载本种宽明显大于长，且横沟右旋仅下降 0.5 倍横沟宽度，这两个特点可区分本种与威斯纳原多甲藻 *P. wiesneri*。但作者所观察的样本和 Abe′（1981）的样本中也有长宽相近或长大于宽的、横沟右旋下降 1 倍横沟宽度的个体。因此，作者认为本种与威斯纳原多甲藻的主要区别在于本种左、右两底角和底刺约略对称，而后者右底角、右底刺退化，左、右不对称。

南海有分布。样品 2017 年 7 月采自南海北部海域。

温带至热带性种。大西洋、印度洋、阿拉伯海、孟加拉湾、日本附近海域有记录。

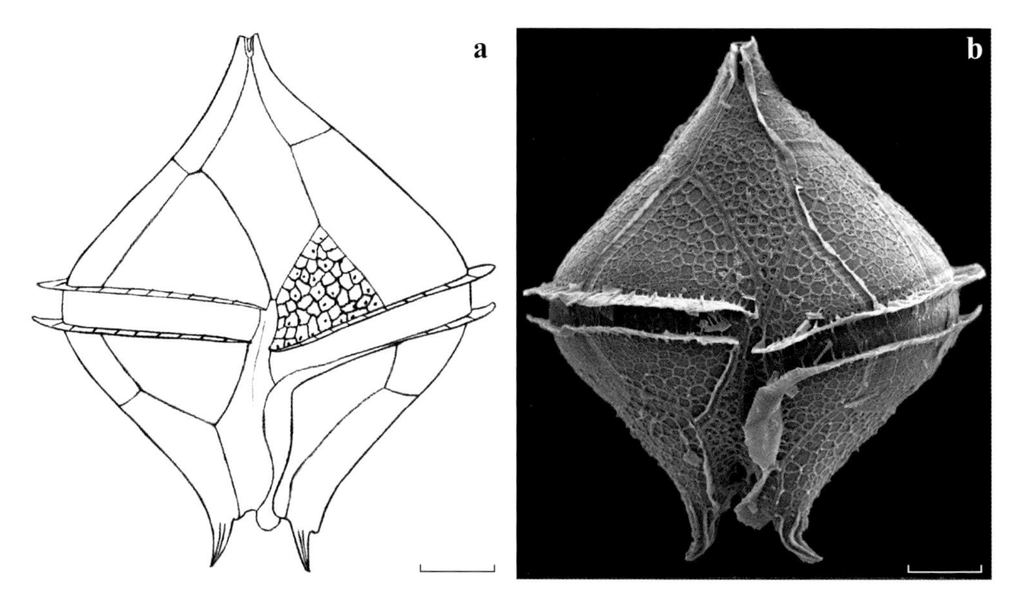

图 53　狭多原多甲藻 *Protoperidinium angustum* (Dangeard) Balech, 1974
a, b. 腹面观；b. SEM

不对称原多甲藻 *Protoperidinium asymmetricum* (Abé) Balech, 1974

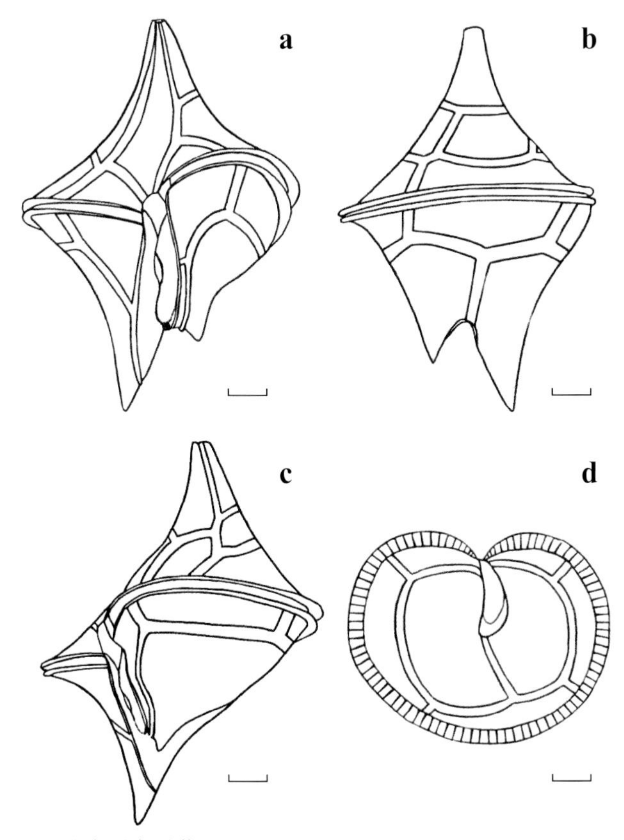

图 54 不对称原多甲藻 *Protoperidinium asymmetricum* (Abé) Balech, 1974
a. 腹面观；b. 背面观；c. 左侧面观；d. 底面观

Balech 1974, 54.

同种异名：*Peridinium asymmetricum* Abé, 1936: Abé 1936, 671, fig. 62–64; Matzenauer 1933, 467, fig. 51; Böhm 1936, 41, fig. 17a1–2; Kisselev 1950, 208, fig. 351, 358; Taylor 1976, 145, fig. 4i, 326; Abe′ 1981, 306.

藻体细胞中型，长 97 μm，宽 69 μm，腹部凹陷，腹面观近菱形。上壳呈不对称的锥形，两侧边凹，向上平滑收缩形成顶角，顶角粗壮，末端平截。第一顶板 1′ 五边形，第二前间插板 2a 四边形。横沟左旋，下降 1.5～2 倍横沟宽度，横沟边翅窄，具肋刺支撑。纵沟深陷，纵沟左边翅宽，纵沟右边翅几乎不可见。下壳两底角明显不对称，右底角长于左底角。壳面网纹结构细弱。

东海、南海有分布。样品 1984 年采自东海大陆架，数量少。

温带至热带性种。印度洋、安达曼海、孟加拉湾、日本附近海域有记录。

短柄原多甲藻 *Protoperidinium brachypus* (Schiller) Balech, 1974

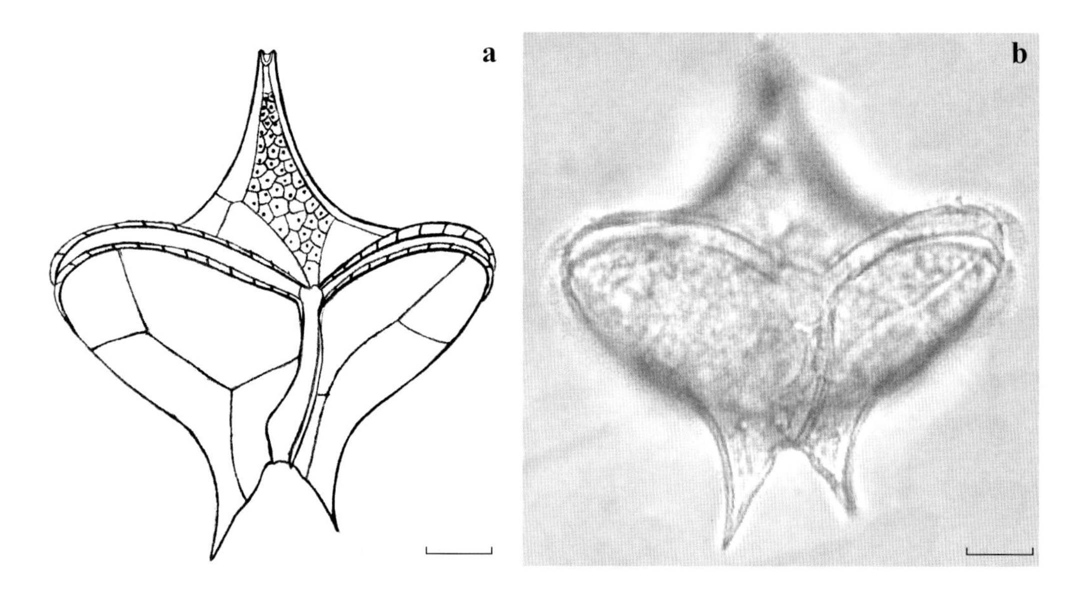

图 55　短柄原多甲藻 *Protoperidinium brachypus* (Schiller) Balech, 1974
a, b. 腹面观

Balech 1974, 68.

同种异名：*Peridinium brachypus* Schiller, 1937: Schiller 1937, 248, fig. 249; Subrahmanyan 1971, 80, t. 53, fig. 11, t. 56, fig. 12; Taylor 1976, 146, fig. 4k, 313a–b.

藻体细胞中至大型，长 83 μm，宽 75 μm，腹部凹陷，腹面观窄五角状。上壳两侧边深凹，顶角长，末端平截。第一顶板 1′ 五边形，第二前间插板 2a 窄四边形。横沟环状，凹陷，横沟边翅清晰，其上有肋刺。纵沟深陷，纵沟左边翅较宽，右边翅窄。下壳内凹，两中空底角短，近锥形，间距较小，稍向外分歧伸出，两底角末端各生有一个短刺。壳面网纹结构粗大，孔散布。

本种与优美原多甲藻 *P. elegans* 相似，但本种个体明显小于后者，且下壳两底角短，末端尖锐，而优美原多甲藻两底角长，呈指状。

样品 2017 年 8 月采自南海中部海域，数量稀少，系中国首次记录。

热带性种。印度洋、地中海、阿拉伯海、安达曼海、孟加拉湾、苏门答腊岛附近海域有记录。

网刺原多甲藻 *Protoperidinium brochii* (Kofoid & Swezy) Balech, 1974

Balech 1974, 60; Dodge 1985, 43; Balech 1988, 108, lam. 41, fig. 4–7; Okolodkov 2005, 285, fig. 2, 19; Okolodkov 2008, 134, t. 12, fig. 8–9; Li et al. 2016, 114, fig. Ⅲ/17.

同种异名：*Peridinium brochii* Kofoid & Swezy, 1921: Kofoid & Swezy 1921, 183; Böhm 1936, 41, fig. 16d; Schiller 1937, 221, fig. 218a–i; Nie 1939, fig. 18a–d; Kisselev 1950, 192, fig. 322b–c; Rampi 1950b, 235, fig. 9; Gaarder 1954, 39; Wood 1954, 247, fig. 136; Halim 1967, 734, t. 6, fig. 72–73; Wood 1968, 98, fig. 288; Steidinger & Williams 1970, 55, t. 28, fig. 92; Subrahmanyan 1971, 93, t. 62, fig. 7–12, t. 63, fig. 7, 10, 12; Taylor 1976, 146, fig. 332, 335.

藻体细胞中型，长 75 ~ 87 μm，宽 67 ~ 83 μm，腹面观近五边形。上壳两侧边凸，顶角粗短，末端平截。第一顶板 1′ 五边形。第二前间插板 2a 四边形。横沟近环状或稍右旋，横沟边翅清晰，具肋刺支撑。纵沟深陷，前端稍窄，后端加宽。下壳两侧边亦凸，两底角短锥形，向外分歧伸出，末端尖锐。壳面网纹结构粗大，孔散布。

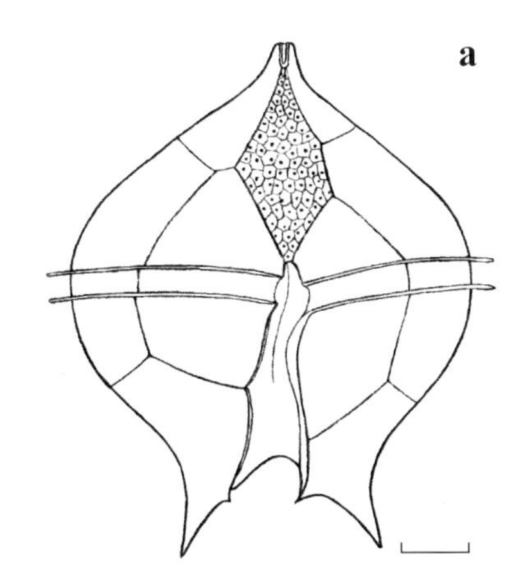

本种与狭多原多甲藻 *P. angustum* 相似，但本种藻体相对后者更加饱满，两底角间距更大，向外分歧的角度也更大。

东海、南海、吕宋海峡有分布。样品 2007 年 1 月采自东海、2010 年 8 月采自吕宋海峡。

暖温带至热带性种。太平洋、大西洋、印度洋、地中海、加勒比海、阿拉伯海、安达曼海、墨西哥湾、孟加拉湾、澳大利亚附近海域、墨西哥西南部海域、阿根廷东部海域均有记录。

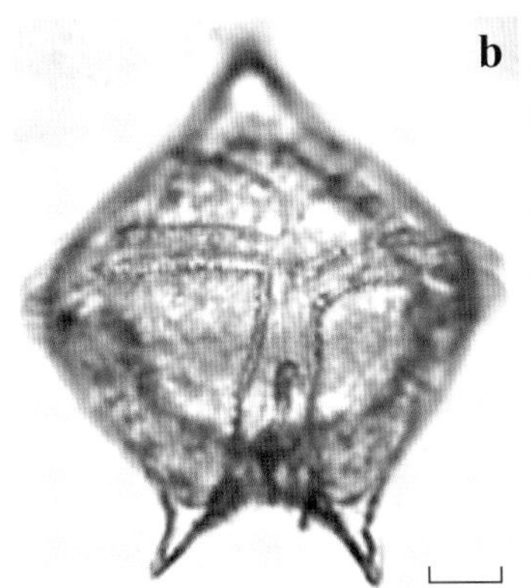

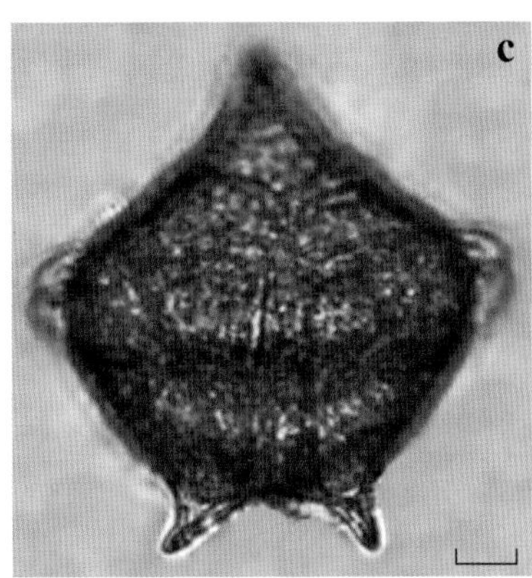

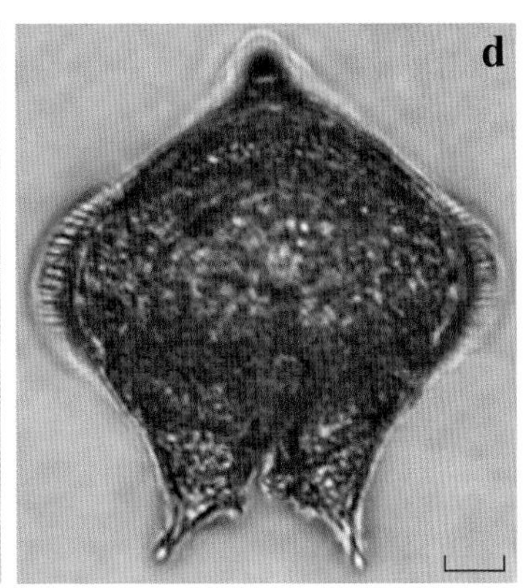

图 56 网刺原多甲藻 *Protoperidinium brochii* (Kofoid & Swezy) Balech, 1974

a–c. 腹面观；d. 背面观

厚甲原多甲藻 *Protoperidinium crassipes* (Kofoid) Balech, 1974

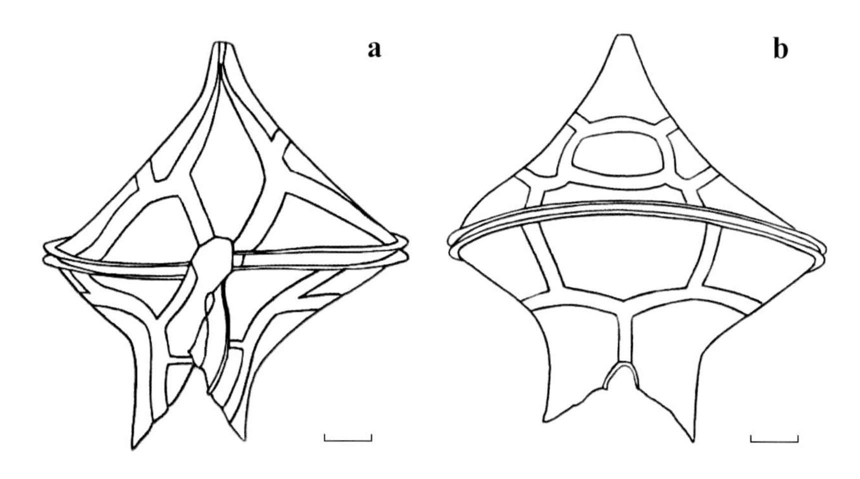

图 57 厚甲原多甲藻 *Protoperidinium crassipes* (Kofoid) Balech, 1974
a. 腹面观；b. 背面观

Balech 1974, 60; Dodge 1985, 48; Balech 1988, 110, lam. 43, fig. 5–7; Tomas 1997, 538, t. 53; Okolodkov 2005, 287, fig. 5, 22; Okolodkov 2008, 132, t. 12, fig. 1–3; Al–Kandari et al. 2009, 180, t. 24h–k; Omura et al. 2012, 118; 杨世民和李瑞香 2014, 185; Li et al. 2016, 114, fig. Ⅲ/15–16.

同种异名：*Peridinium crassipes* Kofoid, 1907: Kofoid 1907, 309, t. 31, fig. 46–47; Paulsen 1907, 17, fig. 24; Paulsen 1908, 57, fig. 73a–f; Dangeard 1926, 324, fig. 18a–c; Lindemann 1927, 230, fig. 80–86; Dangeard 1927c, 365, fig. 32c; Abé 1927, 407, fig. 26–27; Peters 1928, 42, fig. 11; wang 1936, 141, fig. 14; Schiller 1937, 223, fig. 220a–p; Wailes 1939, 38, fig. 15; Kisselev 1950, 192, fig. 328; Rampi 1950b, 235, fig. 17; Gaarder 1954, 39; Wood 1954, 247, fig. 137a–d; Margalef 1957, 45, fig. 2e; Halim 1960, t. 2, fig. 32; Wood 1968, 99, fig. 293; Steidinger & Williams 1970, 55, t. 29, fig. 95a–b; Subrahmanyan 1971, 87, t. 58, fig. 6–12, t. 61, fig. 5; Taylor 1976, 147, fig. 4d, 327, 331; Abe′ 1981, 268, fig. 35/230–236.

藻体细胞中型，长 88 μm，宽 78 μm，腹部稍扁，腹面观近五角状。上壳两侧边稍凹，向上平滑收缩形成顶角，顶角粗短。第一顶板 1′ 五边形。第二前间插板 2a 四边形。横沟近环状或稍稍下旋，横沟边翅中等宽度，具肋刺支撑。纵沟前端较窄，后端显著加宽。下壳与横沟相接处稍凸，自中段开始向内弧形凹陷。两个底角短且粗壮，中等间距，左底角明显偏向腹部。壳面网纹结构粗大清晰，孔散布。

南海有分布。样品 2016 年 5 月、2017 年 7 月采自南海北部海域，数量少。

热带浅海性种。太平洋、大西洋、印度洋、北海、安达曼海、墨西哥湾、孟加拉湾、佛罗里达海峡、日本附近海域、澳大利亚附近海域、墨西哥西南部海域、阿根廷东部海域、科威特附近海域均有记录。

短脚原多甲藻 *Protoperidinium curtipes* (Jörgensen) Balech, 1974

Balech 1974, 60; Dodge 1982, 192, fig. 22e–g; Al–Kandari et al. 2009, 180, t. 24l–o.

同种异名：*Peridinium curtipes* Jörgensen, 1912: Jörgensen 1912, 8; Lebour et al. 1925, 128, fig. 39; Drebes 1974, 136, fig. 118a–b; Elbrachter 1975, 59, fig. 2; Taylor 1976, 148, fig. 4e, 322, 323.

藻体细胞大型，长 88～110 μm，宽 100～131 μm，宽大于长，腹面观近五边形。上壳宽锥形，两侧边凹，顶角粗短，末端平截。第一顶板 1′ 五边形。第二前间插板 2a 四边形。横沟凹陷，左旋，其左端在腹区处明显扭转上扬，而右端则稍弧形向下，横沟边翅窄，其上有肋刺支撑。纵沟狭窄深陷至下壳底部，纵沟边翅清晰。下壳两侧边稍凸或稍凹，两中空底角短，稍向外分歧伸出，两底角末端各生有一个短刺。壳面网纹结构粗壮密集，孔散布。

作者所采集的样本与 Lebour（1925）、Dodge（1982）的大小相近，但明显大于 Taylor（1976）所观察到的个体。

样品 2017 年 7 月采自南海北部海域，数量稀少，系中国首次记录。

海水性种。大西洋、印度洋、北海、地中海、安达曼海、孟加拉湾、英吉利海峡、博斯普鲁斯海峡、英国附近海域、挪威和瑞典附近海域、科威特附近海域有记录。

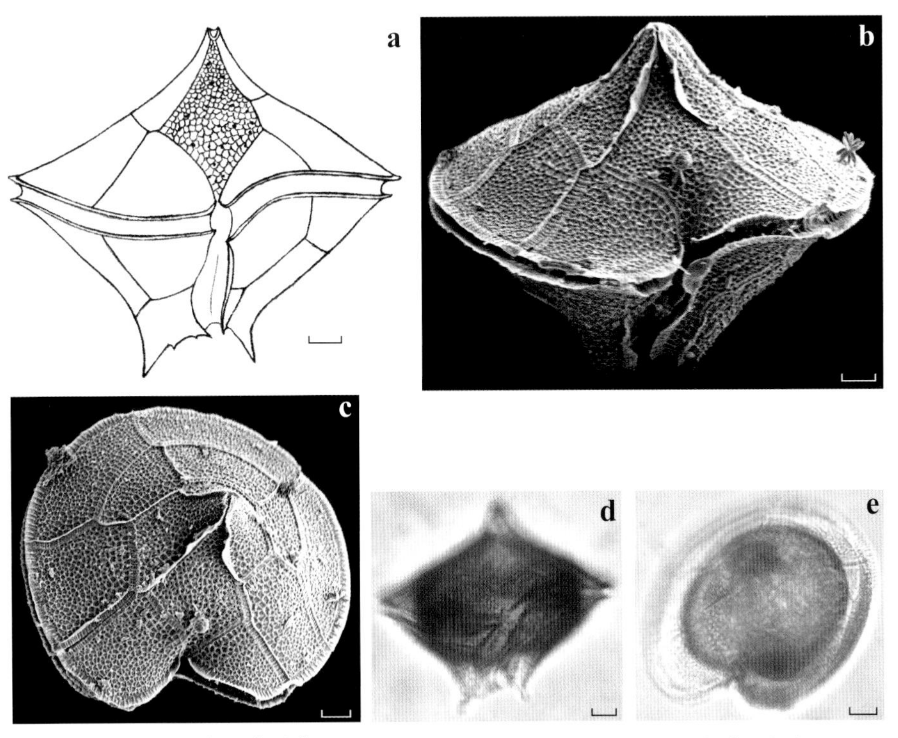

图 58　短脚原多甲藻 *Protoperidinium curtipes* (Jörgensen) Balech, 1974

a, b, d. 腹面观；c, e. 顶面观；d, e. 活体；b, c. SEM

迷惑原多甲藻 *Protoperidinium decipiens* (Jörgensen) Parke & Dodge, 1976

Parke & Dodge 1976, 545; Dodge 1982, 193, fig. 22k.

同种异名：*Peridinium decipiens* Jörgensen, 1899: Jörgensen 1899, 40; Paulsen 1907, 14, fig. 16; Paulsen 1908, 50, fig. 63; Lebour et al. 1925, 132, fig. 41d; Schiller 1937, 265, fig. 264a–f; Kisselev 1950, 206, fig. 347a–f; Wood 1954, 237; Abe′ 1981, 176.

藻体细胞中型，长 68 μm，宽 87 μm，腹部稍凹，腹面观扁椭圆形。上壳两侧边弧形外凸，至中央处陡然上升形成锥形的、粗短的顶角。第一顶板 1′ 五边形。第二前间插板 2a 四边形。横沟右旋，下降 0.5～1 倍横沟宽度，横沟边翅较宽，其上具肋刺。纵沟宽阔，纵沟边翅窄。下壳底部平坦或稍凸，两锥形底角短，大小相等或左底角稍大于右底角，末端各生有一小刺。壳面网纹结构清晰，孔散布。

样品 2007 年 2 月采自台湾北部海域，数量稀少，系中国首次记录。

浅海性种。北冰洋、北海、日本附近海域、澳大利亚附近海域、挪威附近海域、英国附近海域有记录。

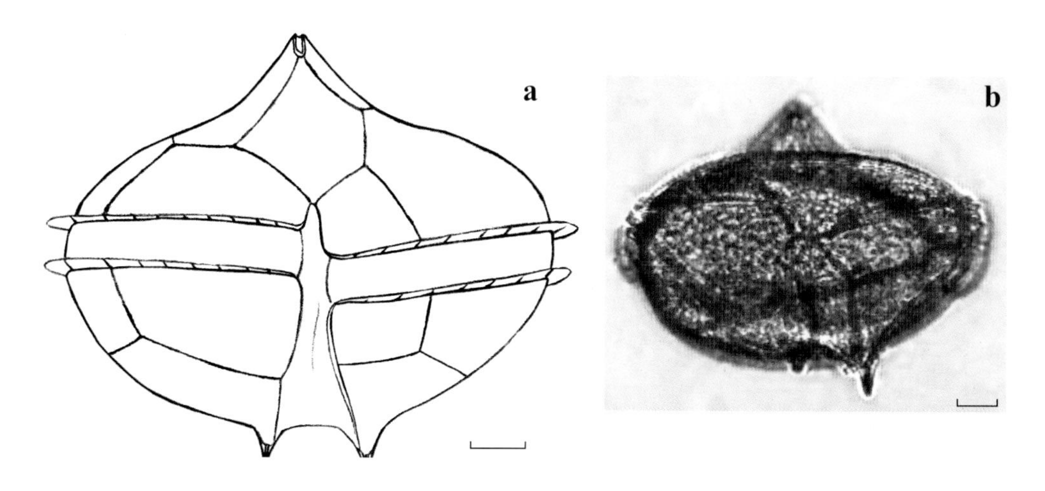

图 59 迷惑原多甲藻 *Protoperidinium decipiens* (Jörgensen) Parke & Dodge, 1976

a, b. 腹面观

歧分原多甲藻 *Protoperidinium divergens* (Ehrenberg) Balech, 1974

Balech 1974, 60; Dodge 1982, 193, fig. 22d; Dodge 1985, 52; Balech 1988, 109, lam. 41, fig. 11–13, lam. 42, fig. 1; Tomas 1997, 538, t. 53; Okolodkov 2005, 288, fig. 7, 24; Okolodkov 2008, 134, t. 12, fig. 4–7; Al-Kandari et al. 2009, 181, t. 26a–j; Omura et al. 2012, 118; 杨世民和李瑞香 2014, 186; Li et al. 2016, 115, fig. Ⅲ/23–24.

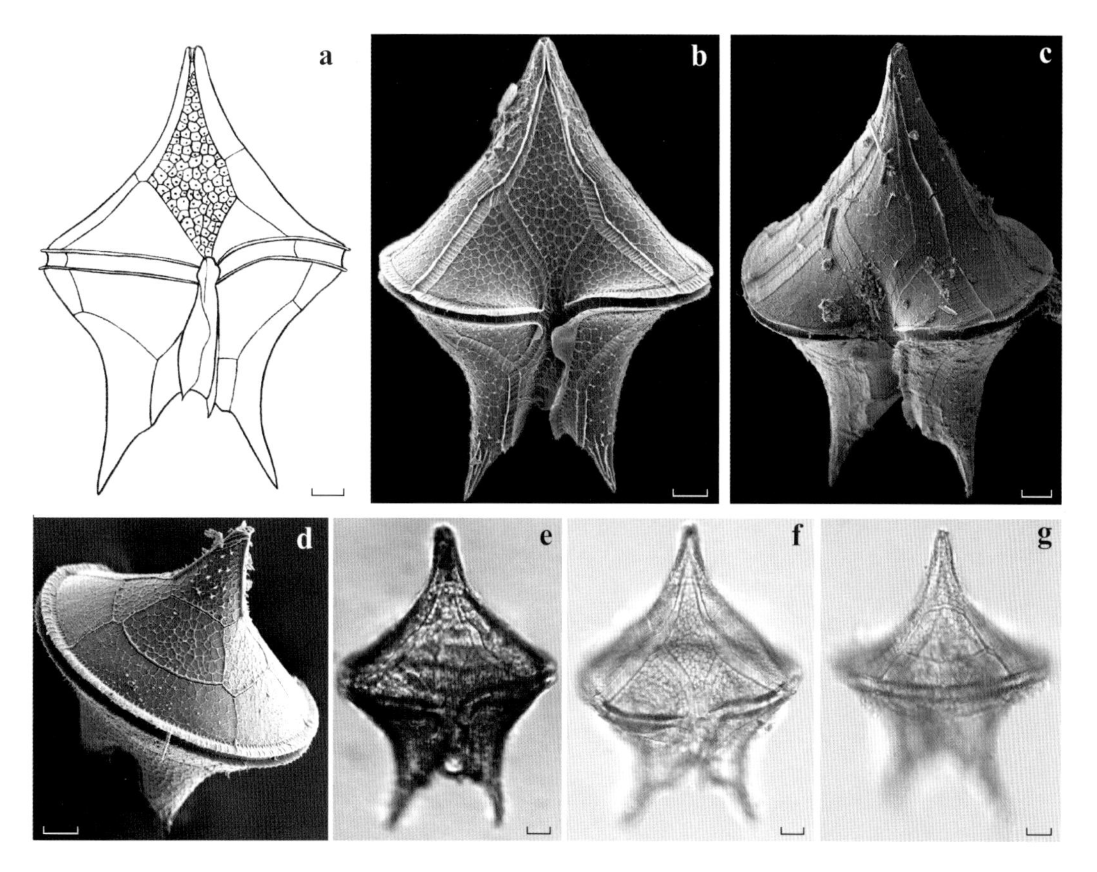

图 60 歧分原多甲藻 *Protoperidinium divergens* (Ehrenberg) Balech, 1974
a–c, e, f. 腹面观；d, g. 背面观；e. 活体；b–d. SEM

同种异名：*Peridinium divergens* Ehrenberg, 1840: Ehrenberg 1840, 201; Ehrenberg 1844, 76, t. 6, fig. 7; Bergh 1881, 234, fig. 41–42; Stein 1883, t. 10, fig. 1–5; Bütschli 1885, t. 53, fig. 1; Schütt 1895, t. 13, fig. 43; Paulsen 1907, 16, fig. 23; Paulsen 1908, 56, fig. 72; Lindemann 1924, 229, fig. 71–79; Lebour et al. 1925, 127, t. 26, fig. 2a–e; Dangeard 1927c, 361, fig. 28; Peters 1930, 73, fig. 40a; Schiller 1937, 226, fig. 222a–g; Wailes 1939, 38, fig. 114; Kisselev 1950, 194, fig. 234; Rampi 1950b, 235, fig. 11; Gaarder 1954, 42; Wood 1954, 248, fig. 139a–b; Yamaji 1966, 89, t. 43, fig. 6; Wood 1968, 101, fig. 298; Steidinger & Williams 1970, 56, t. 30, fig. 98a–b; Subrahmanyan 1971, 88, t. 59, fig. 1–2, t. 61, fig. 6; Taylor 1976, 148, fig. 4a–b, 319–320, 324, 329, 530.

藻体细胞大型，长 102～152 μm，宽 89～106 μm，长大于宽，腹部凹陷，腹面观五角状。上壳两侧边稍凹，近锥形，顶角凸且粗壮。第一顶板 1′ 五边形。第二前间插板 2a 四边形。横沟近环状或稍稍下旋，横沟边翅窄，其上有肋刺支撑。纵沟深陷，向后端逐渐加宽。下壳弧形内凹，具两个粗壮的、向外分歧的中空底角，两底角末端各生有一个短刺。壳面网纹结构粗大清晰，孔细小。

东海、南海有分布。样品 2008 年 6 月采自三亚附近海域、2009 年 7 月采自南海北部海域、2017 年 8 月采自南海中部海域。

温带至热带性种。各大洋温带至热带海域皆能找到。

优美原多甲藻 *Protoperidinium elegans* (Cleve) Balech, 1974

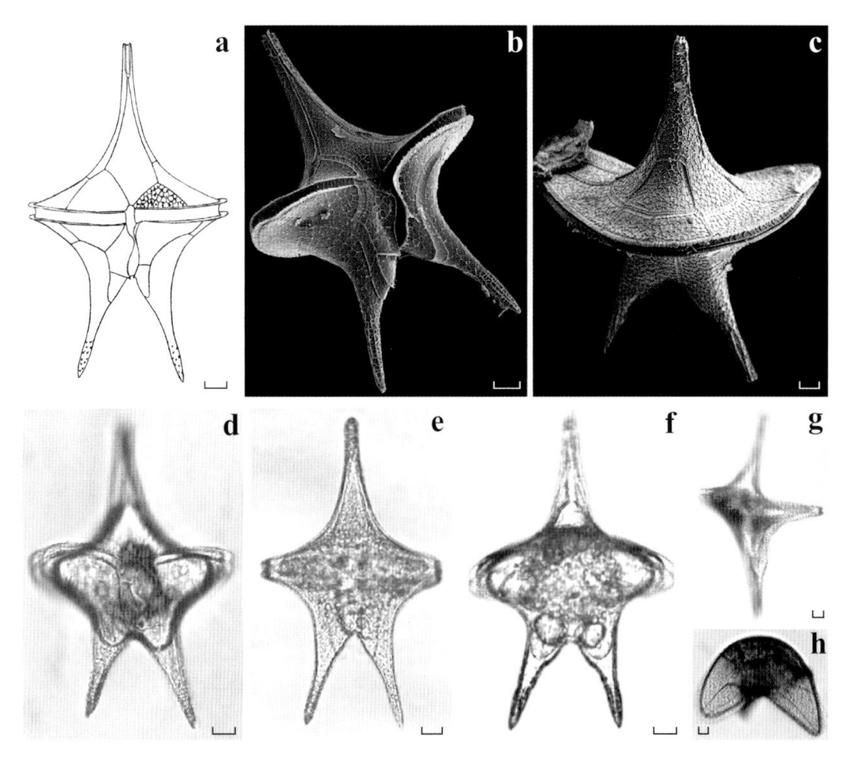

图 61 优美原多甲藻 *Protoperidinium elegans* (Cleve) Balech, 1974
a, b, d, e. 腹面观；c, f. 背面观；g. 右侧面观；h. 顶面观；d, g, h. 活体；b, c. SEM

Balech 1974, 60; Balech 1988, 190, lam. 42, fig. 10–12, lam. 43, fig. 1–4; Tomas 1997, 540, t. 54; Okolodkov 2005, 289, fig. 8, 25; Al-Kandari et al. 2009, 181, t. 27a–c; Omura et al. 2012, 119; 杨世民和李瑞香 2014, 187; Li et al. 2016, 114, fig. Ⅱ/19–20, fig. Ⅲ/20–21.

同种异名：*Peridinium elegans* Cleve, 1900: Cleve 1900, t. 7, fig. 15; Pavillard 1931, 66, t. 2, fig. 13; Matzenauer 1933, 471, fig. 57; Schiller 1937, 254, fig. 252a–f; Gaarder 1954, 42; Wood 1954, 249, fig. 141; Kisselev 1950, 203, fig. 345; Klement 1964, 350, t. 1, fig. 3, 5; Steidinger & Williams 1970, 56, t. 30, fig. 99; Subrahmanyan 1971, 89, t. 59, fig. 3–4, t. 61, fig. 8–9; Taylor 1976, 149, fig. 308, 311-312, 314–315; Abe′1981, 276, fig. 38/249–254.

藻体细胞大型，长 131～177 μm，宽 89～146 μm，腹面观星形，腹部明显凹陷（如图 61h）。上壳两侧边深凹，向上逐渐收缩形成顶角，顶角长，指状。第一顶板 1′ 五边形，第二前间插板 2a 四边形。横沟近环状，凹陷，横沟边翅窄，其上具肋刺支撑。纵沟深陷，前窄后宽，纵沟边翅明显。下壳两侧边亦凹，两中空底角长，向外分歧伸出。壳面网纹结构粗大清晰，孔散布。

东海、南海、吕宋海峡均有分布。样品采自东海、台湾海峡、南海、吕宋海峡。

热带性种，世界广布，从近岸至大洋皆能找到。

优美原多甲藻颗粒变种 *Protoperidinium elegans* var. *granulata* (Karsten) Balech, 1974

Balech 1974, 60; 杨世民和李瑞香 2014, 188.

同种异名：*Peridinium elegans* f. *granulatum* (Karsten) Matzenauer, 1933: Matzenauer 1933, 471, fig. 57a; Steidinger & Williams 1970, 56, t. 30, fig. 100a–b; Subrahmanyan 1971, 90, t. 59, fig. 5–6, t. 60, fig. 5–8, t. 61, fig. 10–12, t. 77, fig. 1, 3, t. 79, fig. 2, 4; Taylor 1976, 150, fig. 309, 528.

藻体细胞大型，长 192～262 μm，宽 167～218 μm。本变种与原种的区别在于藻体更加巨大，宽大于 165 μm，甚至超过 200 μm (Taylor, 1976)。顶角和两底角也较原种更长。

南海有分布。样品 2008 年 6 月采自三亚附近海域、2009 年 7 月采自南海北部海域。

热带性种。太平洋、印度洋、墨西哥湾有分布。

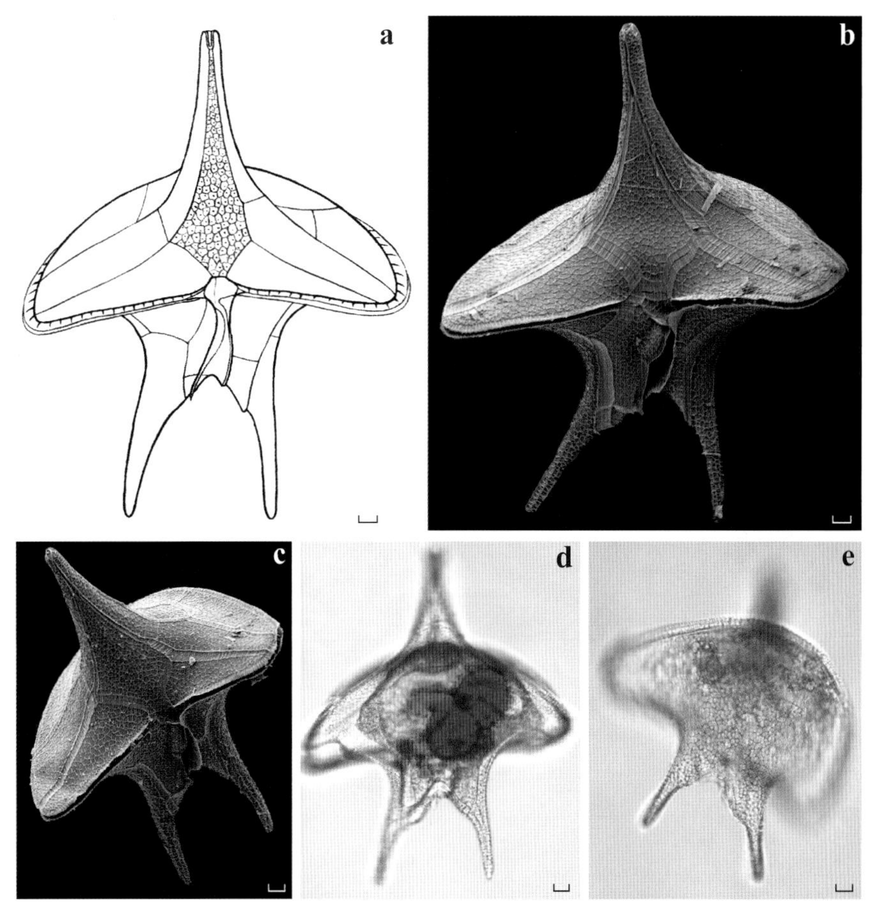

图 62 优美原多甲藻颗粒变种 *Protoperidinium elegans* var. *granulata* (Karsten) Balech, 1974
a–c. 腹面观；d, e. 背面观；d. 活体；b, c. SEM

脚膜原多甲藻 *Protoperidinium fatulipes* (Kofoid) Balech, 1974

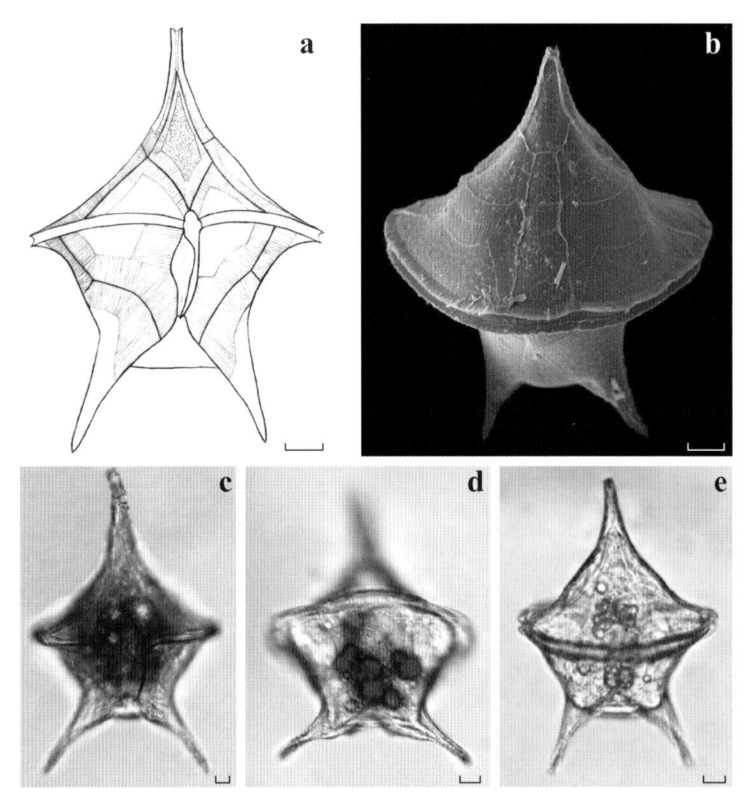

图 63　脚膜原多甲藻 *Protoperidinium fatulipes* (Kofoid) Balech, 1974
a, c. 腹面观；b, d. e. 背面观；b. SEM

Balech 1974, 60; Tomas 1997, 540, t. 54; Li et al. 2016, 114, fig. Ⅱ/17–18, fig. Ⅲ/18–19.

同种异名：*Peridinium fatulipes* Kofoid, 1907: Kofoid 1907b, 174, fig. 30; Matzenauer 1933, 471, fig. 59; Schiller 1937, 256, fig. 254a–h; Wood 1968, 101, fig. 300; Steidinger & Williams 1970, 56, t. 31, fig. 102a–b.

藻体细胞中至大型，长 114 ~ 238 μm，宽 89 ~ 148 μm，腹面观长五角形。上壳两侧边凹，向上收缩形成顶角，顶角长，末端平截。第一顶板 1′ 五边形，第二前间插板 2a 为小的四边形。横沟近似环状，狭窄，两端均向腹部凹陷，横沟边翅窄，其上具肋刺支撑。纵沟深陷，左、右边翅均窄。下壳两侧边亦凹，底部平坦且宽阔。两底角长，明显分歧。壳面网纹结构清晰，甲板之间片间带宽，其上具平行的横纹。

南海、吕宋海峡有分布。样品 2008 年 6 月采自三亚附近海域、2009 年 3 月采自台湾东南部海域、2009 年 7 月采自南海北部海域、2010 年 8 月采自吕宋海峡。

热带性种。东太平洋热带海域、印度洋、加勒比海、佛罗里达海峡有记录。

巨形原多甲藻 *Protoperidinium grande* (Kofoid) Balech, 1974

Balech 1974, 60; Dodge 1985, 55; Balech 1988, 110, lam. 42, fig. 2–9; Tomas 1997, 540, t. 54; Okolodkov 2005, 290, fig. 10, 26; Al–Kandari et al. 2009, 181; 杨世民和李瑞香 2014, 189; Li et al. 2016, 115, fig. Ⅱ/21–24, fig. Ⅲ/22.

同种异名：*Peridinium grande* Kofoid, 1907: Kofoid 1907b, 174, t. 5, fig. 28; Pavillard 1931, 64, t. 2, fig. 12; Wang 1936, 142, fig. 15; Böhm 1936, 41, fig. 18a1–4; Schiller 1937, 259, fig. 255a–e; Kisselev 1950, 204, fig. 355; Rampi 1950b, 236, fig. 16; Gaarder 1954, 44; Wood 1954, 249, fig. 142; Wood 1968, 102, fig. 303; Steidinger & Williams 1970, 56, t. 31, fig. 104; Subrahmanyan 1971, 91, t. 59, fig. 11–12, t. 61, fig. 13, t. 63, fig. 1; Taylor 1976, 150, fig. 4h, 310a–b; Abe′ 1981, 271, fig. 36/237–241.

藻体细胞大型，长 108～134 μm，宽 84～110 μm，腹部凹陷，腹面观五角星形。上壳两侧边凹，顶角粗壮。第一顶板 1′ 五边形。第二前间插板 2a 四边形。横沟近环状，横沟边翅窄，具肋刺。纵沟左边翅宽，右边翅窄。下壳明显凹陷，两中空底角长，左底角稍稍偏向腹部，两底角末端各生有一个短刺。壳面网纹结构粗大，孔散布。

本种与歧分原多甲藻 *P. divergens* 相似，但后者较本种藻体更加饱满，顶角和两底角也较本种短些。另外，本种的横沟相对于歧分原多甲藻在背侧更向上倾斜，使得本种上壳背侧更短些。Taylor (1976) 认为本种的个体较歧分原多甲藻更大，但作者通过观测样本，本种有许多个体与歧分原多甲藻相近甚至更小。因此，作者认为个体的大小不能作为区分二者的依据。

东海、南海、吕宋海峡皆有分布。样品 2010 年 8 月采自吕宋海峡、2016 年 5 月采自南海北部海域、2017 年 8 月采自南海中部海域。

温带至热带大洋性种，世界广布。

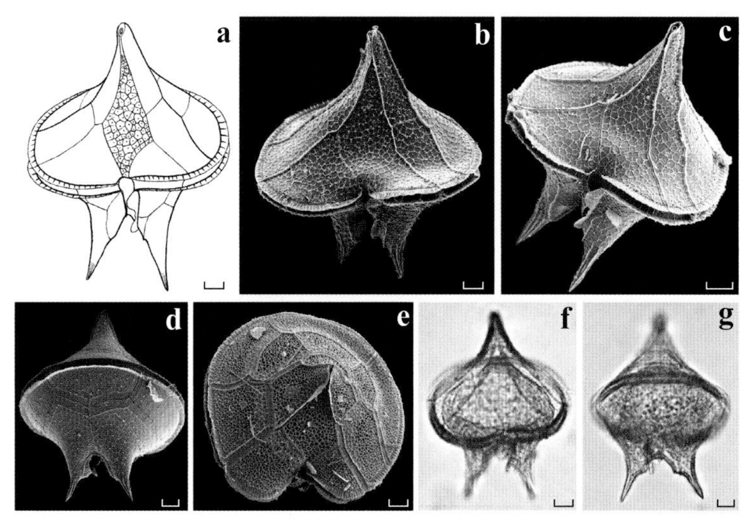

图 64　巨形原多甲藻 *Protoperidinium grande* (Kofoid) Balech, 1974
a–c, f. 腹面观；d, g. 背面观；e. 顶面观；b–e. SEM

格氏原多甲藻 *Protoperidinium granii* (Ostenfeld) Balech, 1974

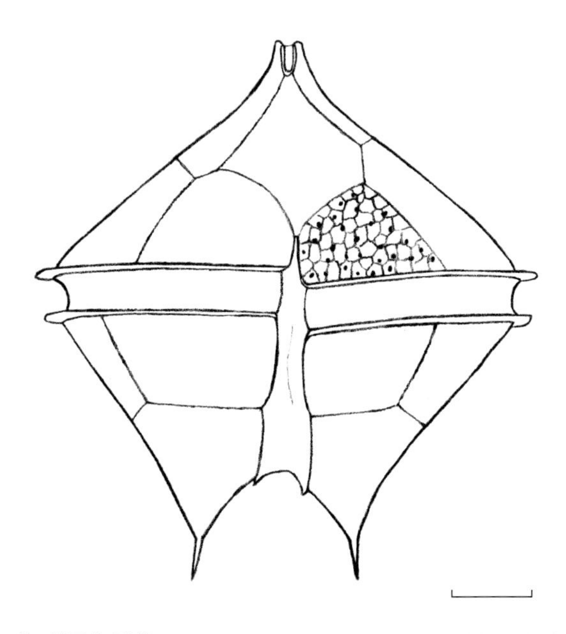

图 65 格氏原多甲藻 *Protoperidinium granii* (Ostenfeld) Balech, 1974
腹面观

Balech 1974, 65; Dodge 1982, 196, fig. 23a; Balech 1988, 107, lam. 40, fig. 9–12.

同种异名：*Peridinium granii* Ostenfeld, 1906: Ostenfeld 1906, 15; Paulsen 1907, 15, fig. 18; Lindemann 1924, 226, fig. 54–55; Lebour et al. 1925, 124, t. 25, fig. 2a–b; Peters 1928, 47, fig. 13; Schiller 1937, 189, fig. 188a–g; Gaarder 1954, 44; Wood 1954, 238, fig. 116a–c; Wood 1968, 103, fig. 304; Subrahmanyan 1971, 46, t. 26, fig. 1–17; Taylor 1976, 150, fig. 341; Abe′1981, 182, fig. 11/56–62.

藻体细胞中型，长(不包括底刺) 62 μm，宽 59 μm，腹面观近五边形。上壳两侧边直，但也有凸或凹的，腹面靠近横沟处明显内凹。顶角粗短，末端平截。第一顶板 1′ 五边形，第二前间插板 2a 五边形。横沟左旋，下降 0.3～0.5 倍横沟宽度，稍凹陷，横沟边翅较宽，具肋刺支撑。纵沟前窄后宽，后端凹陷至细胞底部，纵沟左边翅较宽，右边翅狭窄。下壳底部上凹，具两中空的底角，两底角末端各生有一短的、尖锥形的底刺，两底刺近平行或稍向外分歧方向伸出。壳面网纹结构清晰，孔散布。

样品 2017 年 5 月采自冲绳海槽西侧海域，数量稀少，系中国首次记录。

冷水至暖水性种。太平洋、大西洋、印度洋、北海、加勒比海、阿拉伯海、孟加拉湾、日本附近海域、澳大利亚东部海域、加利福尼亚附近海域、冰岛附近海域、英国附近海域、比利时附近海域、阿根廷东部海域有记录。

膨大原多甲藻 *Protoperidinium inflatum* (Okamura) Balech, 1974

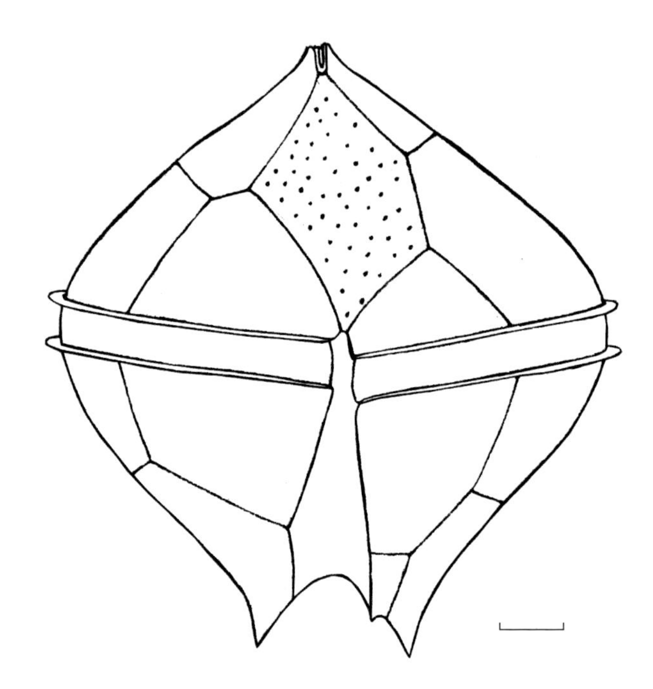

图 66 膨大原多甲藻 *Protoperidinium inflatum* (Okamura) Balech, 1974
腹面观

Balech 1974, 60; Balech 1988, 109, lam. 41, fig. 8–10; 杨世民和李瑞香 2014, 171.

同种异名：*Peridinium inflatum* Okamura, 1912: Okamura 1912, 15, t. 4, fig. 64; Matzenauer 1933, 466, fig. 48a–d; Margalef 1961b, 140, fig. 2/5; Taylor 1976, 151, fig. 328, 330.

Peridinium brochii f. *inflatum* (Okamura) Schiller, 1937: Schiller 1937, 222, fig. 219a–f; Gaarder 1954, 39, fig. 47; Subrahmanyan 1971, 93, t. 63, fig. 8–9, 11.

藻体细胞中至大型，长 97 μm，宽 88 μm，腹面观近五边形。上壳两侧边直或稍凸，顶角短。第一顶板 1′ 五边形。第二前间插板 2a 四边形。横沟右旋，下降 0.5～1 倍横沟宽度，横沟边翅较窄，具肋刺支撑。纵沟前窄后宽，深陷至下壳底部。下壳底部上凹，形成两个短锥形的底角，两底角末端圆钝，其上各生有一个具翼小刺。壳面网纹结构细弱，网结处常生有棘状小凸起，孔散布。

本种与网刺原多甲藻 *P. brochii* 相似，但本种底角末端较圆，与两底刺连接处界限明显，而后者两底角末端尖，向下平滑生成底刺。

南海有分布。样品 2011 年 9 月采自黄岩岛附近海域。

暖水性种。太平洋、大西洋、印度洋、阿拉伯海、安达曼海、孟加拉湾、日本附近海域、澳大利亚附近海域有记录。

太平洋原多甲藻 *Protoperidinium pacificum* (Kofoid & Michener) Balech, 1988

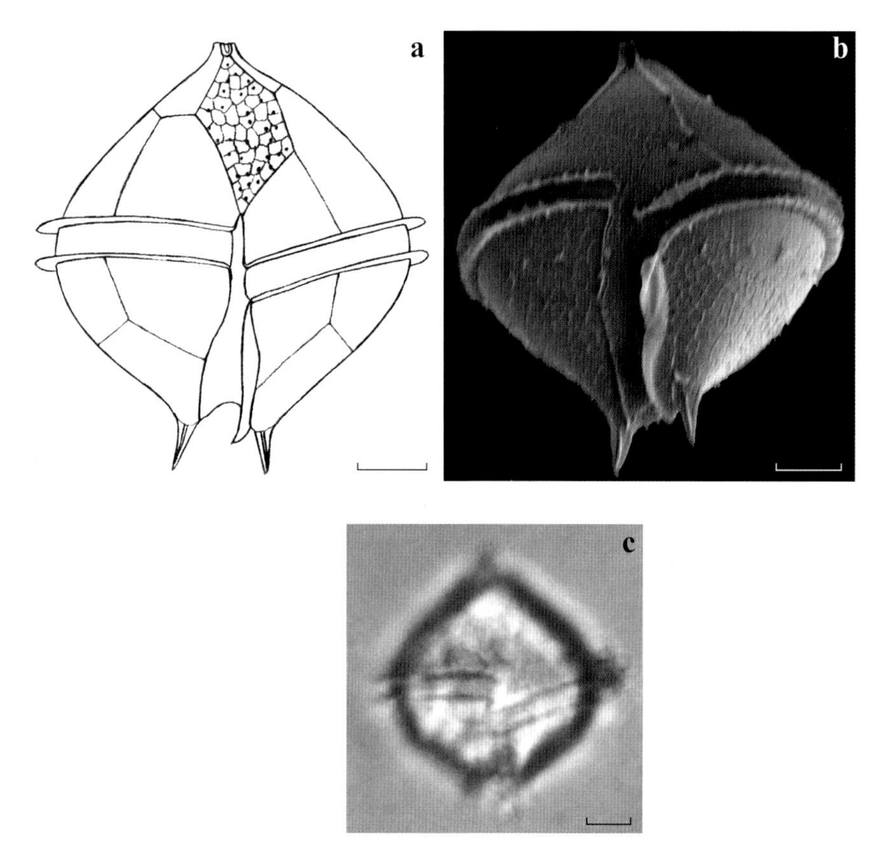

图 67 太平洋原多甲藻 *Protoperidinium pacificum* (Kofoid & Michener) Balech, 1988
a–c. 腹面观；b. SEM

Balech 1988, 107, lam. 40, fig. 13–18; Okolodkov 2008, 138, t. 13, fig. 9–12.

同种异名：*Peridinium pacificum* Kofoid & Michener, 1911: Kofoid & Michener 1911, 283; Taylor 1976, 157, fig. 343.

藻体细胞小至中型，长 56～59 μm，宽 50～53 μm，腹面观宽梨形。上壳两侧边平直或稍凸，顶角短，末端平截。第一顶板 1′ 五边形，第二前间插板 2a 四边形。横沟右旋，下降 1.5～2 倍横沟宽度，横沟边翅窄，具肋刺支撑。纵沟凹陷，前端较窄，后端加宽至细胞底部，纵沟左边翅宽，右边翅窄。下壳两侧边凸，底部向上凹陷。两底刺间距较小，为坚实的尖锥状，其上具翼。壳面具网纹结构，孔散布。

样品 2016 年 5 月、2017 年 7 月采自南海北部海域，数量稀少，系中国首次记录。

浅海至大洋性种。东太平洋、南印度洋、墨西哥湾、孟加拉湾、阿根廷东部海域有记录。

四方原多甲藻 *Protoperidinium quadratum* (Matzenauer) Balech, 1974

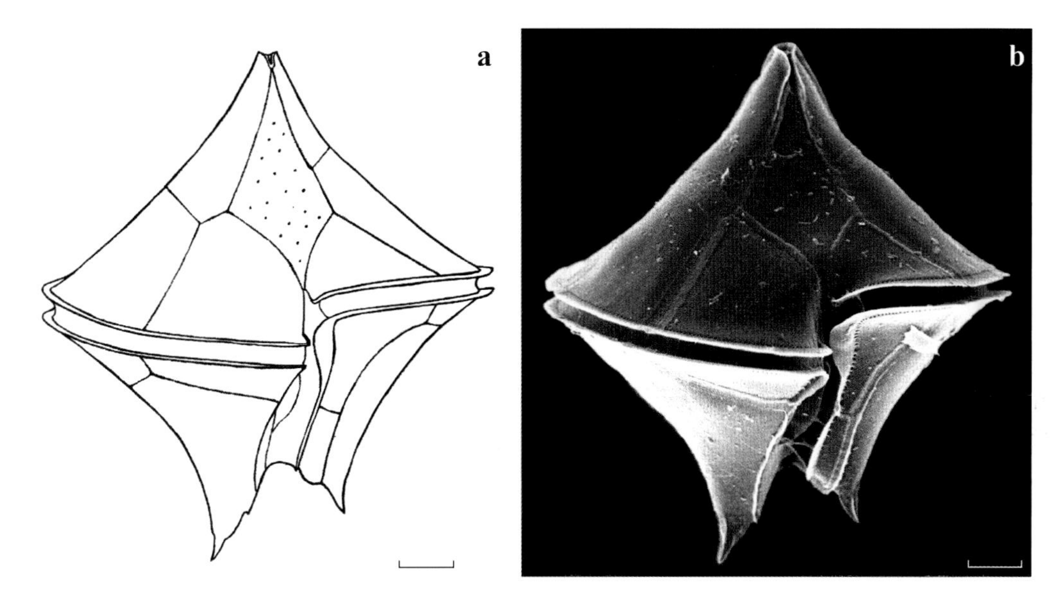

图 68　四方原多甲藻 *Protoperidinium quadratum* (Matzenauer) Balech, 1974
a, b. 腹面观；b. SEM

Balech 1974, 61.

同种异名：*Peridinium quadratum* Matzenauer, 1933: Matzenauer 1933, 469, fig. 55; Schiller 1937, 272, fig. 278; Subrahmanyan 1971, 96, t. 65, fig. 12.

藻体细胞中型，长（不包括底刺）89 μm，宽 85 μm，腹面观五边形，但底边很短。上壳两侧边直或稍凹，顶角粗短。第一顶板 1′ 五边形。第二前间插板 2a 四边形。横沟凹陷，左旋，下降 0.5～1.5 倍横沟宽度，横沟边翅窄。纵沟前窄后宽，深陷至细胞底部，纵沟左边翅较宽，右边翅狭窄。下壳底部上凹，形成两个短锥形的中空底角，两底角末端各生有一个短刺。第一后沟板 1‴ 狭长弯曲呈倒“L”形，第五后沟板 5‴ 宽而扁。壳面平滑，无网纹结构。

样品 2016 年 5 月采自南海北部海域，数量稀少，系中国首次记录。

暖水性种。印度洋有记录。

分散原多甲藻 *Protoperidinium remotum* (Karsten) Balech, 1974

Balech 1974, 61.

同种异名：*Peridinium remotum* Karsten, 1907: Karsten 1907, 417, t. 53, fig. 5; Matzenauer 1933, 473, fig. 61a–b; Schiller 1937, 262, fig. 258a–b; Wood 1954, 249, fig. 140; Subrahmanyan 1971, 92, t. 62, fig. 3–4, t. 63, fig. 2.

藻体细胞大型，长 128 μm，宽 107 μm，腹部凹陷，腹面观五角星形。上壳锥形，两侧边凹陷，顶角粗短。第一顶板 1′ 五边形。第二前间插板 2a 四边形。横沟近环状或稍稍左旋，横沟边翅窄，具肋刺。纵沟深陷至下壳底部。下壳两侧边内凹明显，两中空底角粗短，其末端各生有一个短刺。壳面网纹结构粗大，孔散布。

本种与歧分原多甲藻 *P. divergens* 非常相似，Taylor（1976）甚至认为二者为同一物种。但作者比对样本后，认为本种的藻体相较后者更加宽大，而底角则相对更短些。因此，作者认为二者应属不同的物种。

样品 2017 年 7 月采自南海北部海域，数量稀少，系中国首次记录。

热带性种。印度洋、阿拉伯海、澳大利亚附近海域有记录。

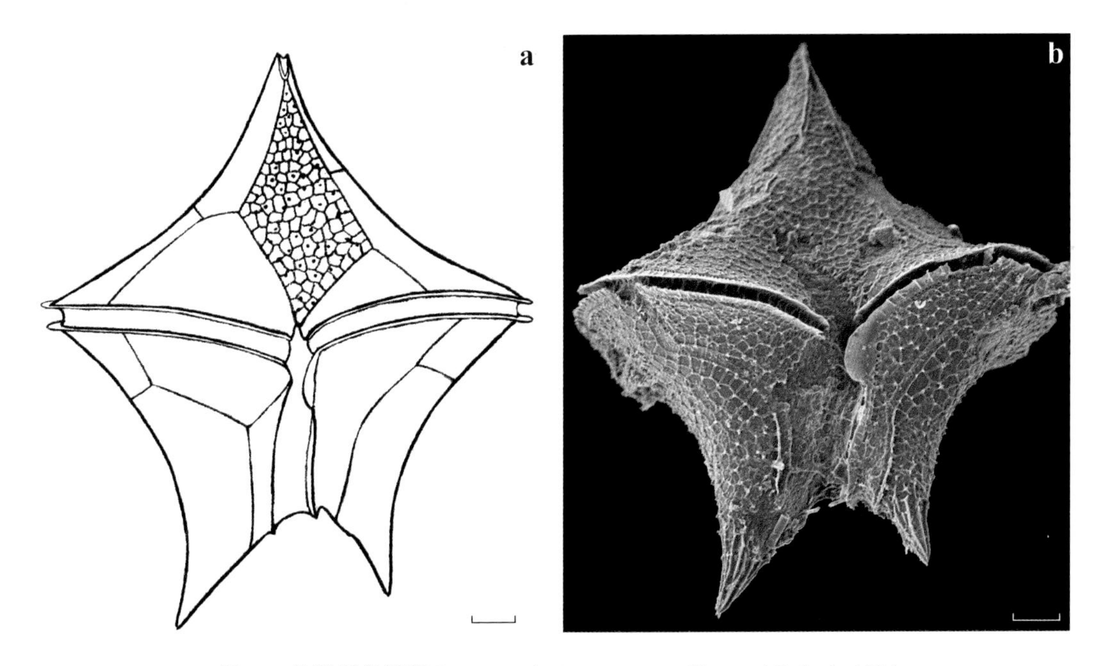

图 69 分散原多甲藻 *Protoperidinium remotum* (Karsten) Balech, 1974
a, b. 腹面观；b. SEM

索玛原多甲藻 *Protoperidinium somma* (Matzenauer) Balech, 1974

Balech 1974, 68.

同种异名：*Peridinium somma* Matzenauer, 1933: Matzenauer 1933, 479, fig. 70; Schiller 1937, 220, fig. 216a–b; Subrahmanyan 1971, 94, t. 65, fig. 2–3.

藻体细胞中型，长 71 μm，宽 84 μm，宽大于长，腹面观近五角状。上壳两侧边深度凹陷，与横沟相连处几近平直，至中央区域陡然上升形成粗壮的顶角。第一顶板 1′ 五边形。第二前间插板 2a 宽四边形。横沟凹陷，近环状或稍稍下旋，横沟边翅窄，具肋刺支撑。纵沟深陷至下壳底部。下壳两侧边弧形内凹，形成两个短锥形的中空底角，两底角稍向外分歧，末端各生有一个短刺。壳面网纹结构粗大，孔细小。

样品 2008 年 6 月采自三亚附近海域，数量稀少，系中国首次记录。

暖水性种。印度洋有记录。

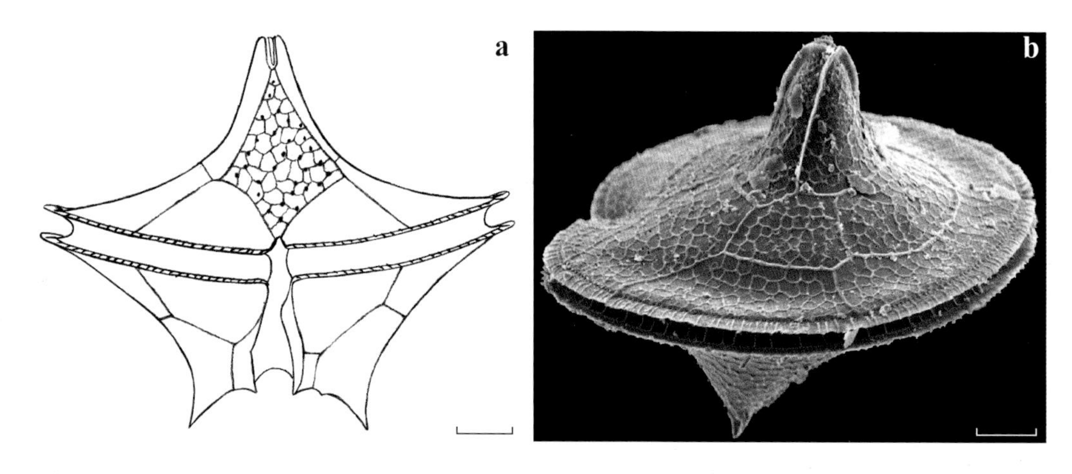

图 70 索玛原多甲藻 *Protoperidinium somma* (Matzenauer) Balech, 1974

a. 腹面观；b. 左侧面观（SEM）

肿胀原多甲藻 *Protoperidinium tumidum* (Okamura) Balech, 1988

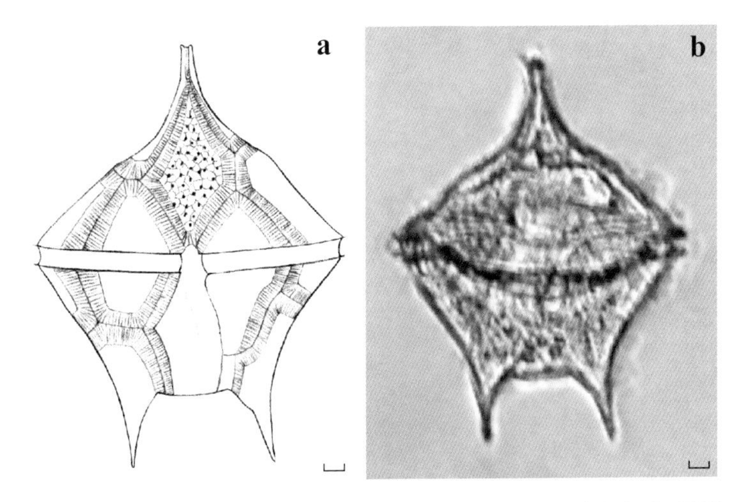

图 71 肿胀原多甲藻 *Protoperidinium tumidum* (Okamura) Balech, 1988
a, b. 腹面观

Balech 1988, 191, lam. 86, fig. 5–7; Omura et al. 2012, 118; 杨世民和李瑞香 2014, 190.

同种异名：*Peridinium tumidum* Okamura, 1907: Okamura 1907, 133, t. 5, fig. 37; Matzenauer 1933, 472, fig. 60; Yamaji 1966, 90, t. 43, fig. 8; Taylor 1976, 152, fig. 316.

藻体细胞大型，长 198 μm，宽 155 μm，腹面观五角形。上壳两侧边稍凸，顶角中等长度，较细，末端平截。第一顶板 1′ 五边形，第二前间插板 2a 小四边形。横沟近平直，窄且稍凹陷，横沟边翅窄。下壳两侧边亦稍凸，底部平坦且宽阔。两底角中等长度，末端尖，近平行或稍向外分歧伸出。壳面网纹结构粗大，网结处多有棘状突起，甲板之间片间带宽，其上具平行的横纹。

关于本种的分类国内外学者有不同的观点，Schiller（1937）认为本种与脚膜原多甲藻 *P. fatulipes* 为同一物种，而 Taylor（1976）认为本种与脚膜原多甲藻可能分别是巨形原多甲藻 *P. grande* 和优美原多甲藻 *P. elegans* 特定生长阶段的表现形态，Balech（1988）、Li（2016）则认为本种与脚膜原多甲藻应为两个单独的物种。作者通过对所采样品进行比对，又分析了几位学者的实物照片、绘图以及描述后，同意最后一种观点，即肿胀原多甲藻与脚膜原多甲藻应属于两个单独的物种，理由如下：本种藻体较膨大，上、下壳侧边均凸，尤其体现在上、下壳与横沟相接处，而脚膜原多甲藻藻体相对较小，上、下壳侧边，特别是与横沟相接处内凹明显。而且，本种的顶角与底角相对脚膜原多甲藻要短些，两底角分歧的角度也要小些。另外，本种与脚膜原多甲藻下壳底部有宽阔且平坦的区域，这是巨形原多甲藻和优美原多甲藻所不具有的，因此不能认为本种与脚膜原多甲藻是巨形原多甲藻与优美原多甲藻的特定生长阶段。

南海、吕宋海峡有分布。样品 2016 年 5 月采自南海北部海域，数量少。

热带性种。太平洋、大西洋、印度洋、地中海有记录。

Protoperidinium pyrum 组：1′ Meta 型，2a Penta 型，少数为 Quadra 或 Hexa 型，无底角，但具两个底刺。

尖锐原多甲藻 *Protoperidinium acutum* (Karsten) Balech, 1974

Balech 1974, 68; Omura et al. 2012, 115.

同种异名：*Peridinium acutum* Karsten, 1907: Abe′ 1981, 220, fig. 18/110–118.

藻体细胞小型，长（不包括底刺）48 μm，宽 46 μm，腹面观近菱形。上壳两侧边平直或稍凸，顶角短，末端平截。第一顶板 1′ 五边形，中等宽度。第二前间插板 2a 六边形。横沟宽阔，右旋，下降 0.5 倍横沟宽度，横沟边翅清晰。纵沟前端窄，后端渐渐加宽，纵沟左边翅宽，右边翅窄。下壳两侧边稍凸，两底刺尖细如锥状。壳面网纹结构细弱，其上散布小孔。

样品 2016 年 6 月采自西沙群岛附近海域，数量稀少，系中国首次记录。

世界稀有种。西太平洋有记录。

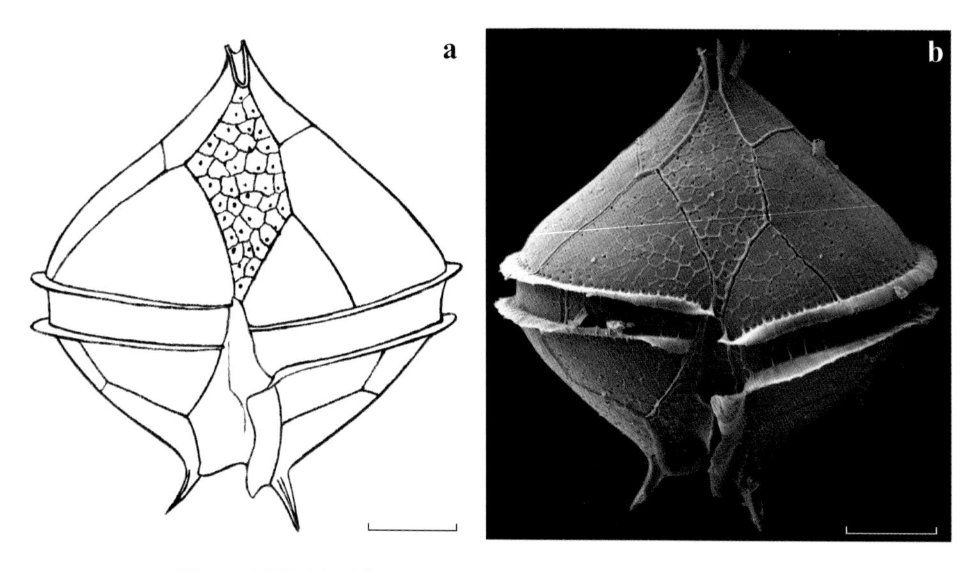

图 72 尖锐原多甲藻 *Protoperidinium acutum* (Karsten) Balech, 1974

a, b. 腹面观；b. SEM

平展原多甲藻 *Protoperidinium applanatum* (Mangin) Balech, 1974

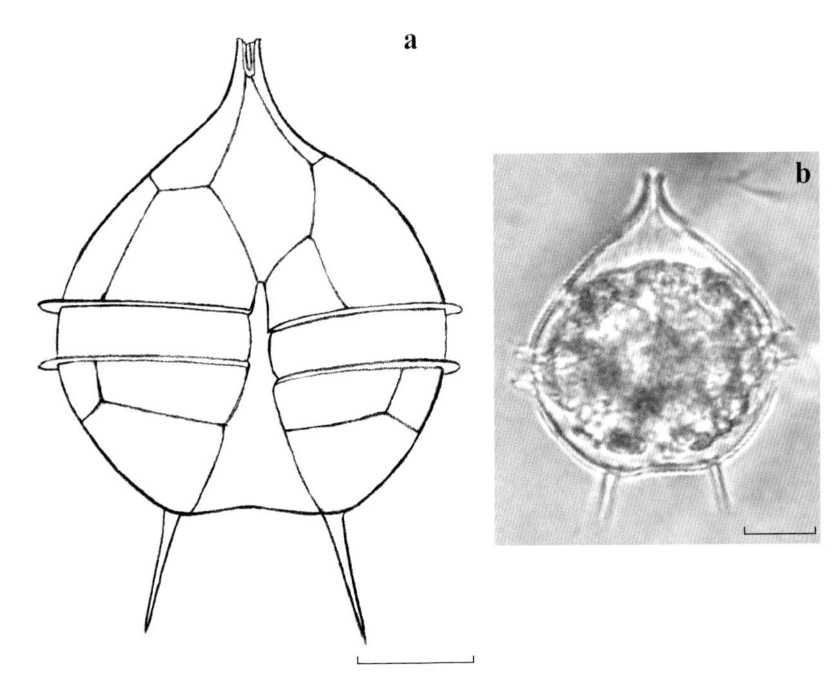

图 73 平展原多甲藻 *Protoperidinium applanatum* (Mangin) Balech, 1974
a. 腹面观；b. 背面观

Balech 1974, 59.

同种异名：*Peridinium applanatum* Manguin, 1926: Manguin 1926, 79, fig. 58; Balech 1958, 391, t. 2, fig. 52.

藻体细胞小型，长（不包括底刺）43 μm，宽 36 μm，腹面观梨形。上壳锥形，两侧边凸，向上逐渐收缩形成顶角，“颈”部明显。顶角中等长度，末端平截。第一顶板 1′ 五边形。第二前间插板 2a 四边形。横沟右旋，下降 0.5 倍横沟宽度，不凹陷，横沟边翅窄。下壳短，底部宽阔且平坦，有时稍上凹。两底刺尖锥状，较长，近平行或稍向外分歧伸出。壳面较平滑。

本种与洋葱原多甲藻 *P. cepa* 相似，但本种藻体长明显大于宽，而后者长、宽相近。另外，本种藻体底部较洋葱原多甲藻更宽阔，顶角及两底刺也较后者更长些。

样品 2017 年 5 月采自东海，数量稀少，系中国首次记录。

偏冷水性种。南极阿德利岛附近海域有记录。

双刺原多甲藻 *Protoperidinium bispinum* (Schiller) Balech, 1974

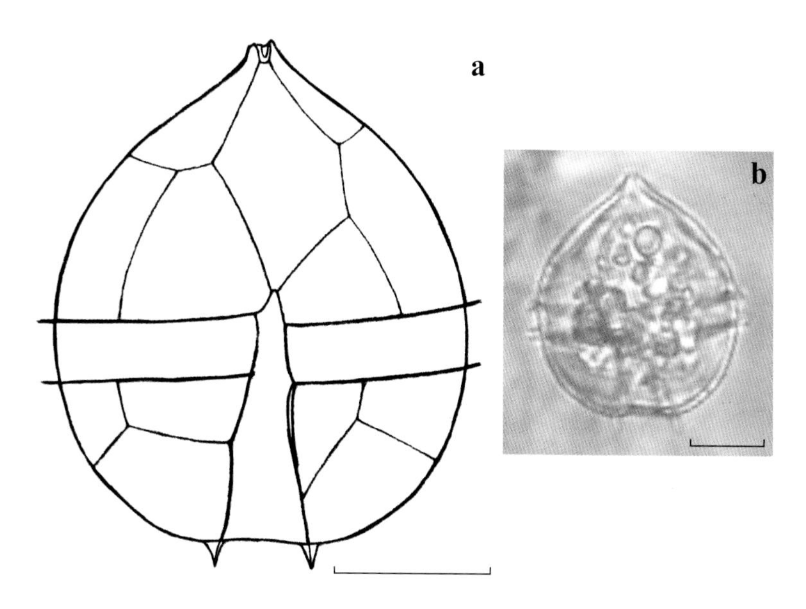

图 74　双刺原多甲藻 *Protoperidinium bispinum* (Schiller) Balech, 1974
a, b. 腹面观

Balech 1974, 62; Balech 1988, 104, lam. 38, fig. 23–25.

同种异名：*Peridinium bispinum* Schiller, 1937: Schiller 1937, 266, fig. 266a–b; Balech 1971a, 108, t. 20, fig. 358–364.

藻体细胞小型，长（不包括底刺）33 μm，宽 28 μm，背腹略扁，腹面观近五边形。上壳呈凸圆锥状，"颈" 部粗短，顶角亦短，末端平截。第一顶板 1′ 五边形。第二前间插板 2a 五边形。横沟近平直或稍稍右旋，略凹陷，横沟边翅甚窄。纵沟前端较窄，后端加宽至细胞底部，纵沟左边翅窄，无纵沟右边翅。下壳较圆，底部较宽且稍向上凹陷。两尖锥状底刺短小，间距较大，近平行伸出。

样品 2017 年 5 月采自东海，数量少，系中国首次记录。

近岸至大洋性种。亚得里亚海、阿根廷东部海域有记录。

空虚原多甲藻 *Protoperidinium cassum* (Balech) Balech, 1974

Balech 1974, 62; Balech 1988, 95, lam. 34, fig. 7–10; Okolodkov 2008, 139, t.14, fig. 9–12.

同种异名：*Peridinium cassum* Balech, 1971: Balech 1971, 103, t. 19, fig. 333–341.

藻体细胞中型，长（不包括底刺）65～74 μm，宽 48～51 μm，腹面观梨形。上壳两侧边凸，顶角较长，近似细圆锥状，基部较粗，末端平截。第一顶板 1′ 五边形。第二前间插板 2a 五边形，较小。横沟右旋，下降0.5倍横沟宽度，横沟边翅薄。纵沟前端较窄，后端稍宽，纵沟左边翅宽大，右边翅几乎不可见。下壳较圆，两具翼底刺细长，稍向外分歧。壳面网纹结构细弱，孔散布。

样品 2016 年 5 月、2017 年 7 月采自南海北部海域，数量稀少，系中国首次记录。

大洋性种。墨西哥湾、阿根廷东南部海域有记录。

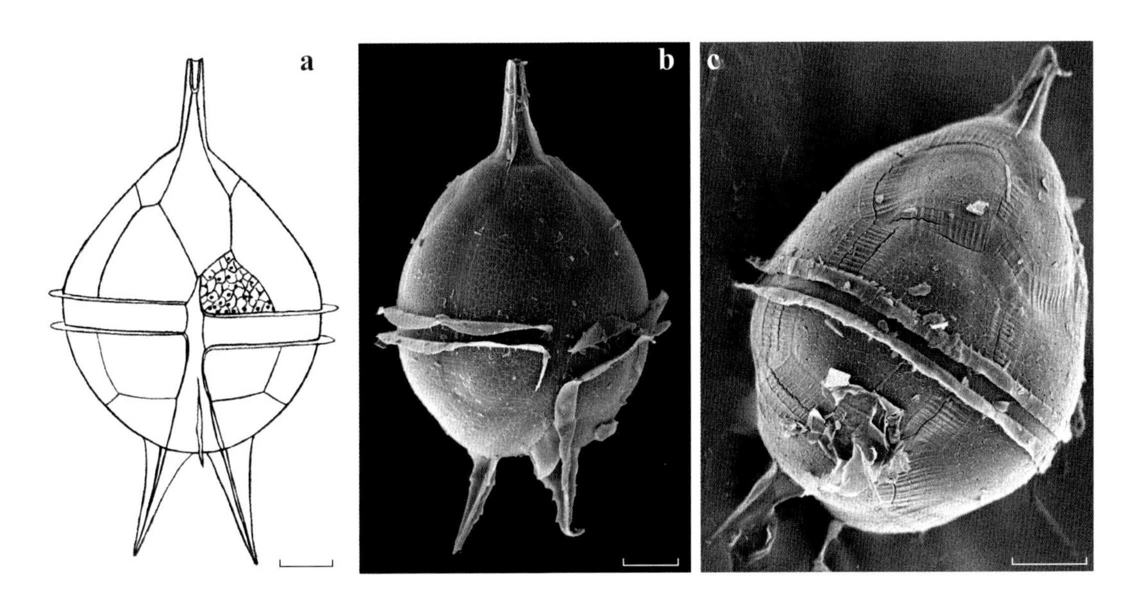

图 75 空虚原多甲藻 *Protoperidinium cassum* (Balech) Balech, 1974

a, b. 腹面观；c. 背面观；b, c. SEM

洋葱原多甲藻 *Protoperidinium cepa* (Balech) Balech, 1974

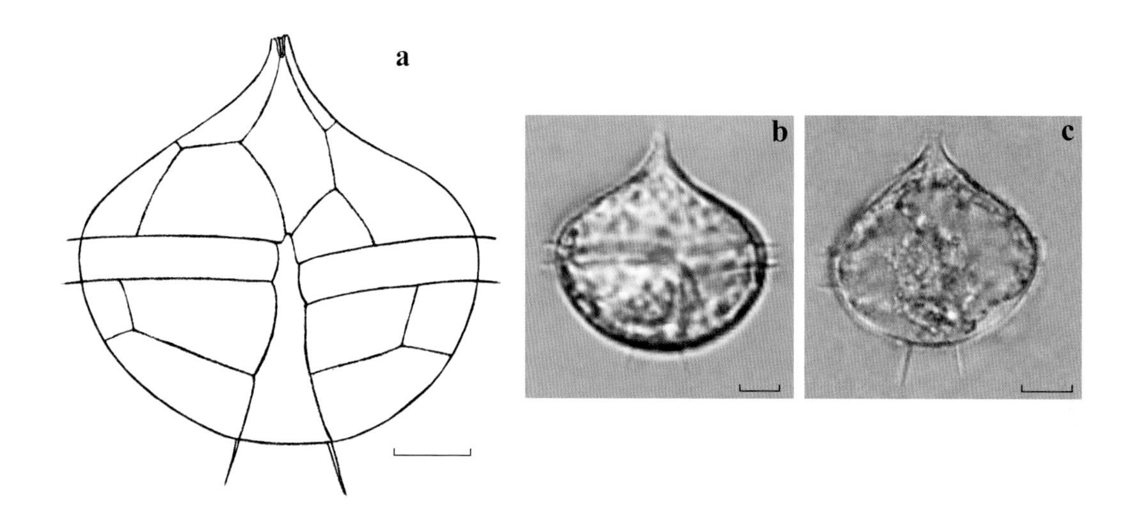

图 76 洋葱原多甲藻 *Protoperidinium cepa* (Balech) Balech, 1974
a, b. 腹面观；c. 背面观

Balech 1974, 62; Balech 1988, 100, lam. 36, fig. 19–21, lam. 37, fig. 1–2.

同种异名：*Peridinium cepa* Balech, 1971: Balech 1971, 114, t. 21, fig. 384–386, t. 22, fig. 387–390.

藻体细胞小型，长（不包括底刺）45～55 μm，宽 42～53 μm，腹面观类似洋葱状。上壳扁锥形，两侧边有时内凹，向上逐渐收缩形成顶角，具有明显的"颈"部。顶角较短，末端平截，稍稍偏向右侧，使得细胞纵轴与平面略呈夹角。第一顶板 1′ 五边形。第二前间插板 2a 五边形。横沟右旋，下降 0.8～1 倍横沟宽度，不凹陷，横沟边翅窄且薄，具肋刺支撑。下壳扁圆，两底刺尖锥状，近平行或稍向外分歧，其上具窄翼。壳面网纹结构细弱。

样品 2016 年 5 月采自南海北部海域、2017 年 8 月采自南海中部海域，数量稀少，系中国首次记录。

偏冷水性种，但在暖温带海域也有分布。阿根廷东部海域有记录，南极海域大量出现。

樱桃原多甲藻 *Protoperidinium cerasus* (Paulsen) Balech, 1973

Balech 1973, 357, t. 3, fig. 57–62, t. 4, fig. 63–72; Balech 1974, 60; Dodge 1982, 190, fig. 22c, t. 4a; Dodge 1985, 44; Al-Kandari et al. 2009, 178, t. 23c–h; 杨世民和李瑞香 2014, 169.

同种异名：*Peridinium cerasus* Paulsen, 1907: Paulsen 1907, 12, fig. 12a–g; Lebour et al. 1925, 130, t. 27, fig. 1a–e; Silva 1949, 350, t. 6, fig. 3–4; Wood 1954, 237, fig. 113a–b; Yamaji 1966, 82, t. 39, fig. 7; Subrahmanyan 1971, 39, t. 13, fig. 12, t. 14, fig. 4, 6, 10, t. 15, fig. 9; Taylor 1976, 153, fig. 302–303.

藻体细胞小至中型，长（不包括底刺）55～58 μm，宽 49～51 μm，腹面观宽梨形至近球形。上壳两侧边凸，顶角短，末端平截。第一顶板 1′ 五边形。第一前沟板 1″ 小，第七前沟板 7″ 较宽大。横沟右旋，下降 0.5～1 倍横沟宽度，不凹陷，横沟边翅薄。纵沟前窄后宽，向内凹陷，纵沟左边翅宽，右边翅窄。下壳半球形，底部平坦。两具翼底刺尖锥状，非常坚实。壳面较平滑，无网纹结构或网纹结构非常细弱，孔散布。

关于本种的第二前间插板 2a，Taylor（1976）认为是五边形，而 Wood（1954）、Dodge（1982）等学者认为是四边形，作者通过观察样本（如图 77c）同意 Taylor 的观点，即本种的 2a 为五边形。

样品采自南沙群岛北部海域，数量稀少。

广温性种。印度洋、巴伦支海、地中海、加勒比海、威德尔海、安达曼海、阿拉伯海、孟加拉湾、澳大利亚东部海域、格陵兰东部海域、英国附近海域、科威特附近海域有记录。

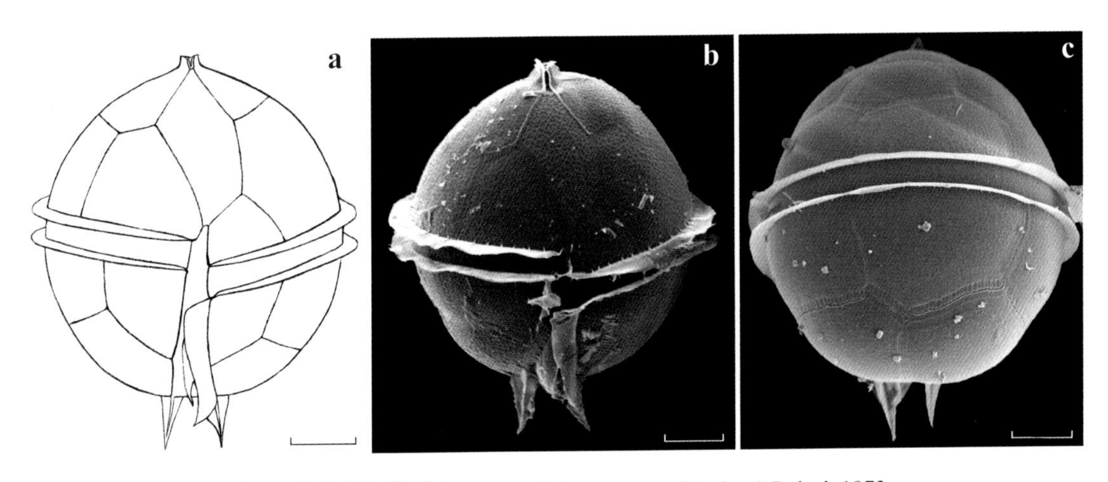

图 77　樱桃原多甲藻 *Protoperidinium cerasus* (Paulsen) Balech 1973

a, b. 腹面观；c. 背面观；b, c. SEM

角状原多甲藻 *Protoperidinium corniculum* (Kofoid & Michener) Taylor & Balech, 1979

Balech 1988, 102, lam. 37, fig. 14–17.

同种异名：*Peridinium corniculum* Kofoid & Michener, 1911: Kofoid & Michener 1911, 281; Taylor 1976, 154, fig. 342.

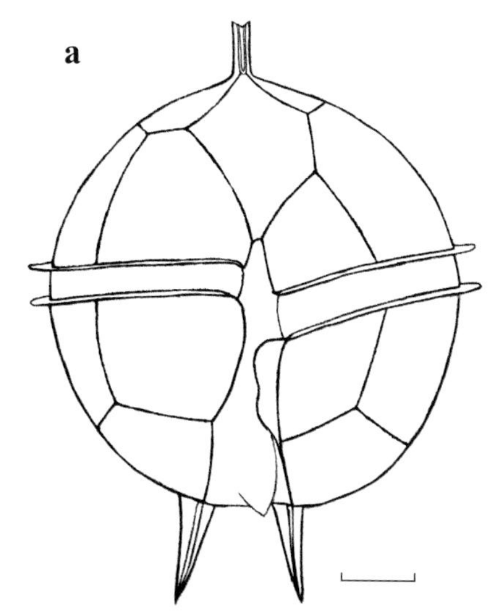

藻体细胞中型，长（不包括底刺）58 ~ 63 μm，宽 48 ~ 56 μm，腹面观近圆形，背腹略扁。上壳较圆，顶角较短，细棒状，末端平截。第一顶板 1′ 五边形。第二前间插板 2a 五边形。横沟右旋，下降 1 倍横沟宽度，横沟边翅清晰，无肋刺。纵沟左边翅宽，右边翅窄。下壳浑圆，底部较平坦，两底刺尖细，具翼，近平行或稍向外分歧。壳面具网纹结构，孔细小。

样品 2016 年 5 月、2017 年 7 月采自南海北部海域，数量稀少，系中国首次记录。

热带大洋性种。东太平洋、孟加拉湾、巴西东南部海域有记录。

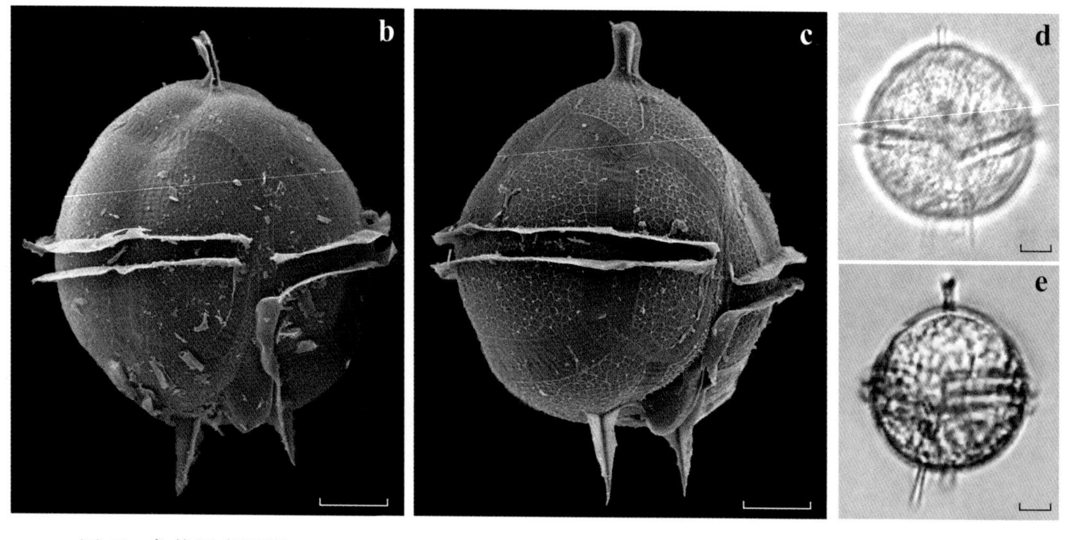

图 78　角状原多甲藻 *Protoperidinium corniculum* (Kofoid & Michener) Taylor & Balech, 1979

a, b, d, e. 腹面观；c. 右侧面观；b, c. SEM

鸡冠原多甲藻 *Protoperidinium cristatum* Balech, 1979

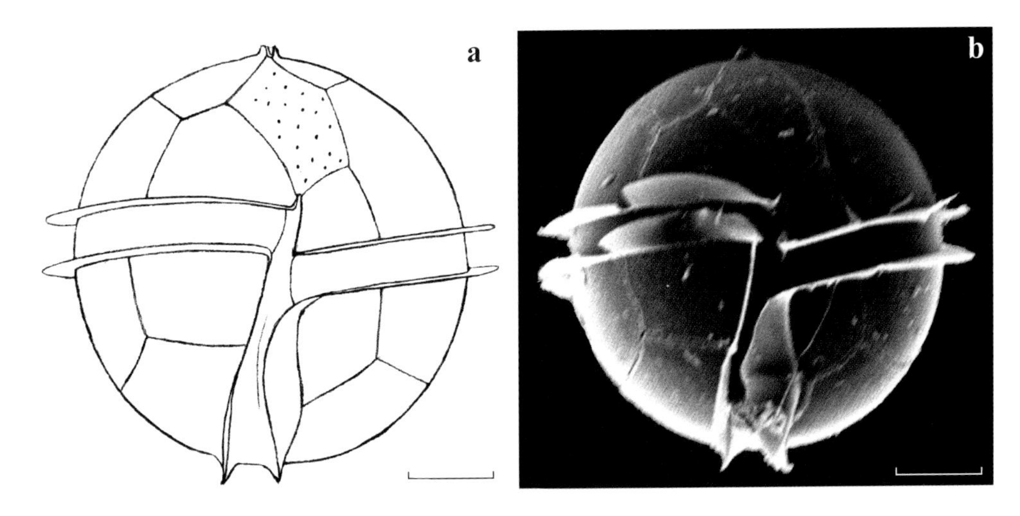

图 79 鸡冠原多甲藻 *Protoperidinium cristatum* Balech, 1979
a, b. 腹面观；b. SEM

Balech 1979b, 41, t. 9, fig. 181–187; Balech 1988, 101, lam. 37, fig. 7–10; Okolodkov 2008, 134, t. 12, fig. 10–12.

藻体细胞小至中型，长（不包括底刺）47 μm，宽 45 μm，腹面观圆形至扁圆形。上壳半球形，顶角近似小梯形。第一顶板 1′ 五边形。第二前间插板 2a 五边形。横沟较宽，不凹陷，右旋，下降 1～1.5 倍横沟宽度，横沟边翅较宽，但无肋刺支撑。纵沟前端窄且向左侧倾斜，后端加宽至细胞底部，纵沟左边翅宽大，右边翅较窄。下壳圆，有两个短的具翼底刺，但有时底刺几乎不可见。壳面光滑，无网纹结构。

样品 2017 年 6 月采自台湾东南部海域，数量稀少，系中国首次记录。

大洋性种。墨西哥湾、巴西东南部海域有记录。

具脚原多甲藻 *Protoperidinium curvipes* (Ostenfeld) Balech, 1974

Balech 1974, 65; Dodge 1982, 199, fig. 22l, m; Balech 1988, 117, lam. 48, fig. 9–15; Okolodkov 2008, 136, t. 13, fig. 5–8.

同种异名：*Peridinium curvipes* Ostenfeld, 1906: Ostenfeld 1906, 15, fig.128; Paulsen 1908, 45, fig. 55; Pavillard 1916, 34, fig. 8; Forti 1922, 96, fig. 92; Lebour et al. 1925, 135, t. 29, fig. 1a–c; Dangeard 1927c, 370, fig. 38b; Schiller 1937, 201, fig. 197a–p; Gaarder 1954, 40; Wood 1954, 242, fig. 124; Subrahmanyan 1971, 49, t. 28, fig. 6, 9, 13, 15, 16.

藻体细胞小型，长（不包括底刺）43 μm，宽 38 μm，腹面观球形至宽梨形。上壳较圆，顶角短，末端平截。第一顶板 1′ 五边形。第二前间插板 2a 四边形。横沟右旋，下降 0.5～0.8 倍横沟宽度，横沟边翅清晰，具肋刺支撑。纵沟前窄后宽，纵沟左边翅发达，右边翅狭窄。下壳半球状，底部外凸。两底刺较小，其上具翼，其中左底刺稍向内侧弯曲，右底刺则稍向外伸展。壳面网纹结构清晰，孔散布。

据 Balech（1988）记载，本种的第二前间插板 2a 有的为四边形，有的则为六边形。

样品 2017 年 5 月采自冲绳海槽西侧海域，数量稀少，系中国首次记录。

广温性大洋性种。大西洋、印度洋、波罗的海、地中海、墨西哥湾、佛罗里达海峡、格陵兰岛附近海域、英国附近海域、阿根廷东部海域有记录。

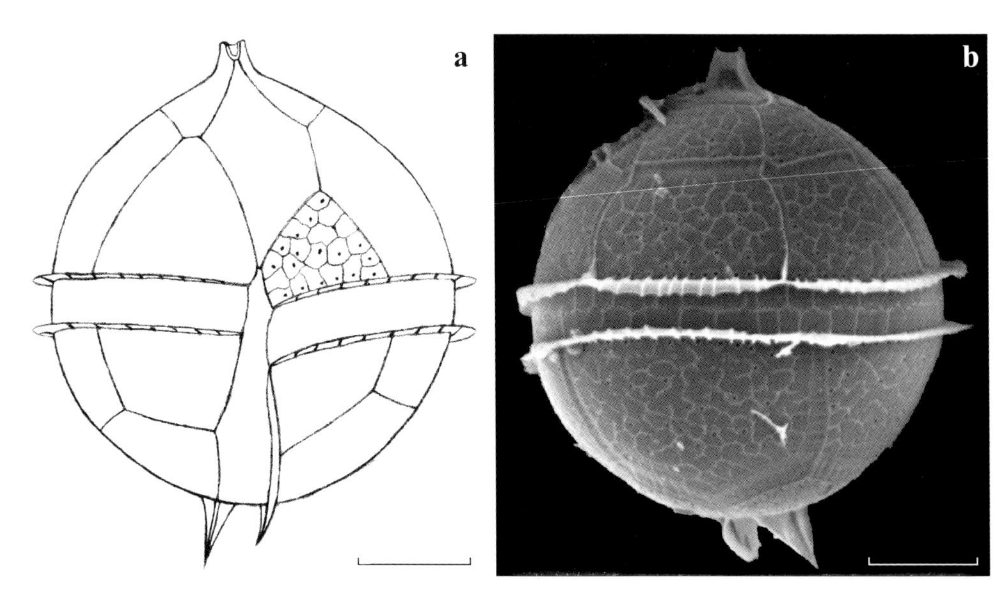

图 80 具脚原多甲藻 *Protoperidinium curvipes* (Ostenfeld) Balech, 1974
a. 腹面观；b. 背面观（SEM）

公平原多甲藻 *Protoperidinium decens* (Balech) Balech, 1974

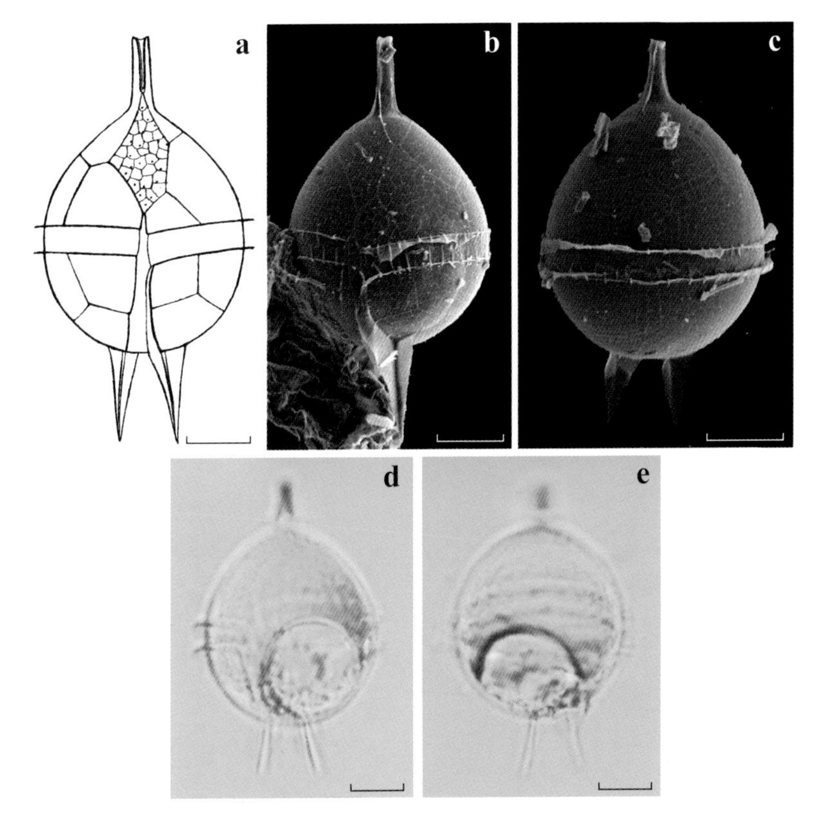

图 81 公平原多甲藻 *Protoperidinium decens* (Balech) Balech, 1974
a, b, d. 腹面观；c, e. 背面观；d, e. 活体；b, c. SEM

Balech 1974, 62.

同种异名：*Peridinium decens* Balech, 1971: Balech 1971, 105, t. 20, fig. 342–348.

Protoperidinium cassum var. *decens* (Balech) Balech, 1988: Balech 1988, 96, lam. 34, fig. 11–13.

藻体细胞小型，长（不包括底刺）40 ~ 48 μm，宽 29 ~ 33 μm，腹面观梨形。上壳较圆，顶角中等长度，末端平截。第一顶板 1′ 五边形。第二前间插板 2a 五边形。横沟右旋，下降 0.3 ~ 0.5 倍横沟宽度。纵沟前窄后宽。下壳浑圆，两底刺较长，具翼，稍向外分歧伸出。壳面网纹结构隐约可见，孔散布。

本种与空虚原多甲藻 *P. cassum* 非常相似，但本种个体更小，藻体形态更加圆润，第四前沟板 4″ 高度也更高（Balech, 1988）。

样品 2008 年 5 月采自三亚附近海域、2017 年 5 月采自东海，数量稀少，系中国首次记录。

暖水性种。墨西哥湾、阿根廷东部海域有记录。

河滨原多甲藻 *Protoperidinium hirobis* (Abé) Balech, 1974

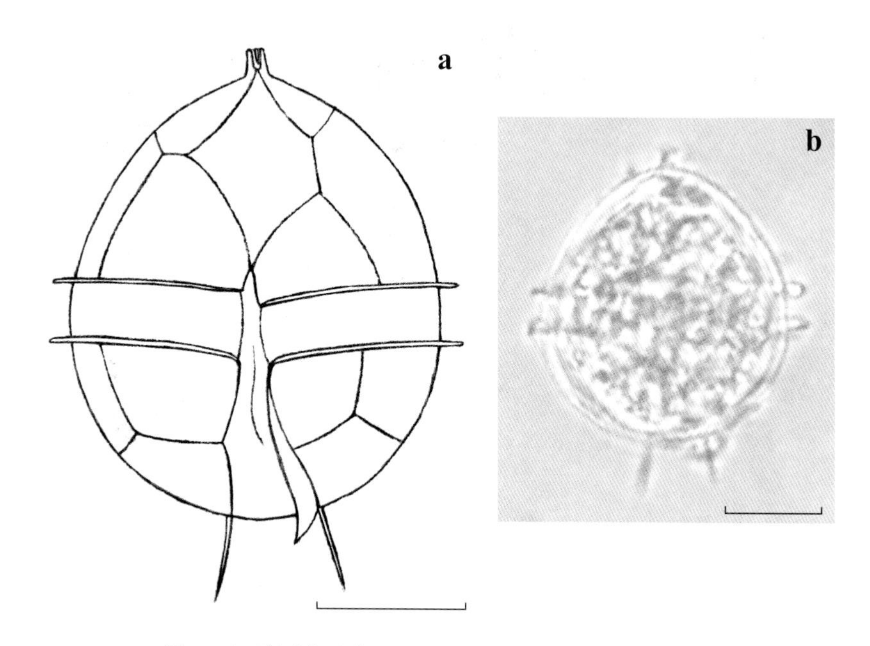

图 82 河滨原多甲藻 *Protoperidinium hirobis* (Abé) Balech, 1974
a, b. 腹面观

Balech 1974, 64; Balech 1988, 103, lam. 38, fig. 12–17; Okolodkov 2008, 141, t. 15, fig. 2–5; 杨世民和李瑞香 2014, 170.

同种异名：*Peridinium hirobis* Abé, 1927: Abé 1927, 399, fig. 18a–e; Schiller 1937, 206, fig. 200a–c; Wood 1954, 243, fig. 126; Wood 1968, 103, fig. 306.

藻体细胞小型，长（不包括底刺）31 μm，宽 27 μm，腹面观卵圆形。上壳近半球形，顶角短，末端平截。第一顶板 1′ 五边形。第二前间插板 2a 六边形，宽而扁。横沟宽阔，右旋，下降 0.3～0.5 倍横沟宽度，不凹陷或稍稍凹陷，横沟边翅窄而薄，具肋刺支撑。纵沟直，左边翅宽阔，右边翅狭窄。下壳半球形，底部平坦或稍凹。两底刺尖锥状，较长，无翼。在左底刺的基部，还生有 1 个斜向内侧的具翼小刺。壳面平滑无网纹结构。

东海、南海有分布。样品 2017 年 5 月采自冲绳海槽西侧海域，数量稀少。

暖温带至热带性种。加勒比海、佛罗里达海峡、墨西哥湾、日本附近海域、澳大利亚附近海域、巴西东南部海域有记录。

难解原多甲藻 *Protoperidinium incognitum* (Balech) Balech, 1974

Balech 1974, 62; Balech 1988, 94, lam. 32, fig. 5–8.

同种异名：*Peridinium incognitum* Balech, 1959: Balech 1959b, 24, t. 2, fig. 43–45; Balech 1971a, 98, t. 17, fig. 288–300.

藻体细胞小型，长（不包括底刺）35 μm，宽 33 μm，腹面观宽梨形至近球形。上壳两侧边凸，具有短的“颈”部，顶角粗短，末端平截。第一顶板 1′ 五边形。第二前间插板 2a 五边形。横沟宽，右旋，下降 0.3～0.5 倍横沟宽度，不凹陷，横沟边翅薄，其上具肋刺支撑。纵沟前窄后宽，纵沟边翅亦薄。下壳半球形，底部平坦或稍向上凹。两底刺尖锥状，其上具窄翼，左底刺稍向腹部偏斜，右底刺则沿细胞纵轴方向伸展。壳面网纹结构较细弱，孔散布。

本种与梨状原多甲藻 *P. pyrum* 相似，但本种形态更圆些，个体更小些，第二前间插板 2a 也较后者更小（Balech, 1988）。

样品 2017 年 5 月采自东海，数量稀少，系中国首次记录。

冷水至暖水性种。阿根廷东部海域有记录。

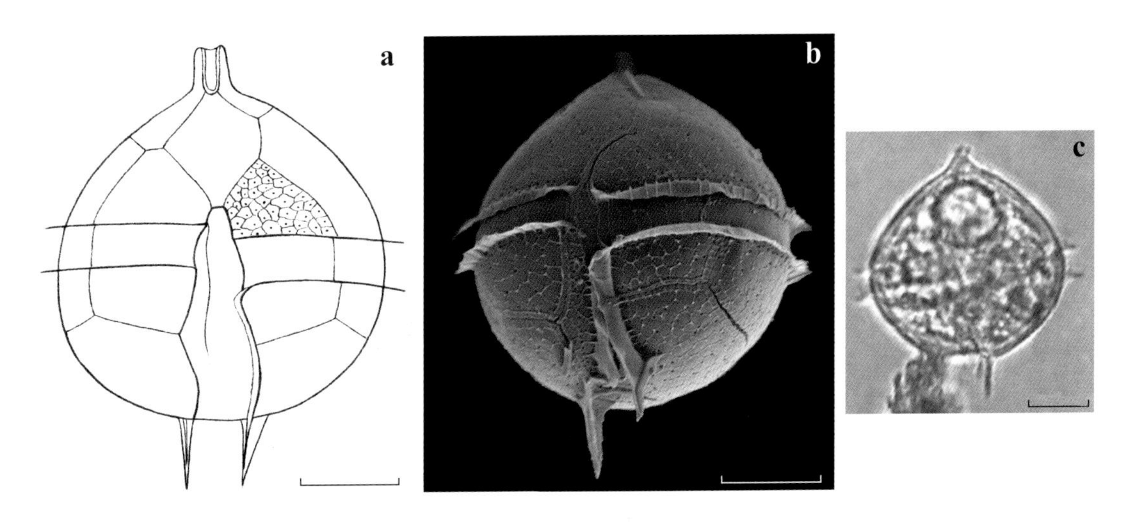

图 83　难解原多甲藻 *Protoperidinium incognitum* (Balech) Balech, 1974

a–c. 腹面观；b. SEM

约根森原多甲藻明确变种 *Protoperidinium joergensenii* var. *luculentum* Balech, 1988

Balech 1988, 95, lam. 32, fig. 13–17.

藻体细胞小至中型，长（不包括底刺）54～57 μm，宽 39～41 μm，腹面观梨形至近五边形。上壳两侧边凸，顶角细长呈圆锥状，末端平截。第一顶板 1′ 五边形。第二前间插板 2a 五边形。横沟宽阔，右旋，下降 0.5 倍横沟宽度，横沟边翅具肋刺。纵沟前端稍窄，后端稍宽，纵沟左边翅发达，右边翅狭窄。下壳较圆钝，底部平坦或稍向内凹，两底刺细长三棱状，向外分歧，每个底刺上具三个发达的翼。壳面具明显的网纹结构，孔散布。

本种与原种约根森原多甲藻 *P. joergensenii* 的形态和甲板结构一致，主要区别在于本种个体较后者更小，宽不超过 50 μm。

本种与梨状原多甲藻 *P. pyrum* 相似，但本种的顶角更加细长，两底刺亦更细长且在同一平面上，而后者两底刺不在同一平面上。

样品 2016 年 5 月采自南海北部海域、2017 年 8 月采自南海中部海域，数量稀少，系中国首次记录。

世界稀有种。仅阿根廷东部海域有记录。

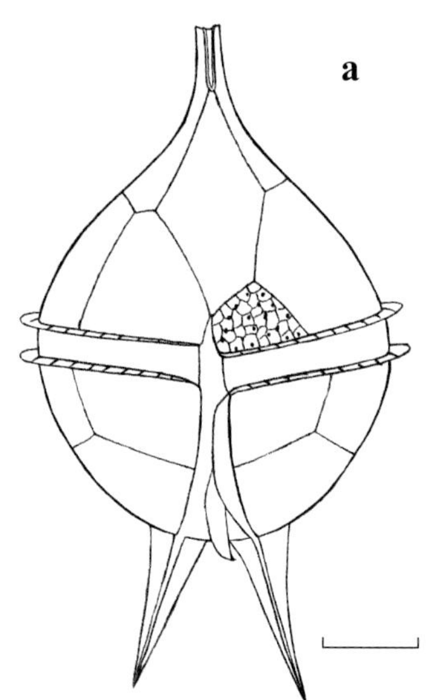

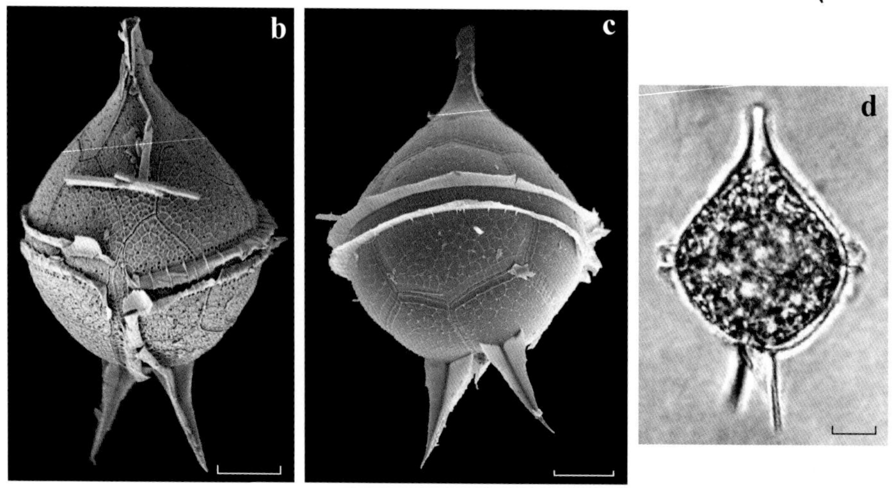

图 84 约根森原多甲藻明确变种 *Protoperidinium joergensenii* var. *luculentum* Balech, 1988

a, b, d. 腹面观；c. 背面观；b, c. SEM

宽刺原多甲藻 *Protoperidinium latispinum* (Mangin) Balech, 1974

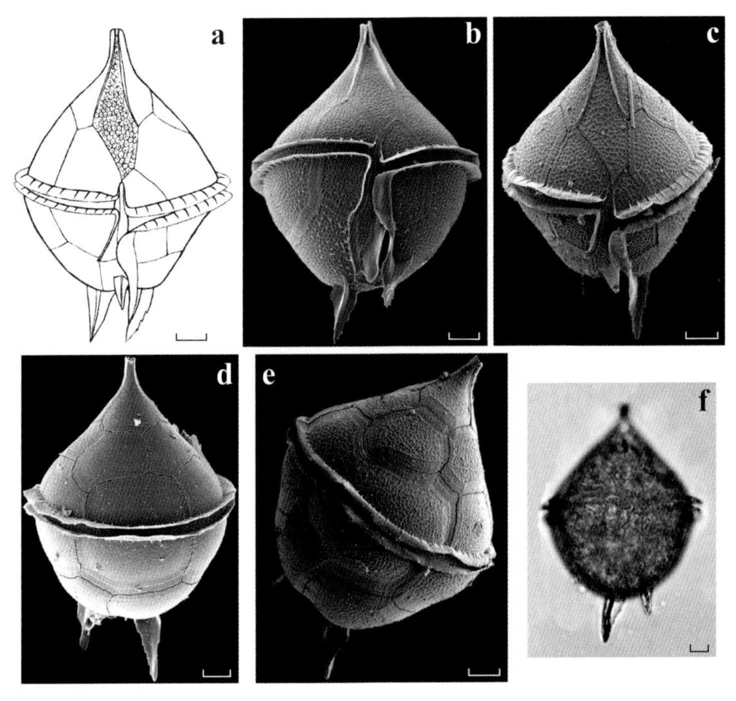

图 85 宽刺原多甲藻 *Protoperidinium latispinum* (Mangin) Balech, 1974
a–c, f. 腹面观；d, e. 背面观；f. 活体；b–e. SEM

Balech 1974, 62; Balech 1988, 96, lam. 33, fig. 9–11, lam. 34, fig. 1–2; Okolodkov 2005, 290, fig. 11, 27; Omura et al. 2012, 117; 杨世民和李瑞香 2014, 172; Li et al. 2016, 114, fig. Ⅱ/5–8, fig. Ⅲ/14.

同种异名：*Peridinium latispinum* Mangin, 1926: Mangin 1926, 81, fig. 24I; Schiller 1937, 193, fig. 190A a–d; Nie 1939, fig. 17a–f; Gaarder 1954, 46; Wood 1954, 240, fig. 119; Subrahmanyan 1971, 39, t. 21, fig. 2–8; Taylor 1976, 155, fig. 336, 519.

藻体细胞中至大型，长（不包括底刺）83 ~ 112 μm，宽 64 ~ 83 μm，腹面观梨形至近五边形。上壳近圆锥形，两侧边稍凸，顶部平滑收缩形成顶角，顶角末端平截。第一顶板 1′ 五边形。第二前间插板 2a 五边形。横沟宽阔，右旋，下降 0.5 ~ 1 倍横沟宽度，横沟边翅具肋刺支撑。纵沟左边翅宽大，右边翅仅在中后端加宽。下壳圆钝，两底刺发达，每个底刺上具三个宽大的翼，使得底刺呈三棱状，左底刺着生点相较右底刺更靠近腹部。壳面网纹结构清晰。

东海、南海、台湾海峡、吕宋海峡有分布。样品 2008 年 5 月采自三亚附近海域、2010 年 8 月采自吕宋海峡、2013 年 8 月采自东海、2016 年 5 月采自南海北部海域。

暖温带至热带性种。西太平洋、北大西洋、印度洋、安达曼海、孟加拉湾、墨西哥附近海域、阿根廷东部海域有记录。

长颈原多甲藻 *Protoperidinium longicollum* Pavillard, 1916

Pavillard 1916, t. 2, fig. 3; Silva 1949, 348, t. 5, fig. 24; Taylor 1976, 156, fig. 346.

藻体细胞小至中型，长（不包括底刺）47 μm，宽 36 μm，腹面观宽梨形。上壳两侧边凸，顶角中等长度，末端平截。第一顶板 1′ 五边形。横沟右旋，下降 0.5 倍横沟宽度，横沟边翅宽，具肋刺支撑。纵沟左边翅宽，右边翅窄。下壳半球状，两底刺长，稍向外分歧伸出，其上具发达的翼。壳面网纹结构清晰，孔散布。

本种与斯氏原多甲藻 *P. steinii* 相似，但本种藻体更圆，顶角和底刺也较后者更长。

本种与细高原多甲藻 *P. tenuissimum* 也较相似，但本种的第一顶板 1′ 为五边形，而后者为六边形。

样品 2016 年 5 月采自南海北部海域，数量稀少，系中国首次记录。

热带性种。地中海、澳大利亚附近海域、加利福尼亚附近海域、葡萄牙附近海域、马尔代夫群岛附近海域有记录。

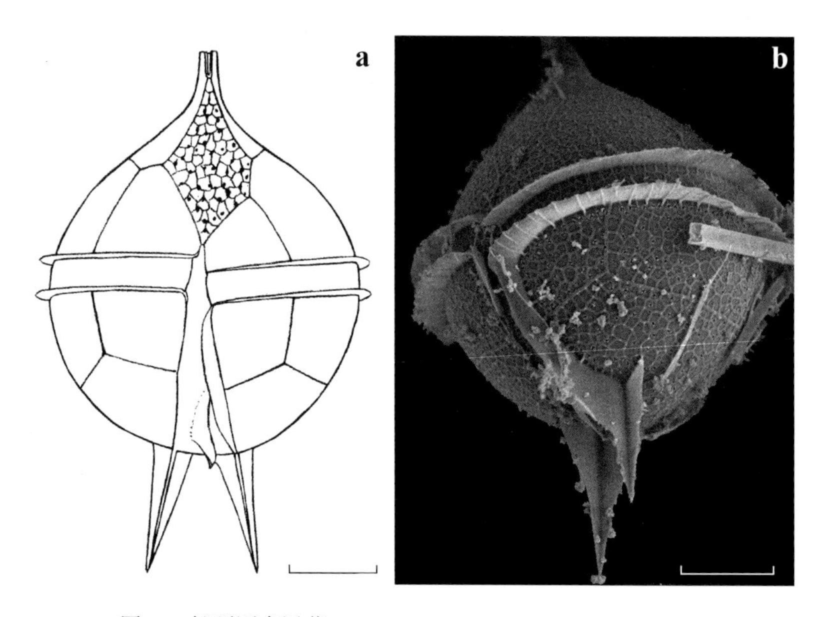

图 86 长颈原多甲藻 *Protoperidinium longicollum* Pavillard, 1916
a. 腹面观；b. 左侧面观（SEM）

地中海原多甲藻 *Protoperidinium mediterraneum* (Kofoid) Balech, 1974

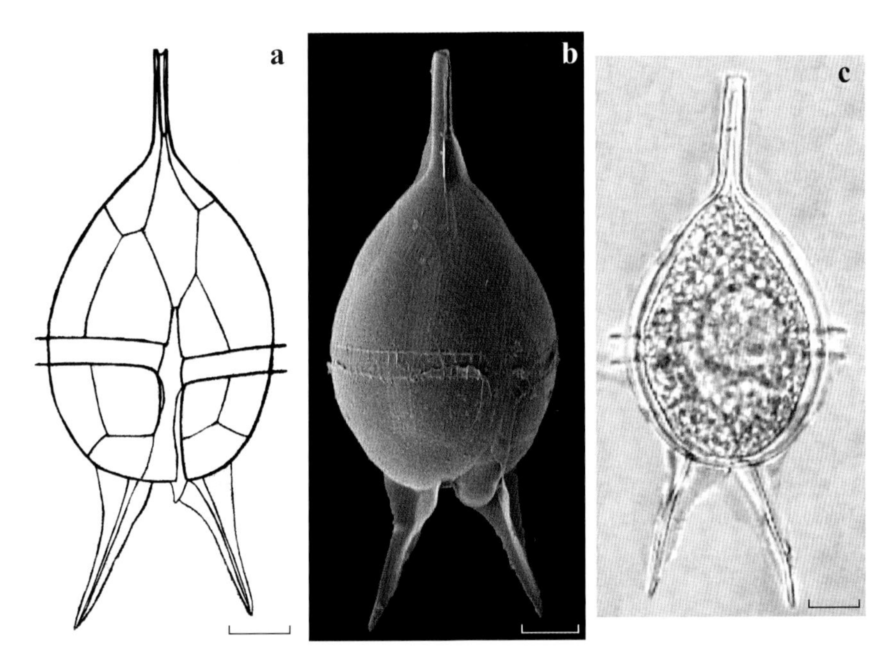

图 87　地中海原多甲藻 *Protoperidinium mediterraneum* (Kofoid) Balech, 1974
a, b. 腹面观；c. 背面观；b. SEM

Balech 1974, 62.

同种异名：*Peridinium steinii* var. *mediterraneum* Kofoid, 1909: Kofoid 1909, 40, t. 2; Schiller 1937, 198, fig. 193a, c, e–f; Gaarder 1954, 49; Wood 1954, 241, fig. 120b–c; Subrahmanyan 1971, 40, t. 23, fig. 14, t. 24, fig. 1–2, 4–6, t. 25, fig. 1–10.

藻体细胞中至大型，长（不包括底刺）76～78 μm，宽 40～42 μm，腹面观长梨形。上壳近圆锥形，两侧边凸，顶角细长圆柱状，末端平截。第一顶板 1′ 五边形，较窄。第二前间插板 2a 五边形。横沟右旋，下降 0.5～1 倍横沟宽度，横沟边翅薄，其上具肋刺支撑。纵沟左边翅宽而薄，右边翅几乎不可见。下壳较圆，两底刺非常发达，长可达近 30 μm，向外分歧伸展，每个底刺上具三个宽大的翼。壳面网纹结构细弱，孔细小。

关于本种的第一顶板 1′，有学者的图示显示为六边形（Schiller 1937, fig. 193d; Subrahmanyan 1971, t. 24, fig. 3），但作者认为其所示的细胞个体并非本种。

样品 2017 年 5 月采自冲绳海槽西侧海域、2017 年 8 月采自南海北部海域，数量稀少，系中国首次记录。

暖水性种。太平洋、北大西洋、阿拉伯海、地中海、澳大利亚东部海域、加利福尼亚沿岸海域有记录。

甜瓜原多甲藻 *Protoperidinium melo* (Balech) Balech, 1974

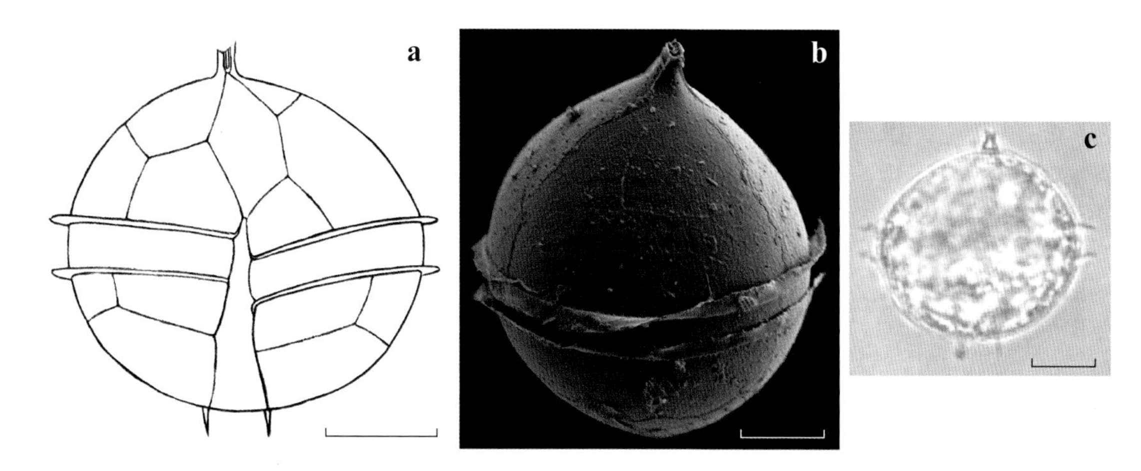

图 88 甜瓜原多甲藻 *Protoperidinium melo* (Balech) Balech, 1974

a. 腹面观；b, c. 背面观；b. SEM

Balech 1974, 61; Balech 1988, 99, lam. 36, fig. 6–9.

同种异名：*Peridinium melo* Balech, 1971: Balech 1971a, 121, t. 22, fig. 392–399.

藻体细胞小型，长 34～46 μm，宽 36～43 μm，腹面观近球形，宽常稍大于长，背腹略扁。上壳较圆，顶角短，末端平截，常稍向右侧偏斜。第一顶板 1′ 五边形。第二前间插板 2a 四边形。横沟右旋，下降 0.5～1 倍横沟宽度，不凹陷，横沟边翅薄且透明，无肋刺。下壳圆，两底刺尖锥状，短小且无翼。壳面网纹结构细弱，孔散布。

样品 2017 年 7 月采自南海北部海域，数量稀少，系中国首次记录。

大洋性种。南极附近海域有记录。

螨形原多甲藻 *Protoperidinium mite* (Pavillard) Balech, 1974

Balech 1974, 63; Dodge 1982, 198, fig. 23b; Balech 1988, 106, lam. 39, fig. 15–19.

同种异名：*Peridinium mite* Pavillard, 1916: Pavillard 1916, 36, fig. 9; Lebour et al. 1925, 125, t. 25, fig. 3a–b; Dangeard 1927c, 357, fig. 22d; Paulsen 1930, 61, fig. 33; Wood 1954, 238, fig. 117a–c; Subrahmanyan 1971, 47, t. 27, fig. 1–11.

Peridinium granii f. *mite* (Pavillard) Schiller, 1937: Schiller 1937, 192, fig. 188s–z; Gaarder 1954, 44.

藻体细胞小型，长（不包括底刺）33～35 μm，宽 33～34 μm，腹面观扁梨形。上壳两侧边凸，向上平滑收缩形成顶角，具有明显的“颈”部，顶角中等长度，基部较粗，末端平截。第一顶板 1′ 五边形。第二前间插板 2a 五边形。横沟宽阔，右旋，下降 0.5～1 倍横沟宽度，不凹陷，横沟边翅窄，其上具肋刺支撑。纵沟前端较窄，后端显著加宽，纵沟左边翅清晰，右边翅狭窄。下壳底部宽且向上凹陷，使得两底刺之间间距大。两底刺较长，尖锥状，近平行伸出，其上具窄翼。壳面网纹结构细弱，孔散布。

样品 2017 年 5 月采自冲绳海槽西侧海域，数量稀少，系中国首次记录。

暖温带至热带性种。大西洋、印度洋、地中海、澳大利亚附近海域、英国附近海域、阿根廷东部海域有记录。

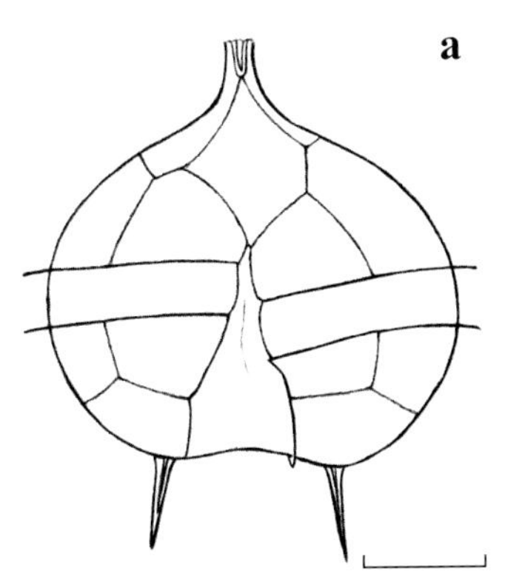

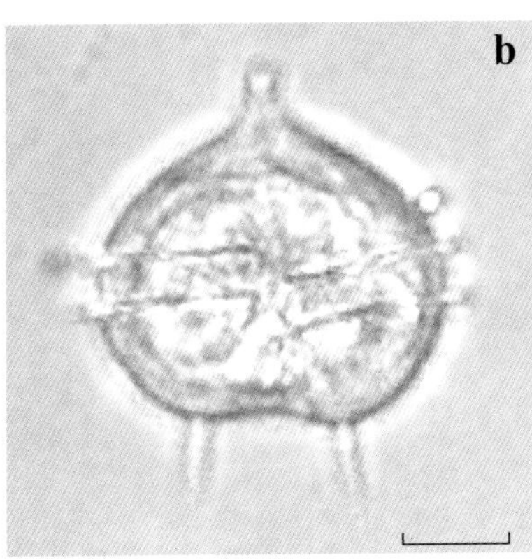

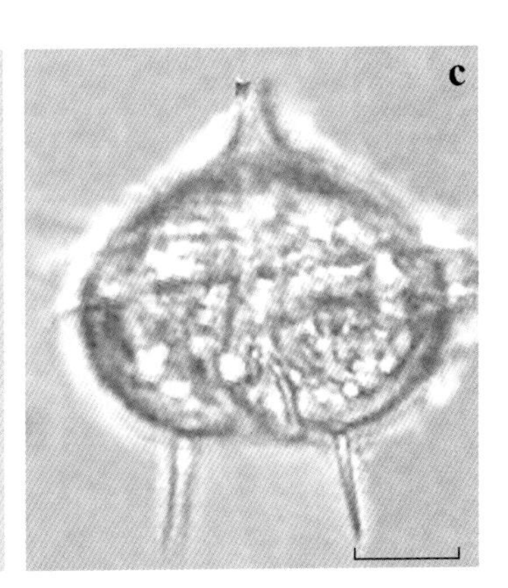

图 89 螨形原多甲藻 *Protoperidinium mite* (Pavillard) Balech, 1974

a–c. 腹面观

东方原多甲藻 *Protoperidinium orientale* (Matzenauer) Balech, 1974

Balech 1974, 64; 杨世民和李瑞香 2014, 175.

同种异名：*Peridinium orientale* Matzenauer, 1933: Matzenauer 1933, 460, fig. 38; Schiller 1937, 271, fig. 275; Taylor 1976, 157, fig. 347a–b.

藻体细胞小型，长（不包括底刺）27～30 μm，宽 21～25 μm，背腹略扁，腹面观梨形至椭圆形。上壳两侧边凸，向上收缩形成短而粗的顶角。顶角基部宽，末端平截。第一顶板 1′五边形。第二前间插板 2a 六边形。横沟右旋，下降 0.3～0.5 倍横沟宽度，稍稍凹陷，横沟边翅窄，具肋刺。下壳较圆，底部较平坦，两底刺短小，近平行或稍向外分歧。壳面散布小棘状凸起，孔细小。

样品 2009 年 7 月、2016 年 5 月采自南海北部海域，数量稀少。

热带性种。红海、孟加拉湾、毛里求斯南部海域有记录。

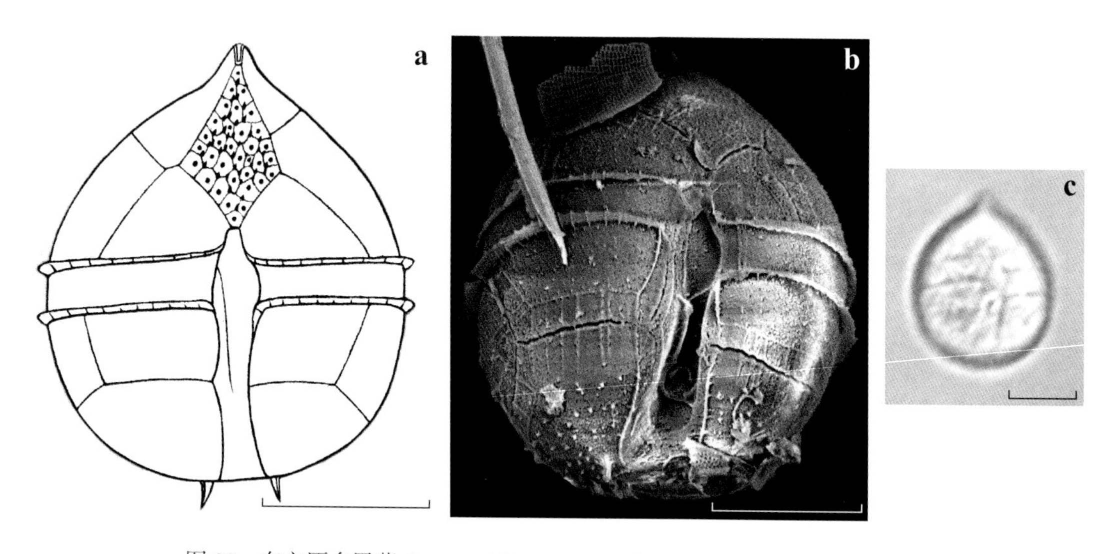

图 90　东方原多甲藻 *Protoperidinium orientale* (Matzenauer) Balech, 1974
a–c. 腹面观；b. SEM

卵圆原多甲藻不对称变种 *Protoperidinium ovatum* var. *asymmetricum* (Dangeard) Balech, 1988

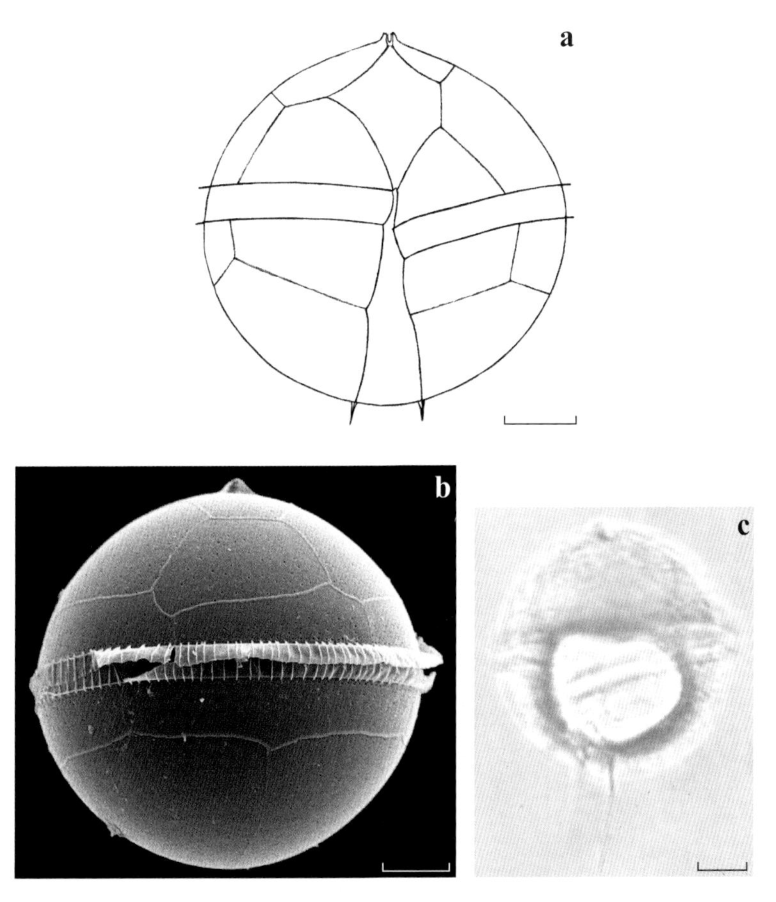

图 91　卵圆原多甲藻不对称变种 *Protoperidinium ovatum* var. *asymmetricum* (Dangeard) Balech, 1988
a, c. 腹面观；b. 背面观（SEM）；c. 活体

Balech 1988, 100, lam. 36, fig. 14–18.

同种异名：*Peridinium ovatum* var. *asymmetricum* Dangeard, 1927: Dangeard 1927a, 4, fig. 3a–b.

藻体细胞小至中型，长（不包括底刺）49 ~ 56 μm，宽 50 ~ 58 μm，腹面观球形。上壳圆，顶角甚短。第一顶板 1′ 五边形。第二前间插板 2a 五边形。横沟右旋，下降 1 ~ 1.5 倍横沟宽度，稍稍交叠，横沟边翅薄而透明，其上具肋刺支撑。纵沟前端狭窄，后端显著加宽，纵沟边翅窄。下壳亦圆，两底刺短，尖锥形，中等间距。壳面平滑，无网纹结构，孔散布。

样品 2016 年 5 月采自南海北部海域，数量稀少，系中国首次记录。

冷温带至热带性种。阿根廷东部海域有记录。

卵状原多甲藻 *Protoperidinium oviforme* (Dangeard) Balech, 1974

Balech 1974, 63; Balech 1988, 96, lam. 33, fig. 5–8; Okolodkov 2005, 293, fig. 14, 30; Okolodkov 2008, 139, t. 14, fig. 5–8.

同种异名：*Peridinium oviforme* Dangeard, 1927: Dangeard 1927a, 3, fig. 2.

藻体细胞小至中型，长（不包括底刺）43～58 μm，宽 35～44 μm，腹面观梨形。上壳两侧边凸，顶角短，末端平截。第一顶板 1′ 五边形，中等宽度。第二前间插板 2a 五边形。横沟宽阔，不凹陷，右旋，下降 0.5～1 倍横沟宽度，横沟边翅窄而薄，其上具肋刺。纵沟前端较窄，后端稍稍加宽，纵沟左边翅宽，右边翅窄小。下壳圆，两具翼底刺长，稍稍向外分歧。壳面网纹结构细弱，孔细小。

本种与河滨原多甲藻 *P. hirobis* 相似，但本种较后者个体更大，两底刺具有明显的翼，而后者两底刺尖锥状，无翼。

样品 2013 年 8 月采自冲绳海槽西侧海域，数量稀少，系中国首次记录。

热带性种。太平洋东部墨西哥附近海域、非洲西北部海域、墨西哥湾、巴西东部海域有记录。

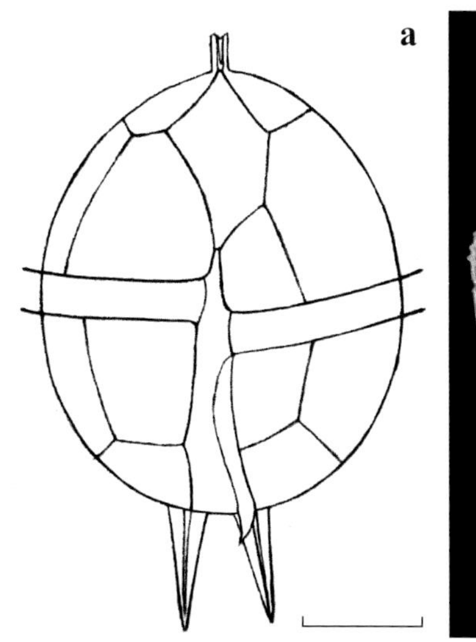

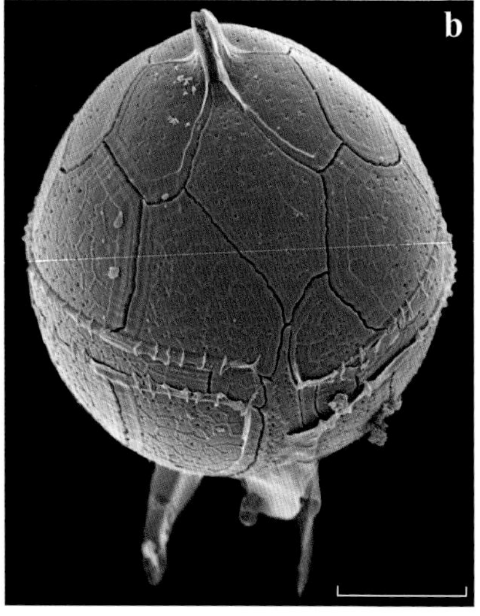

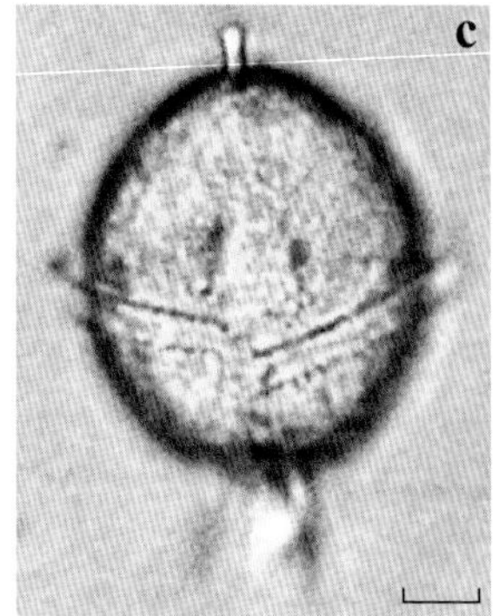

图 92　卵状原多甲藻 *Protoperidinium oviforme* (Dangeard) Balech, 1974

a–c. 腹面观；b. SEM

稀疏原多甲藻 *Protoperidinium parcum* (Balech) Balech, 1974

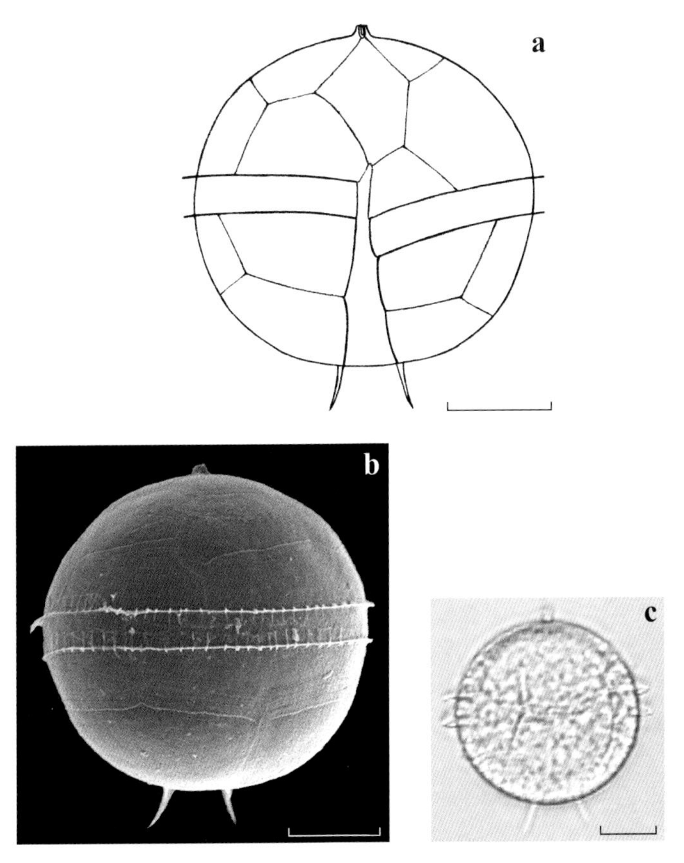

图 93　稀疏原多甲藻 *Protoperidinium parcum* (Balech) Balech, 1974
a. 腹面观；b, c. 背面观；b. SEM

Balech 1974, 63; Balech 1988, 102, lam. 38, fig. 8–11.

同种异名：*Peridinium parcum* Balech, 1971: Balech 1971a, 110, t. 21, fig. 368–375.

藻体细胞小型，长（不包括底刺）34～35 μm，宽 33～36 μm，腹面观近球形，背腹稍扁。上壳圆，顶角短，末端平截。第一顶板 1′ 五边形。第二前间插板 2a 五边形。横沟右旋，下降 1 倍横沟宽度，不凹陷，横沟边翅薄而透明，具肋刺支撑。纵沟边翅窄，两底刺尖锥状，中等长度，稍向外分歧伸出，其上无翼。壳面平滑无网纹结构，孔散布。

样品 2012 年 4 月采自南海北部海域，数量稀少，系中国首次记录。

冷水至暖水性种。智利附近海域有记录。

小型原多甲藻 *Protoperidinium parvum* Abé, 1981

Abe′ 1981, 222, fig. 19/119–124; 杨世民和李瑞香 2014, 176.

藻体细胞小型，长（不包括底刺）37～43 μm，宽 39～45 μm，腹面观扁梨形。上壳两侧边凸，顶角粗短，末端平截。第一顶板 1′ 五边形，稍向左侧偏斜。第二前间插板 2a 宽六边形。横沟宽阔且凹陷，右旋，下降 0.3～0.5 倍横沟宽度，横沟边翅有明显的肋刺支撑。纵沟前端较窄，后端逐渐变宽，纵沟左边翅宽大，右边翅狭窄。下壳圆钝，两底刺细小且向外分歧，其上具翼。壳面较平滑，孔散布。

本种与尖锐原多甲藻 *P. acutum* 非常相似，但本种顶角相对更短小，上壳两侧边外凸更加明显（Abe′, 1981），且 1′ 更加向左侧偏斜。

样品 2008 年 6 月采自三亚附近海域、2012 年 4 月采自西沙群岛和中沙群岛附近海域、2017 年 8 月采自南海北部海域。

暖水性种。西太平洋有分布。

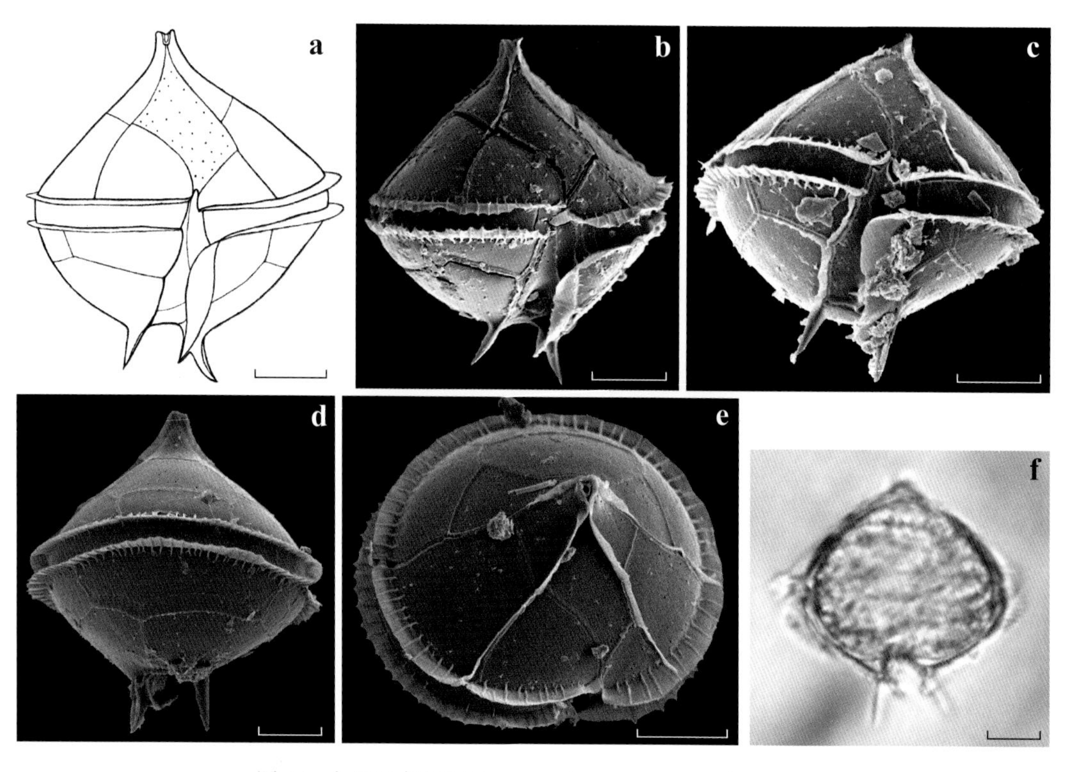

图 94　小型原多甲藻 *Protoperidinium parvum* Abé, 1981

a–c. 腹面观；d, f. 背面观；e. 顶面观；b–e. SEM

花梗原多甲藻 *Protoperidinium pedunculatum* (Schütt) Balech, 1974

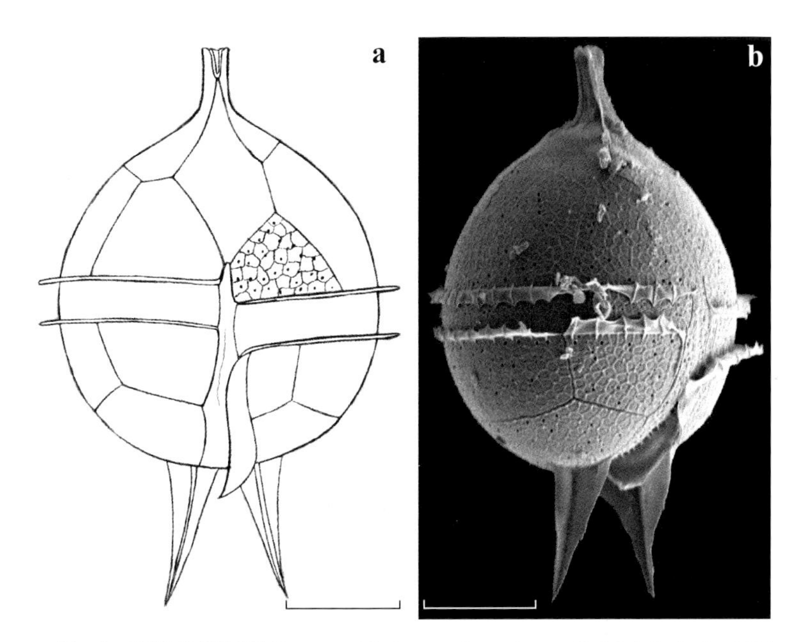

图 95 花梗原多甲藻 *Protoperidinium pedunculatum* (Schütt) Balech, 1974
a, b. 腹面观；b. SEM

Balech 1974, 64.

同种异名：*Peridinium pedunculatum* Schütt, 1895: Schütt 1895, 158, fig. 47; Matzenauer 1933, 459, fig. 36a–b; Schiller 1937, 211, fig. 208c–e; Wood 1954, 244, fig. 130; Wood 1968, 106, fig. 319; Subrahmanyan 1971, 55, t. 32, fig. 9–11.

藻体细胞小型，长（不包括底刺）38 μm，宽 30 μm，腹面观宽梨形至椭圆形。上壳两侧边弧形外凸，顶部形成细圆柱形顶角，顶角较长，末端平截。第一顶板 1′ 五边形。横沟右旋，下降 0.3～0.5 倍横沟宽度，横沟边翅薄，具肋刺。纵沟左边翅宽大，右边翅几不可见。下壳圆，底部平坦或稍向上凹陷，两底刺长，可达 12 μm，平行或稍向外分歧，每个底刺上具 3 个宽大的翼。壳面网纹结构清晰，孔散布。

关于本种的形态，有学者的描述和图示与作者所述差异明显（Schiller 1937, fig. 208a–b; Subrahmanyan 1971, t. 32, fig. 6–8），但作者对比 Schütt（1895）建立本种的图示后认为，Schiller 和 Subrahmanyan 所示的上述细胞个体并非本种。

样品 2016 年 5 月采自南海北部海域，数量稀少，系中国首次记录。

暖水性种。太平洋、大西洋、印度洋、地中海、阿拉伯海、孟加拉湾、澳大利亚东部海域有记录。

错综原多甲藻 *Protoperidinium perplexum* (Balech) Balech, 1974

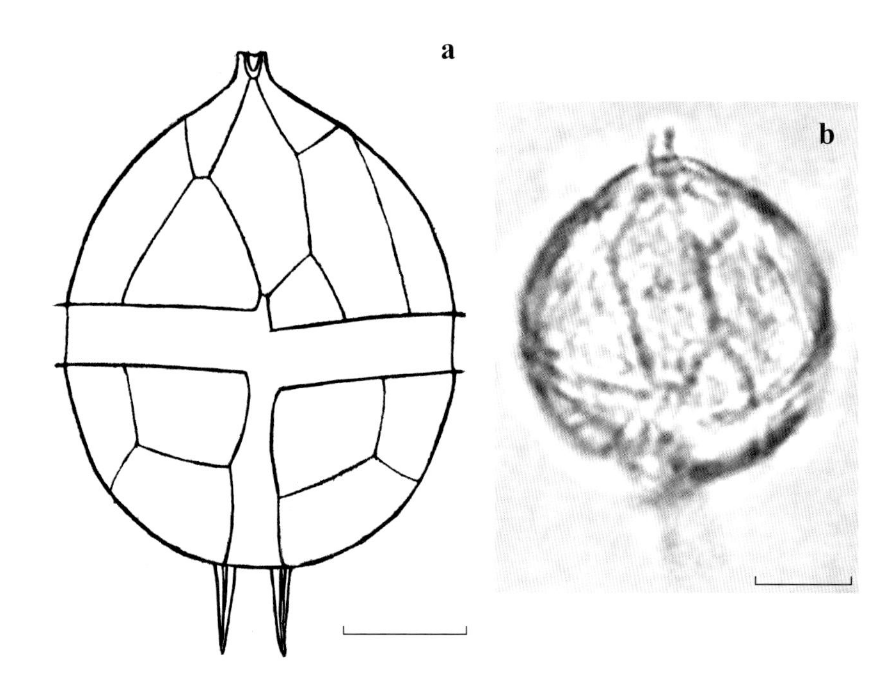

图 96 错综原多甲藻 *Protoperidinium perplexum* (Balech) Balech, 1974
a, b. 腹面观

Balech 1974, 63; Balech 1988, 97, lam. 34, fig. 14–17.

同种异名：*Peridinium perplexum* Balech, 1971: Balech 1971a, 107, t. 20, fig. 349–357.

藻体细胞小型，长（不包括底刺）41 μm，宽 31 μm，腹面观梨形。上壳两侧边外凸明显，顶角短，末端平截。第一顶板 1′ 窄五边形。第二前间插板 2a 小，五边形。第二前沟板 2″ 窄且长。横沟右旋，下降 0.2～0.3 倍横沟宽度，横沟边翅薄，其上具肋刺。纵沟前端较窄，后端稍稍加宽，纵沟左边翅宽，右边翅窄小。下壳圆，两具翼底刺中等长度，近平行方向伸出。壳面网纹结构细弱，孔细小。

样品 2017 年 8 月采自南海中部海域，数量稀少，系中国首次记录。

世界稀有种。仅阿根廷东部海域有记录。

贯孔原多甲藻 *Protoperidinium porosum* Balech, 1978

Balech 1978, 192, t. 4, fig. 111–114; Balech 1988, 83, lam. 21, fig. 7–9.

藻体细胞小型，长（不包括底刺）54 μm，宽 52 μm，腹面观近球形。上壳圆，顶角短。第一顶板 1′ 五边形。第二前间插板 2a 五边形。横沟右旋，下降 0.5～1 倍横沟宽度，不凹陷。纵沟较直，纵沟左边翅宽，右边翅窄。两具翼底刺短，间距较小，左底刺偏向腹部，右底刺则沿细胞纵轴方向伸出。壳面网纹结构细密坚实，孔清晰。

样品 2016 年 5 月采自南海北部海域，数量稀少，系中国首次记录。

冷温带至暖温带大洋性种。阿根廷东部海域有记录。

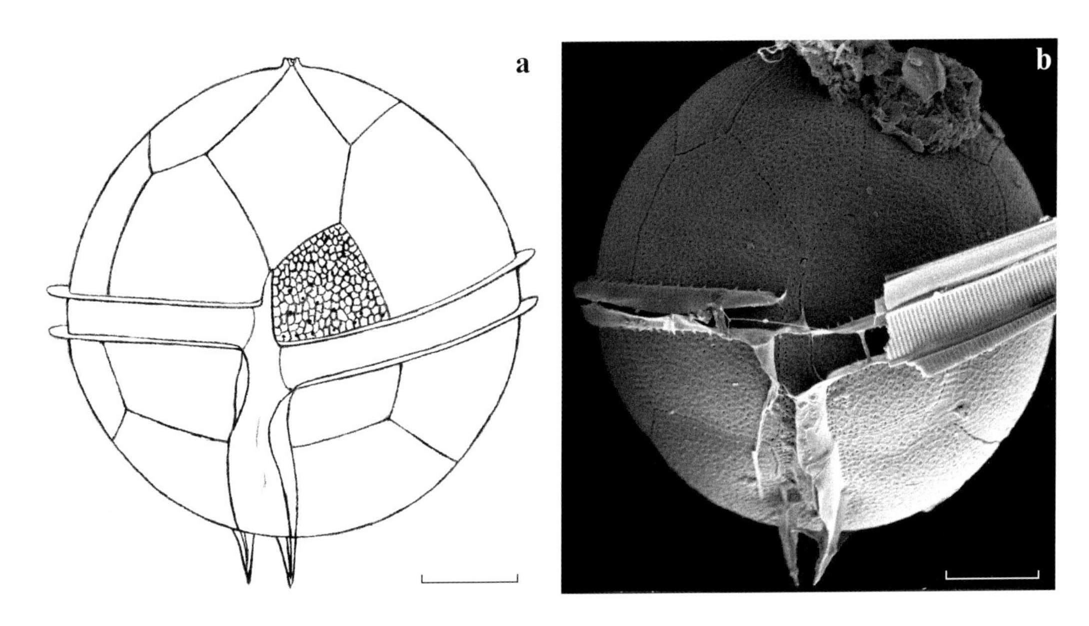

图 97　贯孔原多甲藻 *Protoperidinium porosum* Balech, 1978

a, b. 腹面观；b. SEM

囊状原多甲藻 *Protoperidinium pouchetii* (Kofoid & Michener) Balech, 1988

Balech 1988, 190, lam. 86, fig. 1–4.

同种异名：*Peridinium poucheti* Kofoid & Michener, 1911: Kofoid & Michener, 1911, 283.

Peridinium brintoni Balech, 1962: 184, t. 20, fig. 321–327.

Protoperidinium brintoni (Balech) Balech, 1974: Balech 1974, 60.

藻体细胞小型，长（不包括底刺）45～51 μm，宽 36～42 μm，背腹略扁，腹面观梨形。上壳两侧边稍凸，顶部平滑收缩形成顶角。顶角短，基部宽，末端平截。第一顶板 1′ 五边形。第二前间插板 2a 为非常小的四边形。横沟宽，不凹陷，右旋，下降 1～1.5 倍横沟宽度，横沟边翅具肋刺支撑。纵沟左、右边翅均窄。下壳稍圆，底部向上凹陷。两底刺尖锥状，非常坚实，其上生有数条窄翼，平行或稍向外分歧伸出。壳面网纹结构发达，绝大多数网纹内生有 1～2 个孔，横沟、纵沟内亦有相同的网纹结构。

样品 2016 年 5 月采自南海北部海域、2017 年 5 月采自东海、2017 年 8 月采自南海中部海域，数量不多，系中国首次记录。

热带大洋性种。东太平洋热带海域有记录。

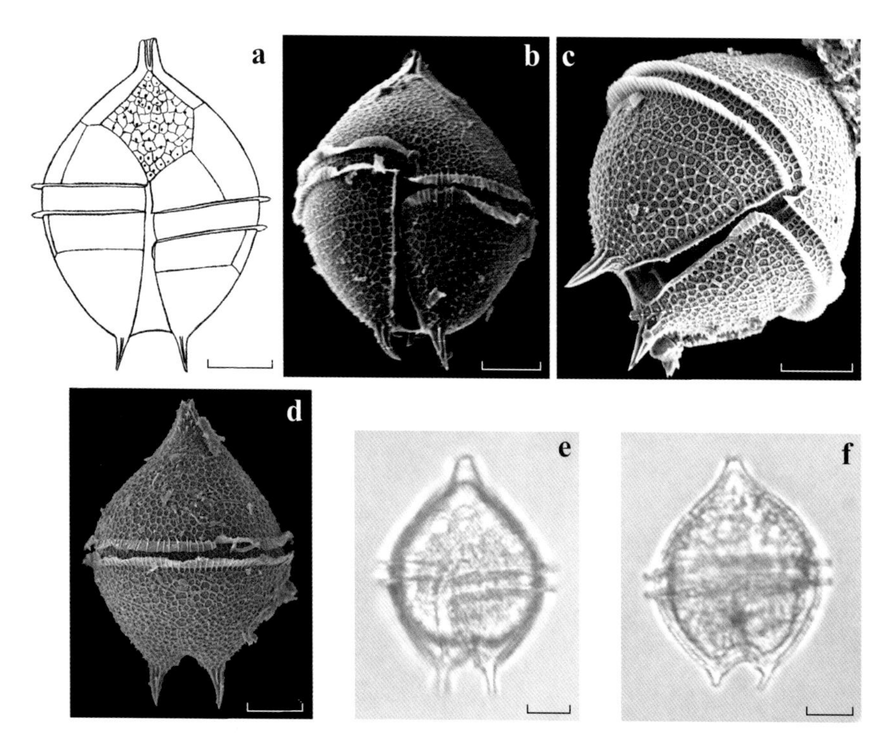

图 98　囊状原多甲藻 *Protoperidinium pouchetii* (Kofoid & Michener) Balech, 1988

a–c, e. 腹面观；d, f. 背面观；b–d. SEM

梨形原多甲藻短角变种 *Protoperidinium pyriforme* var. *breve* (Paulsen) Balech, 1988

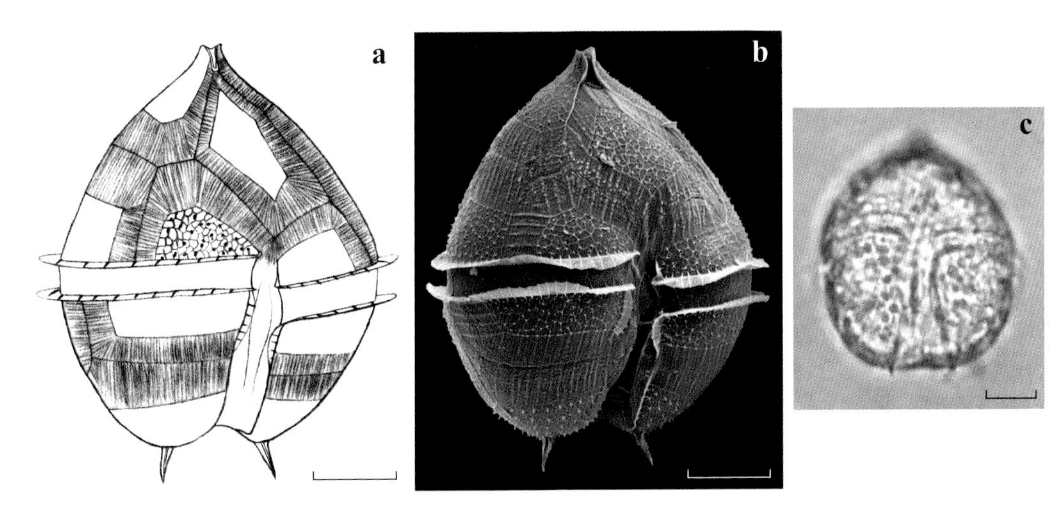

图 99 梨形原多甲藻短角变种 *Protoperidinium pyriforme* var. *breve* (Paulsen) Balech, 1988
a–c. 腹面观；b. SEM

Balech 1988, 94, lam. 31, fig. 20–21.

同种异名：*Peridinium breve* Paulsen, 1907: Paulsen 1907, 13; Paulsen 1908, 46, fig. 56; Lebour et al. 1925, 132, fig. 41c; Dangeard 1927c, 366, fig. 33a, b; Schiller 1937, 198, fig. 194a–j; Gaarder 1954, 38; Wood 1954, 241, fig. 121a–d; Wood 1968, 98, fig. 286; Subrahmanyan 1971, 37, t. 16, fig. 4–15.

藻体细胞小型，长(不包括底刺) 47～49 μm，宽 38～39 μm，背腹略扁，腹面观梨形。上壳两侧边较凸，顶角短，末端平截。第一顶板 1′ 五边形。第二前间插板 2a 五边形。横沟宽，右旋，下降 0.5～1 倍横沟宽度，稍稍凹陷，横沟边翅较窄，其上具肋刺支撑。纵沟宽且深陷，直达细胞底部，纵沟左、右边翅均狭窄。下壳底部平坦或稍向上凹陷。两底刺间距较大，短尖锥状，其上具非常窄的翼。壳面具发达的网纹结构，孔散布。

样品 2017 年 7 月采自南海北部海域，数量稀少，系中国首次记录。

冷水至暖水性种。太平洋、大西洋、地中海、澳大利亚附近海域、巴西北部海域、阿根廷东部海域有记录。

梨状原多甲藻 *Protoperidinium pyrum* (Balech) Balech, 1974

Balech 1974, 63; Balech 1988, 94, lam. 31, fig. 22, lam. 32, fig. 1–4.

同种异名：*Peridinium pyrum* Balech, 1959: Balech 1959b, 24, t. 2, fig. 38–42; Balech 1971a, 93, t. 16, fig. 269–276, t. 17, fig. 277–283; Taylor 1976, 158, fig. 337.

藻体细胞小型，长（不包括底刺）50～62 μm，宽 37～45 μm，腹面观梨形至近五边形。上壳两侧边稍凸，顶角较细，中等长度，末端平截。第一顶板 1′ 五边形。第二前间插板 2a 五边形。横沟宽阔，右旋，下降 0.5～1 倍横沟宽度，横沟边翅清晰。纵沟左边翅宽，右边翅前端狭窄，中后端变宽。下壳两底刺具翼，约略等长，但由于左底刺更靠近腹部而右底刺更靠近背侧，使得从不同角度观察两底刺时会产生长短不一的错觉。壳面网纹结构细弱，孔散布。

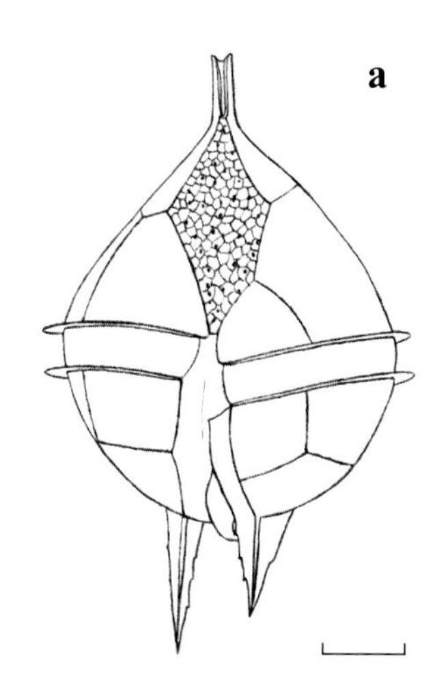

本种与宽刺原多甲藻 *P. latispinum* 极为相似，甚至连两底刺的伸展方向都一致，但本种相较于后者个体明显较小，可以看作是缩小版的宽刺原多甲藻。

样品 2008 年 6 月采自三亚附近海域、2010 年 8 月采自吕宋海峡、2016 年 5 月采自南海北部海域，数量少，系中国首次记录。

热带性种。南大西洋、孟加拉湾有记录。

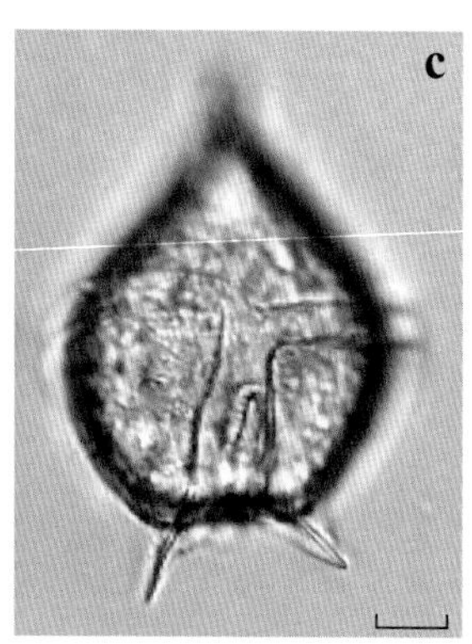

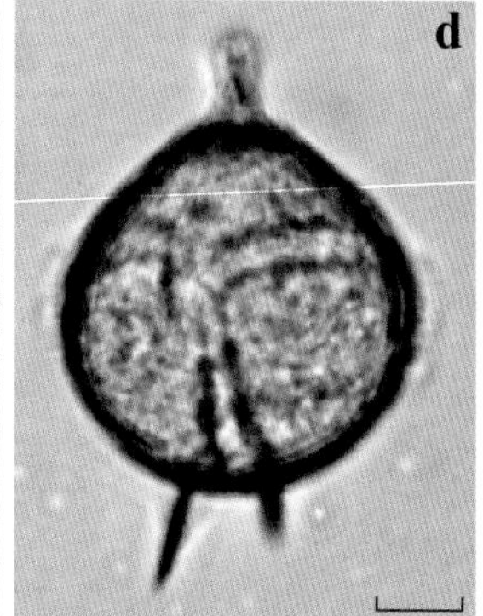

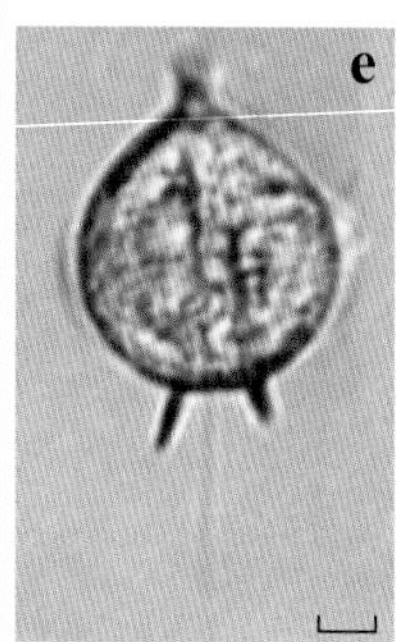

图 100 梨状原多甲藻 *Protoperidinium pyrum* (Balech) Balech, 1974
a–e. 腹面观；e. 活体；b. SEM

直状原多甲藻 *Protoperidinium rectum* (Kofoid) Balech, 1974

Balech 1974, 63; Balech 1988, 95, lam. 33, fig. 1–4; 杨世民和李瑞香 2014, 177.

同种异名：*Peridinium rectum* Kofoid, 1907: Kofoid 1907a, 311, t. 32, fig. 48–49; Abe′1981, 203, fig. 16/100–102.

藻体细胞中型，长（不包括底刺）54～62 μm，宽 45～49 μm，腹面观椭圆形。上壳较圆，顶角短圆棒状，末端平截。第一顶板 1′五边形。第二前间插板 2a 五边形。横沟右旋，下降 0.5～1 倍横沟宽度，横沟边翅甚窄，其上具肋刺。纵沟左边翅宽，右边翅窄。下壳底部稍凸，两底刺较长，具翼，近平行伸出。壳面网纹结构细弱或无网纹结构，孔细小。

样品 2011 年 9 月、2017 年 7 月采自南海北部海域，数量少。

热带大洋性种。日本下田附近海域、美国圣迭戈附近海域、阿根廷东部海域有记录。

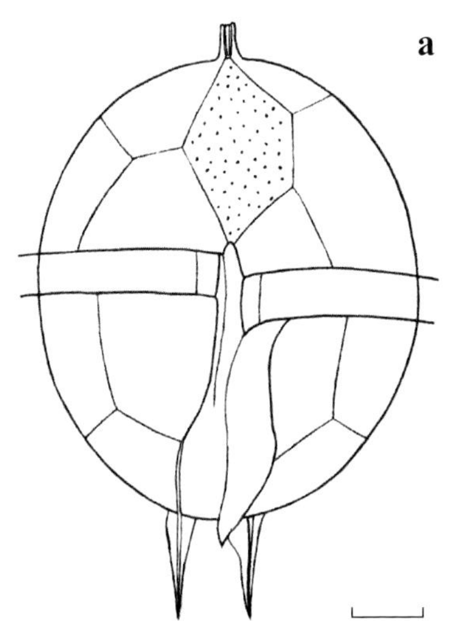

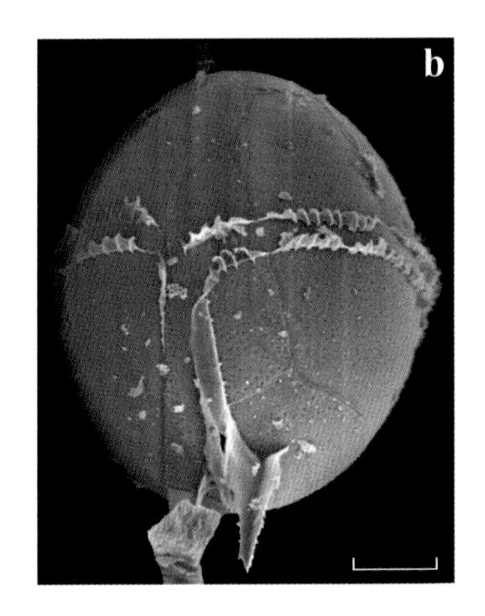

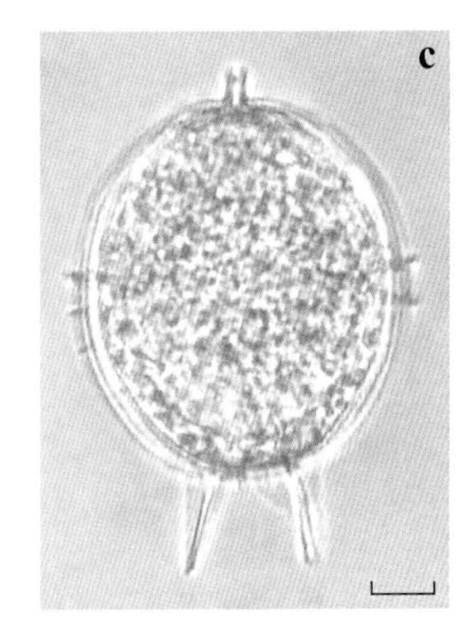

图 101 直状原多甲藻 *Protoperidinium rectum* (Kofoid) Balech, 1974

a–c. 腹面观；b. SEM

西奈原多甲藻 *Protoperidinium sinaicum* (Matzenauer) Balech, 1974

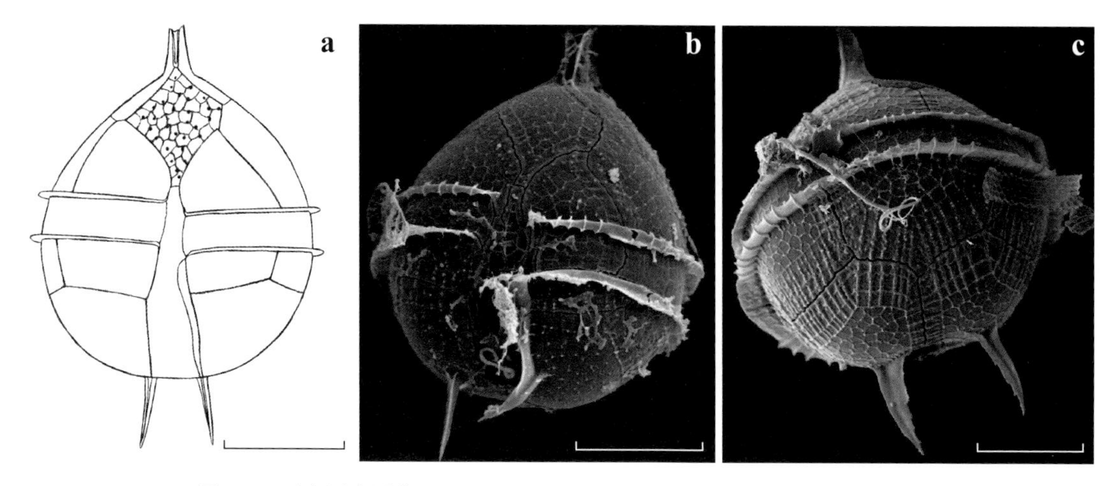

图 102　西奈原多甲藻 *Protoperidinium sinaicum* (Matzenauer) Balech, 1974
a, b. 腹面观；c. 背面观；b, c. SEM

Balech 1974, 69.

同种异名：*Peridinium sinaicum* Matzenauer, 1933: Matzenauer 1933, 459, fig. 37a–b; Schiller 1937, 272, fig. 279a–b; Subrahmanyan 1971, 45, t. 24, fig. 9–10.

藻体细胞小型，长（不包括底刺）29～32 μm，宽 24～29 μm，腹面观为较宽的梨形。上壳两侧边凸，顶角细圆柱状，中等长度，基部稍宽，末端平截。第一顶板 1′ 五边形。第二前间插板 2a 五边形。横沟右旋，下降 0.3～0.5 倍横沟宽度，不凹陷，横沟边翅具肋刺支撑。纵沟左边翅较窄，无右边翅。下壳圆钝，底部平坦或稍向上凹，两底刺尖锥状，近平行伸出，其上具窄翼。壳面网纹结构清晰，孔散布。

样品 2013 年 9 月采自辽宁南部海域，数量少，系中国首次记录。

暖温带至热带性种。印度洋、阿拉伯海、红海有记录。

斯氏原多甲藻 *Protoperidinium steinii* (Jörgensen) Balech, 1974

Balech 1974, 63; Dodge 1982, 199, fig. 23c; Dodge 1985, 65; Al-Kandari et al. 2009, 185, t. 33g-i, 34a-g; Omura et al. 2012, 116.

同种异名：*Peridinium steinii* Jörgensen, 1899: Jörgensen 1899, 38; Paulsen 1908, 47, fig. 58; Lebour et al. 1925, 125, t. 25, fig. 4a-d; Dangeard 1927c, 356, fig. 21f; Peters 1930, 74, fig. 41c-d; Schiller 1937, 196, fig. 192a-h; Silva 1949, 347, t. 5, fig. 22-23; Kisselev 1950, 184, fig. 304; Rampi 1950b, 233, t. 7, fig. 28; Gaarder 1954, 49; Wood 1954, 240, fig. 120a; Halim 1960, t. 3, fig. 8; Wood 1968, 109, fig. 329; Subrahmanyan 1971, 45, t. 23, fig. 1-13; Taylor 1976, 159, fig. 349a-b.

藻体细胞小至中型，长（不包括底刺）43～53 μm，宽 37～39 μm，腹面观梨形。上壳宽锥形，顶角较短，末端平截。第一顶板 1′ 五边形。第二前间插板 2a 五边形。横沟右旋，下降 0.5～1 倍横沟宽度，不凹陷，横沟边翅宽，薄而透明。纵沟左边翅宽，右边翅窄。下壳底部平坦或稍上凹，两底刺中等长度，近平行或稍向外分歧伸出，其上具宽大的翼。壳面网纹结构清晰，孔散布。

南海有分布。样品 2016 年 5 月采自南海北部海域。

温带至热带、浅海至大洋性种。太平洋、大西洋、印度洋、北海、波罗的海、加勒比海、阿拉伯海、红海、孟加拉湾、佛罗里达海峡、澳大利亚附近海域、英国附近海域、巴西北部海域、科威特附近海域均有记录。

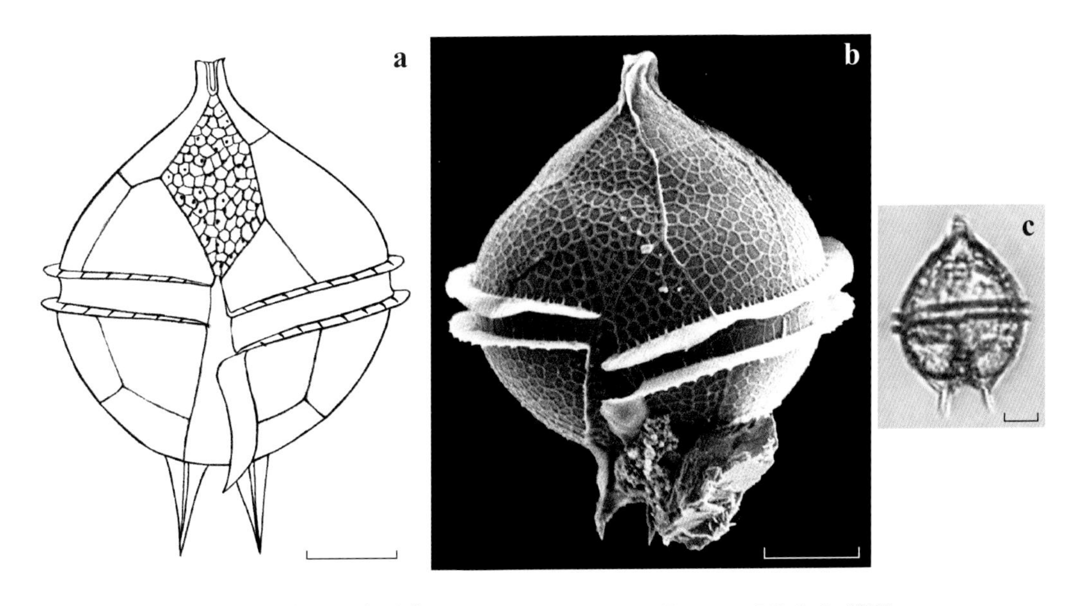

图 103　斯氏原多甲藻 *Protoperidinium steinii* (Jörgensen) Balech, 1974

a, b. 腹面观；c. 背面观；b. SEM

亚梨形原多甲藻 *Protoperidinium subpyriforme* (Dangeard) Balech, 1974

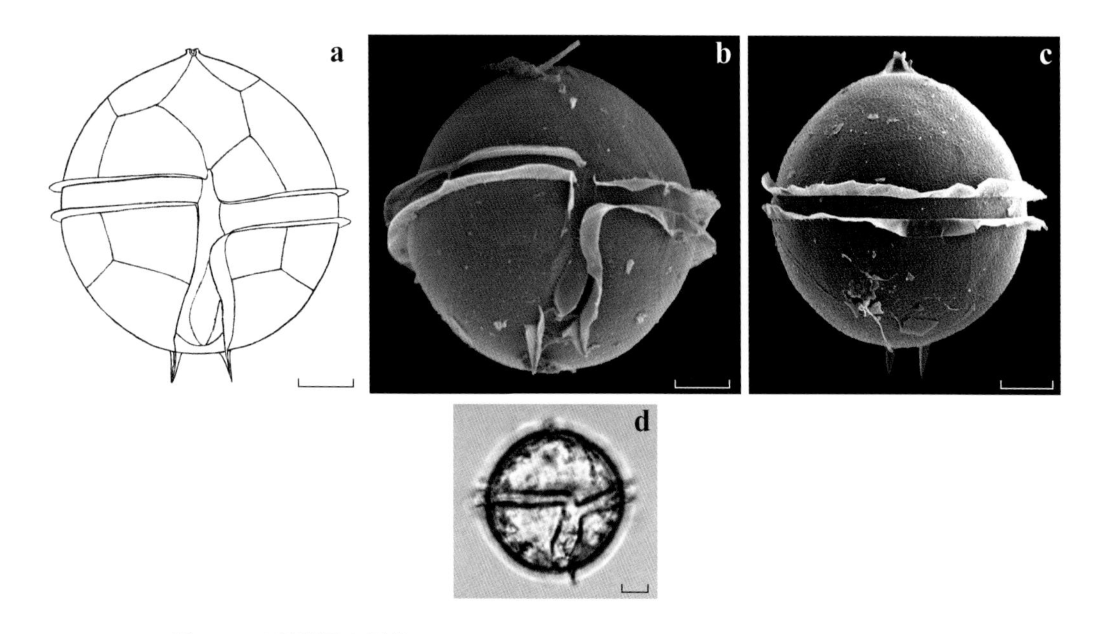

图 104 亚梨形原多甲藻 *Protoperidinium subpyriforme* (Dangeard) Balech, 1974
a, b, d. 腹面观；c, 背面观；b, c. SEM

Balech 1974, 63; Balech 1988, 98, lam. 35, fig. 19–21.

同种异名：*Peridinium subpyriforme* Dangeard, 1927: Dangeard 1927c, 358, fig. 21d; Abe′ 1936b, 40, fig. 30–37; Silva 1949, 349, t. 5, fig. 31–32; Kisselev 1950, 212, fig. 374; Subrahmanyan 1971, 37, t. 14, fig. 7, 11, t. 15, fig. 7; Taylor 1976, 159, fig. 305a–d.

藻体细胞中型，长（不包括底刺）57～60 μm，宽 52～54 μm，腹面观近圆形。上壳半球形，顶角短，末端平截。第一顶板 1′ 五边形。第二前间插板 2a 五边形。横沟右旋，下降 0.5～1 倍横沟宽度，不凹陷，横沟边翅较宽，其上肋刺非常细弱。纵沟较宽，纵沟左边翅宽大，右边翅狭窄，纵沟内还有发达的膜。下壳圆，两底刺尖锥状，具窄翼，近平行或稍向外分歧伸出。壳面具细弱的网纹结构。

样品 2010 年 8 月采自吕宋海峡、2016 年 5 月采自南海北部海域，数量稀少。

热带大洋性种。大西洋、印度洋、莫桑比克海峡、日本附近海域、阿根廷东部海域有记录。

管形原多甲藻 *Protoperidinium tuba* (Schiller) Balech, 1974

Balech 1974, 69.

同种异名：*Peridinium tuba* Schiller, 1937: Schiller 1937, 272, fig. 280a–c; Wood 1968, 110, fig. 334; Steidinger & Williams 1970, 58, t. 34, fig. 118; Taylor 1976, 160, fig. 344.

藻体细胞小型，长（不包括底刺）23～32 μm，宽 17～26 μm，腹面观卵圆形至椭圆形。上壳两侧边凸。顶角中等长度，基部较细，末端变宽呈喇叭口状。第一顶板 1′ 五边形。第二前间插板 2a 五边形。横沟宽阔，右旋，下降 0.3～0.5 倍横沟宽度，不凹陷，横沟边翅薄，具肋刺支撑。纵沟前端较窄，后端稍宽。下壳圆钝，两底刺尖锥状，稍向外分歧。壳面具细弱的网纹结构，孔散布。

本种与西奈原多甲藻 *P. sinaicum* 相似，但本种个体较后者更小些，且顶角上宽下窄如喇叭状，而后者顶角基部宽，末端窄。

关于本种第一顶板 1′ 和第二前间插板 2a 的形状，以前的学者并未记载，作者通过扫描电镜图观察，确定这两块甲板均为五边形。

样品 2017 年 7 月采自南海北部海域，数量稀少。

热带性种。亚得里亚海、佛罗里达海峡、莫桑比克海峡有记录。

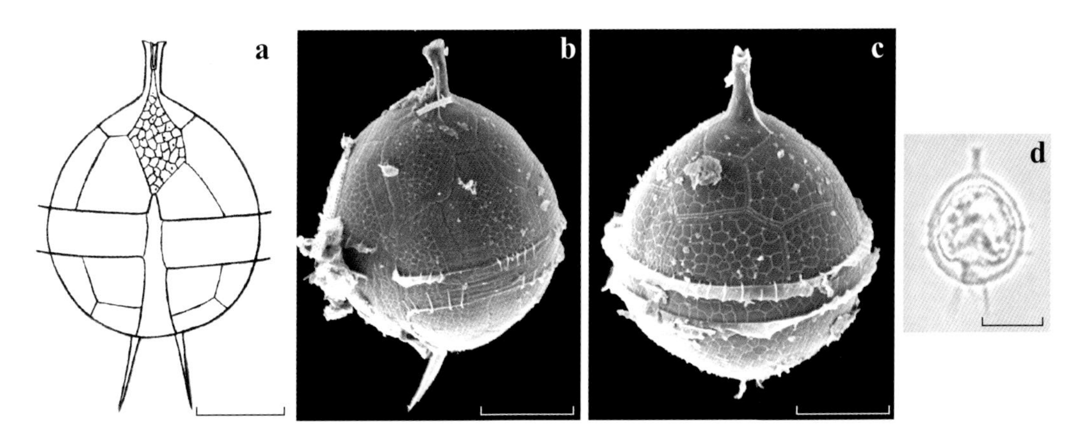

图 105　管形原多甲藻 *Protoperidinium tuba* (Schiller) Balech, 1974

a, b, d. 腹面观；c. 背面观；b, c. SEM

威斯纳原多甲藻 *Protoperidinium wiesneri* (Schiller) Balech, 1974

Balech 1974, 61; Balech 1988, 97, lam. 35, fig. 8–12.

同种异名：*Peridinium wiesneri* Schiller, 1911: Schiller 1911, 33, fig. 2; Schiller 1937, 228, fig. 224a–e; Gaarder 1954, 50; Wood 1954, 250, fig. 143; Wood 1968, 111, fig. 338.

藻体细胞小至中型，长(不包括底刺) 40～43 μm，宽 34～37 μm，腹面观宽梨形。上壳两侧边凸，顶部急剧收缩形成短而粗的顶角。第一顶板 1′ 五边形，第二前间插板 2a 四边形。横沟右旋，下降 0.8～1 倍横沟宽度，横沟边翅较宽。下壳底部平坦或稍向上凹，两底刺间距小。底部左侧形成短的左底角，其上生有尖锥形的左底刺，左底刺无翼或翼非常窄，往往向外侧弯曲；底部右侧右底角退化，右底刺亦为尖锥形，相比左底刺短小。壳面网纹结构细弱，孔散布。

样品 2012 年 4 月、2016 年 5 月采自南海北部海域，数量稀少。

热带大洋性种。大西洋、地中海、佛罗里达海峡、澳大利亚东部海域、阿根廷东部海域有记录。

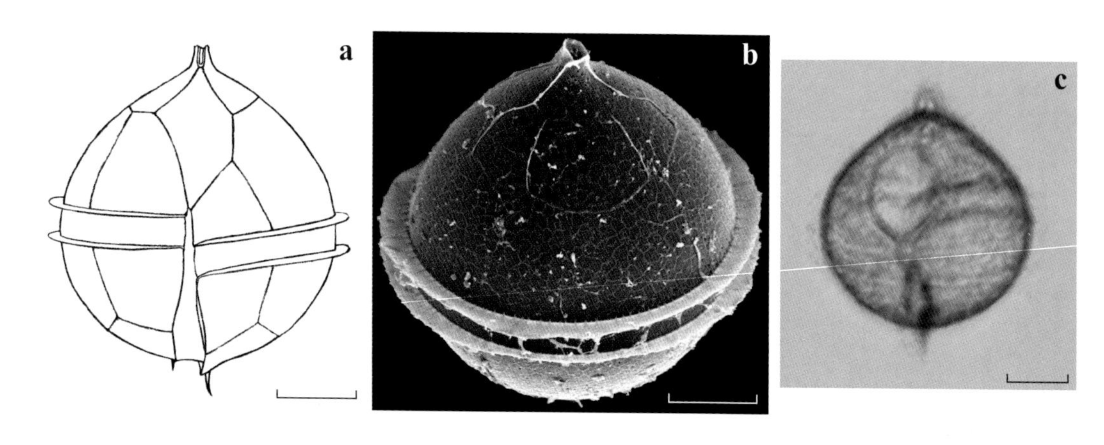

图 106 威斯纳原多甲藻 *Protoperidinium wiesneri* (Schiller) Balech, 1974
a, c. 腹面观；b. 背面观 (SEM)

Protoperidinium globulus 组：1′ Meta 型，多数物种较偏斜，2a Penta 型，无底角，横沟右旋。

达喀尔原多甲藻 *Protoperidinium dakariense* (Dangeard) Balech, 1974

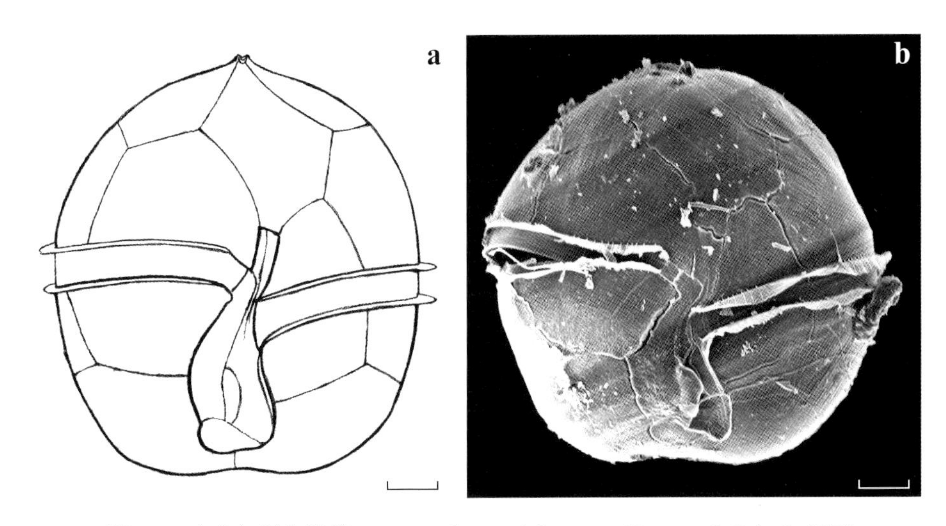

图 107 达喀尔原多甲藻 *Protoperidinium dakariense* (Dangeard) Balech, 1974

a, b. 腹面观；b. SEM

Balech 1974, 64.

同种异名：*Peridinium dakariensis* Dangeard, 1927: Dangeard 1927c, 369, fig. 37; Schiller 1937, 181, fig. 184a–b; Taylor 1976, 154, fig. 306a–b.

藻体细胞中至大型，长 81 μm，宽 79 μm，背腹略扁，腹面观近椭圆形。顶角甚短，第一顶板 1′五边形，第二前间插板 2a 六边形。横沟近中位，不凹陷，右旋，下降 1～2 倍横沟宽度，不交叠，横沟边翅窄，其上具肋刺。纵沟至下壳 4/5 处，纵沟左边翅狭窄，几无纵沟右边翅，纵沟后端生有一宽大的舌状膜。下壳底部中央向上凹陷，具有两个非常短小的底刺或底刺几乎不可见。壳面较平滑无网纹结构，孔散布。

样品 2017 年 7 月采自南海北部海域，数量稀少，系中国首次记录。

热带性种。北大西洋热带海域、印度洋有记录。

无香原多甲藻 *Protoperidinium exageratum* Balech, 1979

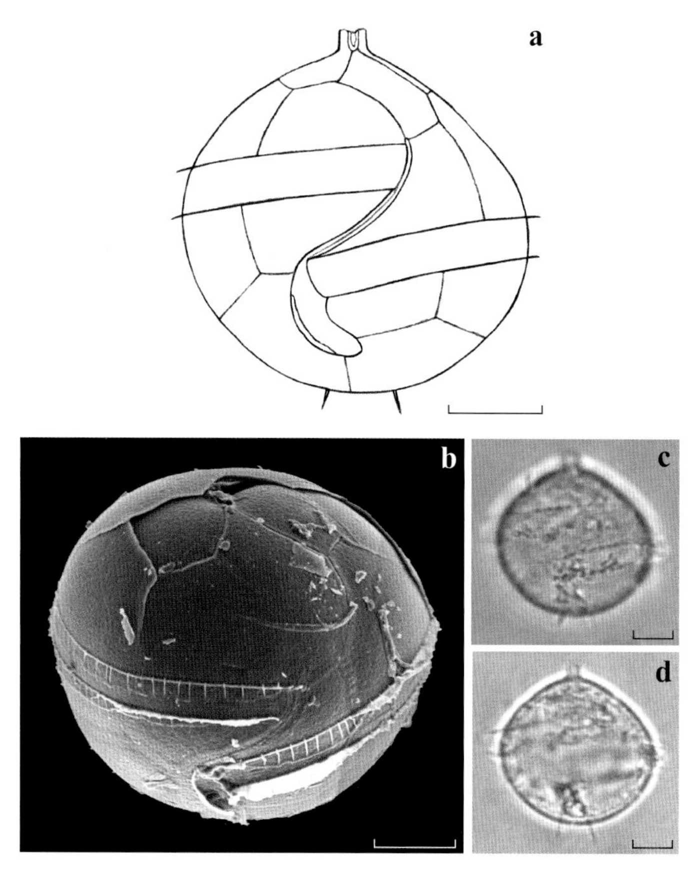

图 108　无香原多甲藻 *Protoperidinium exageratum* Balech, 1979
a–d. 腹面观；b. SEM

Balech 1979b, 42, t. 9, fig. 188–191; Balech 1988, 113, lam. 46, fig. 1–3.

同种异名：*Peridinium globulus* var. *quarnerense* f. *spirale* Gaarder, 1954: Gaarder 1954, 44, fig. 53.

藻体细胞小型，长（不包括底刺）38～45 μm，宽 39～47 μm，腹面观近球状。上壳宽锥形至半球形，顶角短，末端平截。第一顶板 1′ 为斜五边形。第二前间插板 2a 五边形。横沟宽阔，不凹陷，右旋，下降约 2.5 倍横沟宽度，交叠 4～6 倍横沟宽度，横沟边翅窄而透明，其上具肋刺支撑。纵沟明显弯曲，纵沟左、右边翅均窄。下壳半球形，两底刺短尖锥状，稍向外分歧伸出。壳面较平滑，孔散布。

样品 2017 年 7 月采自南海北部海域，数量稀少，系中国首次记录。

热带大洋深水性种。大西洋东北部（靠近非洲西北部）海域、阿根廷东部海域有记录。

球形原多甲藻 *Protoperidinium globulus* (Stein) Balech, 1974

Balech 1974, 64; Dodge 1982, 194, fig. 22a; 杨世民和李瑞香 2014, 168.

同种异名：*Peridinium globulus* Stein, 1883: Stein 1883, t. 9, fig. 5–7; Paulsen 1908, 42, fig. 51; Forti 1922, 94, fig. 89; Lindemann 1924, 224, fig. 37–40; Lebour et al. 1925, 129, fig. 40; Dangeard 1927b, 11, fig. 8; Dangeard 1927c, 361, fig. 27; Paulsen 1930, 59, fig. 31; Schiller 1937, 182, fig. 185a–r; Nie 1939, fig. 1; Abe′ 1940, 28, fig. 1; Gaarder 1954, 42; Wood 1954, 236, fig. 110a–b; Subrahmanyan 1971, 30, t. 12, fig. 1, 2, 5–7, 9, 11–13; Taylor 1976, 155, fig. 301a–d; Abe′ 1981, 192, fig. 13a/70, 71.

Peridinium globifera Abe′, 1981: Abe′ 1981, 195, fig. 13a/72–77.

藻体细胞中型，长 55～79 μm，宽 57～83 μm，腹面观球形至扁球形。顶角甚短，末端平截。第一顶板 1′ 为斜五边形。第二前间插板 2a 五边形。横沟右旋，下降 2～3 倍横沟宽度，交叠 1～4 倍横沟宽度，不凹陷，横沟边翅宽而薄。纵沟或大或小呈“S”型弯曲，纵沟右边翅宽，左边翅窄。下壳底部无底刺，但有的个体生有两个耳状薄翼。壳面平滑无网纹结构，孔细小。

关于本种的第二前间插板 2a，有学者记载为四边形或六边形（Lebour et al., 1925; Dodge, 1982），但作者观察到的样本 2a 为五边形，与 Taylor（1976）所示样本相符。

东海、南海均有分布。样品 2008 年 5 月采自三亚附近海域、2013 年 8 月采自冲绳海槽西侧海域、2017 年 5 月采自东海、2017 年 7 月采自南海北部海域。

暖水性种。太平洋、大西洋、印度洋、地中海、北海、红海、阿拉伯海、安达曼海、亚丁湾、孟加拉湾、日本附近海域、澳大利亚东部海域、英国附近海域均有记录。

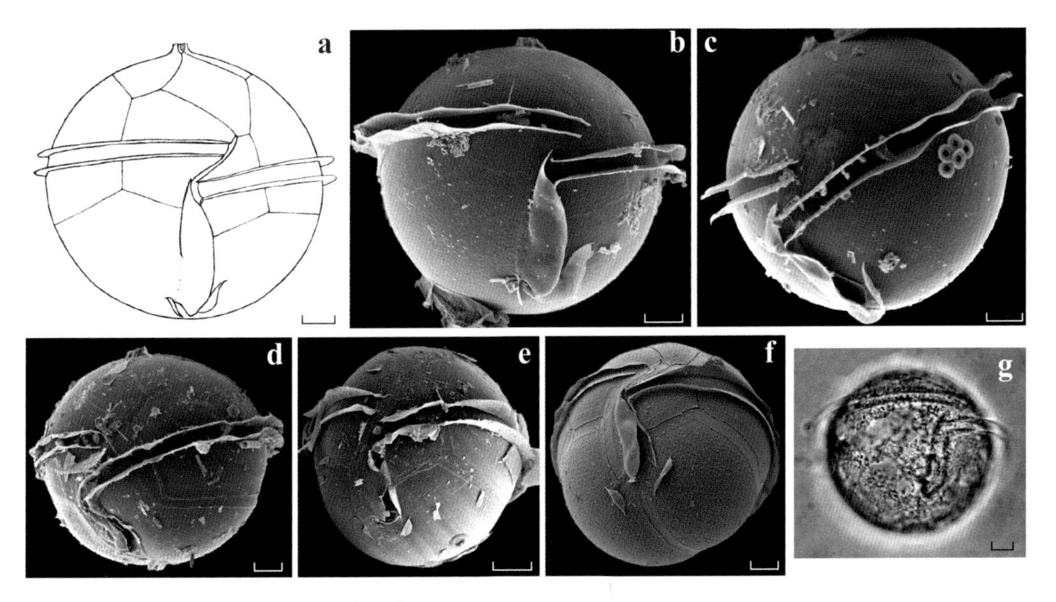

图 109　球形原多甲藻 *Protoperidinium globulus* (Stein) Balech, 1974

a–e, g. 腹面观；f. 底面观；b–f. SEM

具钩原多甲藻 *Protoperidinium hamatum* Balech, 1979

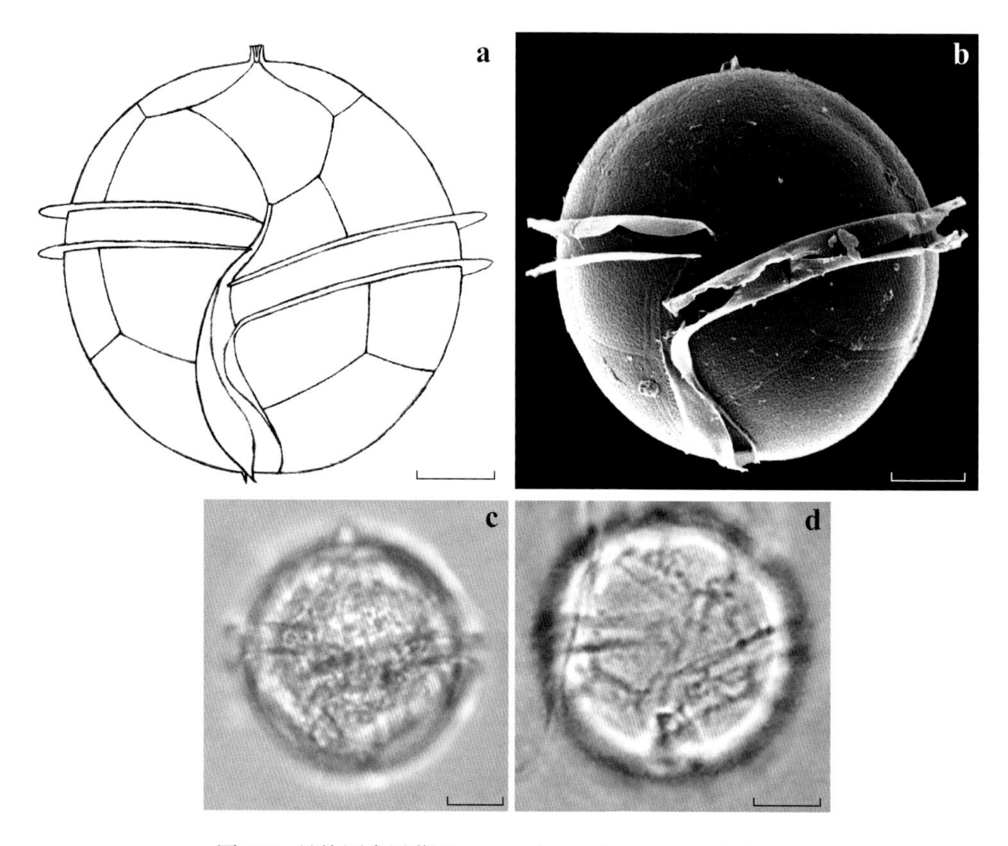

图 110　具钩原多甲藻 *Protoperidinium hamatum* Balech, 1979
a–d. 腹面观；b. SEM

Balech 1979b, 43, t. 8, fig. 174–178; Balech 1988, 113, lam. 45, fig. 9–13.

藻体细胞小型，长（不包括底刺）43 ~ 55 μm，宽 41 ~ 53 μm，腹面观宽椭圆形至近圆形。上壳半球形，顶角短，末端平截。第一顶板 1′ 五边形，甚为偏斜。第二前间插板 2a 六边形，但非常罕见的与 7 块甲板相连 Balech（1979）。横沟宽，不凹陷，右旋，下降 1.5 ~ 2 倍横沟宽度，交叠 1 ~ 1.5 倍横沟宽度，横沟边翅薄而透明。纵沟前窄后宽，呈“S”型弯曲。纵沟左边翅较窄，右边翅宽大。无左底刺，只有一个非常短的右底刺。壳面较平滑，孔散布。

样品 2017 年 7 月采自南海北部海域，数量稀少，系中国首次记录。

热带大洋性种。巴西附近海域、阿根廷东部海域有分布。

茹班原多甲藻 *Protoperidinium joubinii* (Dangeard) Balech, 1974

Balech 1974, 62; Balech 1988, 97, lam. 34, fig. 3–6.

同种异名：*Peridinium joubini* Dangeard, 1927: Dangeard 1927c, 360, fig. 26; Schiller 1937, 192, fig. 189a–c.

藻体细胞小型，长 34 μm，宽 32 μm，腹面观椭球形至近球形。顶角甚短，第一顶板 1′ 五边形。第二前间插板 2a 五边形。横沟宽阔，不凹陷，近环形或稍稍右旋，横沟边翅薄而透明，其上具肋刺。纵沟宽且短，至下壳 4/5 处，纵沟左边翅宽而薄，纵沟右边翅几乎不可见。下壳半球形，无底刺。壳面较平滑无网纹结构，孔散布。

Balech（1988）记载本种的纵沟可达下壳底部，并且有两个短小的底刺。而 Dangeard（1927）和 Schiller（1937）所示的样本与作者所采得的样本相同，纵沟较短且无底刺。

样品 2017 年 7 月采自南海北部海域，数量稀少，系中国首次记录。

世界罕见种。大西洋、阿根廷东部海域有记录。

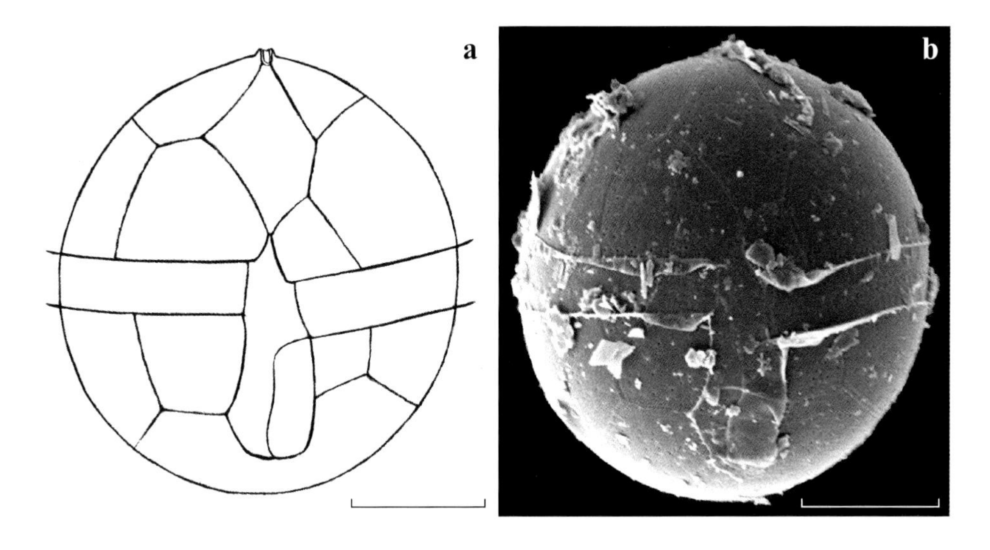

图 111　茹班原多甲藻 *Protoperidinium joubinii* (Dangeard) Balech, 1974

a, b. 腹面观；b. SEM

龙草原多甲藻 *Protoperidinium majus* (Dangeard) Balech, 1974

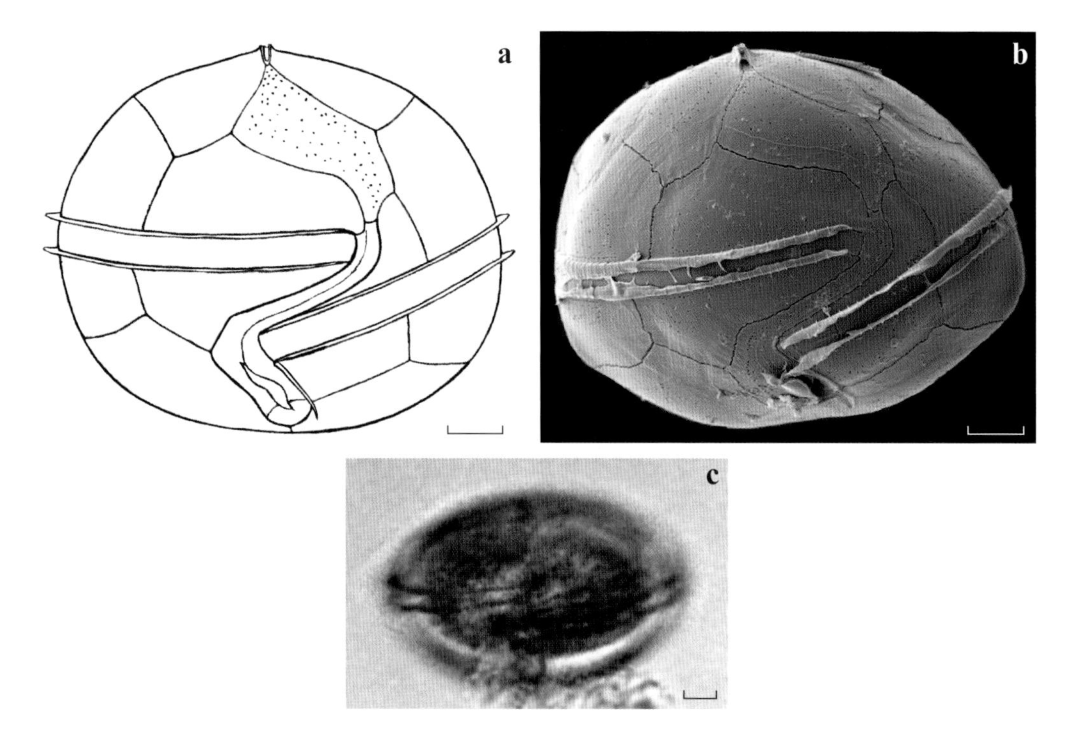

图 112 龙草原多甲藻 *Protoperidinium majus* (Dangeard) Balech, 1974
a–c. 腹面观；b. SEM

Balech 1974, 62; Li et al. 2016, 114, fig. Ⅱ/9–12.

同种异名：*Peridinium major* Dangeard, 1927: Abe′ 1940, 35, fig. 14–23; Abe′ 1981, 196, fig. 15/85–94; 李瑞香和毛兴华 1985, 49, fig. 15.

Peridinium ovatum var. *major* Dangeard, 1927: Dangeard 1927a, 5, fig. 4.

藻体细胞中至大型，长 61～66 μm，宽 84～95 μm，腹面观宽椭圆形。上壳两侧边凸，顶角短，末端平截。第一顶板 1′ 为斜五边形。第二前间插板 2a 为宽大的五边形。横沟不凹陷，右旋，下降 2～3.5 倍横沟宽度，交叠 3～4 倍横沟宽度，横沟边翅薄而透明，其上具肋刺支撑。纵沟呈非常明显的“S”型弯曲，纵沟左边翅窄，无纵沟右边翅，舌状膜位于纵沟后端。下壳底部凸，无底刺。壳面平滑无网纹结构，孔散布。

东海、南海有分布。样品 2013 年 8 月采自冲绳海槽西侧海域，数量少。

热带性种。大西洋热带海域、印度洋热带海域、对马暖流流经海域有记录。

华丽原多甲藻 *Protoperidinium paradoxum* (Taylor) Balech, 1994

Balech 1994, 75.

同种异名：*Peridinium paradoxum* Taylor, 1976: Taylor 1976, 157, fig. 307a–b.

藻体细胞大型，长 115 μm，宽 96 μm，近似椭球状。顶角短，第一顶板 1′ 斜五边形，第二前间插板 2a 六边形。横沟近中位，较宽，不凹陷，右旋，下降 2～3 倍横沟宽度，交叠 3～4 倍横沟宽度，横沟边翅窄。纵沟甚短，仅至下壳中部，纵沟左边翅狭，无纵沟右边翅，但在纵沟后端有一宽大的舌状膜。下壳底部中央向上凹陷，使得下壳底部形成两个耳垂状突起，无底刺。壳面平滑无网纹结构。

本种与达喀尔原多甲藻 *P. dakariense* 相似，但本种横沟明显交叠，使得纵沟更加扭转，而后者横沟不交叠，纵沟也更加平直。

样品 2016 年 5 月采自南海北部海域，数量稀少，系中国首次记录。

世界稀有种。仅安达曼海有记录。

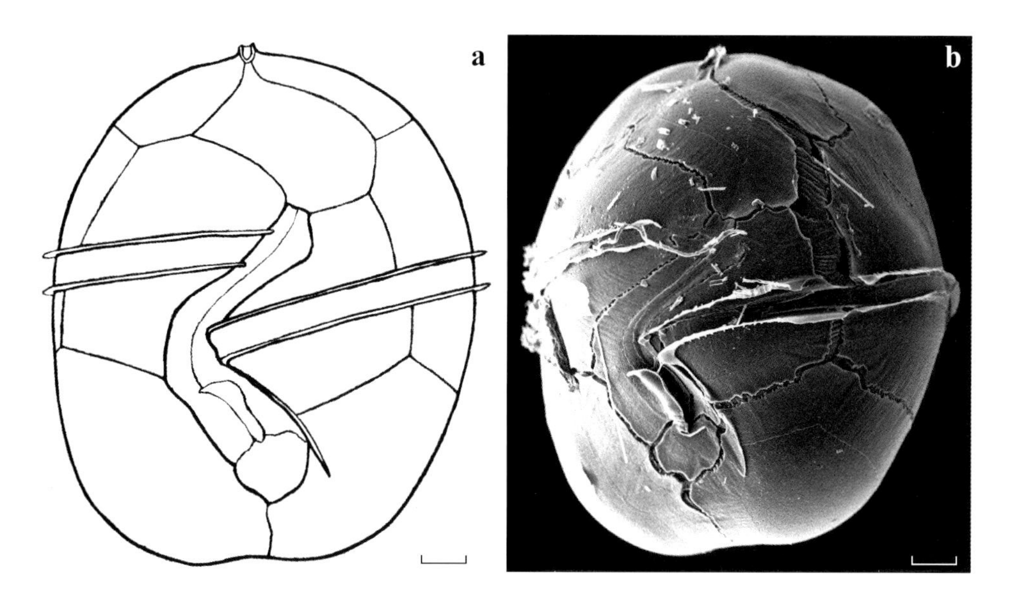

图 113　华丽原多甲藻 *Protoperidinium paradoxum* (Taylor) Balech, 1994

a, b. 腹面观；b. SEM

因知原多甲藻 *Protoperidinium quarnerense* (Schröder) Balech, 1974

Balech 1974, 61; Balech 1988, 112, lam. 45, fig. 6–8; Tomas 1997, 545; Okolodkov 2008, 128, t. 9, fig. 6–10.

同种异名：*Peridinium globulus* var. *quarnerense* Schröder, 1900: Schröder 1900, 18, t. 1, fig. 8; Schiller 1937, 184, fig. 186a–z; Gaarder 1954, 43, fig. 52; Steidinger & Williams 1970, 56, t. 31, fig. 103;

Peridinium quarnerense (Schröder) Broch, 1910: Broch 1910b, 183, fig. 311; Wood 1954, 236, fig. 111a–b; Wood 1968, 108, fig. 325; Subrahmanyan 1971, 36, t. 13, fig. 10–11, t. 14, fig. 1–3, 5, 8–9, 12, t. 15, fig. 1–2, 5–6, 8, 10–12; Abe′1981, 196, fig. 14/78–84.

藻体细胞中型，长（不包括底刺）33～67 μm，宽 35～66 μm，腹面观球形至扁球形。顶角短，按钮状。第一顶板 1′ 为斜五边形。第二前间插板 2a 五边形。横沟不凹陷，右旋，下降 2～3 倍横沟宽度，交叠 1～3 倍横沟宽度，横沟边翅薄，具肋刺支撑。纵沟呈“S”型弯曲，纵沟右边翅宽，左边翅窄。下壳底部生有两个尖锥形底刺，底刺中等长度，具窄翼，稍向外分歧伸出。壳面平滑，孔清晰。

本种与球形原多甲藻 *P. globulus* 相似，但本种底部具尖锥形底刺，而后者无底刺或有两个耳状翼。

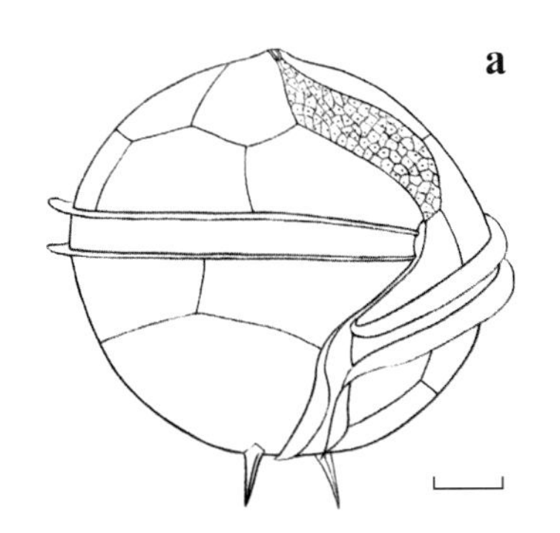

东海、南海有分布。样品 2016 年 5 月采自南海北部海域、2017 年 5 月采自东海、2017 年 8 月采自南海中部海域。

温带至热带性种。大西洋、印度洋、地中海、红海、阿拉伯海、墨西哥湾、亚丁湾、孟加拉湾、佛罗里达海峡、日本附近海域、澳大利亚东部海域、马来西亚附近海域、阿根廷东部海域有记录。

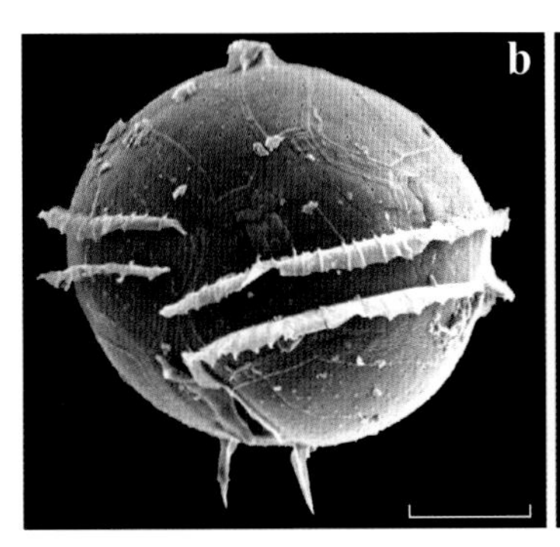

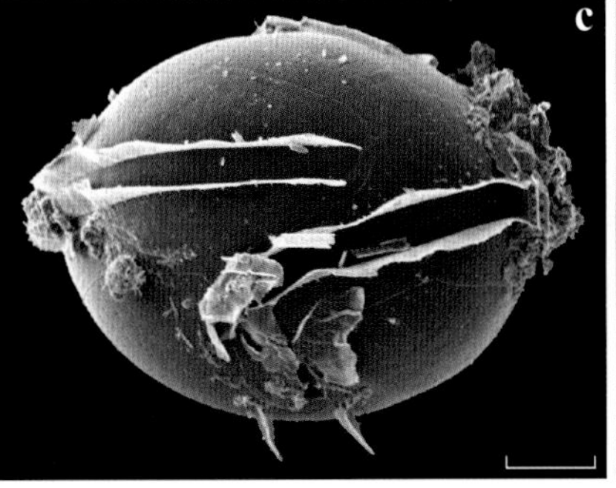

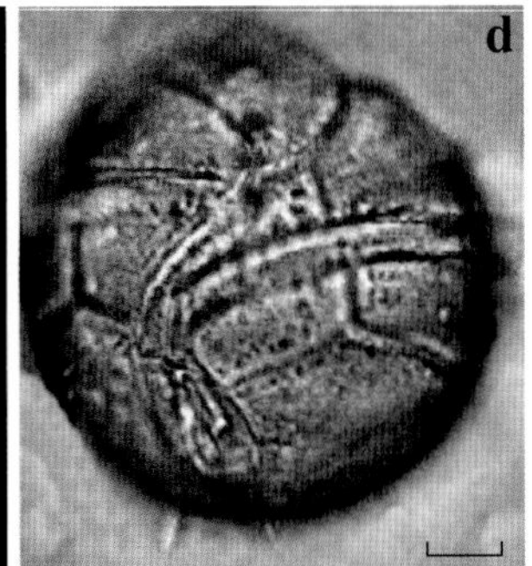

图 114 因知原多甲藻 *Protoperidinium quarnerense* (Schröder) Balech, 1974
a–d. 腹面观；b, c. SEM

同时原多甲藻 *Protoperidinium simulum* (Paulsen) Balech, 1974

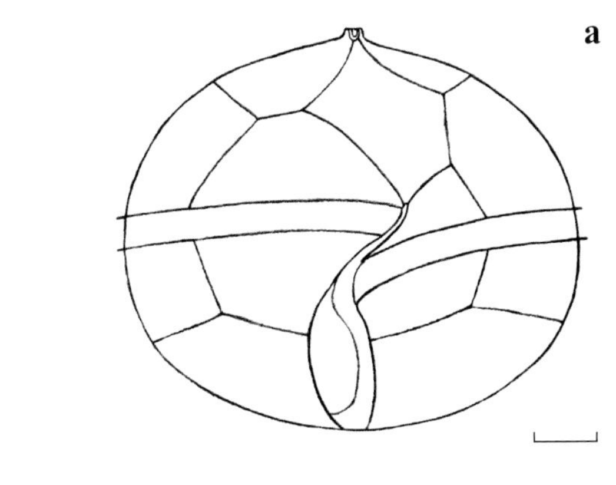

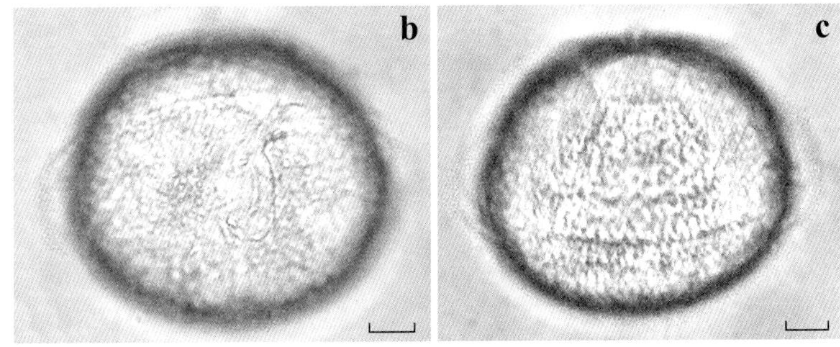

图 115 同时原多甲藻 *Protoperidinium simulum* (Paulsen) Balech, 1974
a, b. 腹面观；c. 背面观

Balech 1974, 61; Balech 1988, 112, lam. 45, fig. 2–5; Okolodkov 2008, 130, t. 11, fig. 1–4.

同种异名：*Peridinium simulum* Paulsen, 1931: Paulsen 1931, 58, fig. 30a–b; Balech 1959b, 21, t. 1, fig. 11–19; Halim 1960, t. 2, fig. 28; Subrahmanyan 1971, 35, t. 12, fig. 3, t. 18, fig. 5–6, 8–9, 11–12, 15–16; Taylor 1976, 158, fig. 304.

藻体细胞中型，长 65 μm，宽 72 μm，腹面观透镜形至宽椭圆形。上壳圆钝，顶角短，末端平截。第一顶板 1′ 为斜五边形。第二前间插板 2a 为宽大的四边形。横沟宽，不凹陷，右旋，下降 1.5～2 倍横沟宽度，交叠 1～2 倍横沟宽度，横沟边翅窄而薄。纵沟呈"S"型弯曲，纵沟左边翅窄，无纵沟右边翅，在纵沟后端具舌状膜。下壳底部平坦或外凸，无底刺。壳面网纹结构清晰，孔散布。

本种与龙草原多甲藻 *P. majus* 极为相似，但本种个体较后者更小些，横沟下降和交叠的程度也逊于龙草原多甲藻。另外，本种的第二前间插板 2a 为四边形，而后者为五边形。

样品 2017 年 7 月采自南海北部海域，数量少，系中国首次记录。

热带、亚热带性种。大西洋、印度洋、地中海、墨西哥湾、莫桑比克海峡、阿根廷东部海域有记录。

螺旋原多甲藻 *Protoperidinium spirale* (Gaarder) Balech, 1974

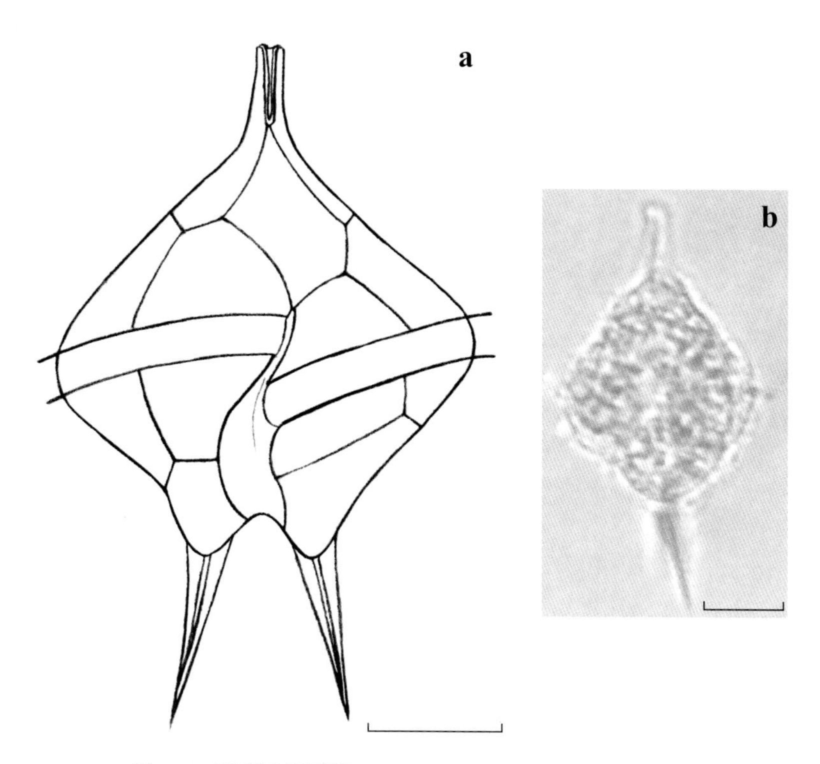

图 116 螺旋原多甲藻 *Protoperidinium spirale* (Gaarder) Balech, 1974
a. 腹面观；b. 左侧面观

Balech 1974, 64; Balech 1988, 111, lam. 44, fig. 6–9.

同种异名：*Peridinium grani* f. *spirale* Gaarder, 1954: Gaarder 1954, 44, fig. 54a–b.

藻体细胞小至中型，长 38 μm，宽 31 μm，腹面观为不规则的五边形。上壳两侧边凹，向上收缩形成顶角，具有明显的“肩”，顶角中等长度，末端平截。第一顶板 1′ 斜五边形。第二前间插板 2a 六边形。横沟右旋，下降 2～2.5 倍横沟宽度，交叠 1.5～2 倍横沟宽度，横沟边翅宽，具肋刺支撑。纵沟呈“S”型弯曲，前端甚窄，后端显著加宽至下壳底部。下壳两侧边下端向内弧形凹陷，下壳底部亦上凹，从而形成两个短的、末端圆钝的底角。两底角上各生有 1 个具翼长刺。壳面较平滑。

样品 2017 年 7 月采自南海北部海域，数量稀少，系中国首次记录。

浅海至大洋、冷水至暖水性种。非洲西北沿岸海域、阿根廷东南部海域有记录。

Protoperidinium bipes 组：藻体细胞小，1′ Meta 型，较偏斜，仅有 6 块前沟板，且第六前沟板 6″ 异常宽大。

二角原多甲藻 *Protoperidinium bipes* (Paulsen) Balech, 1974

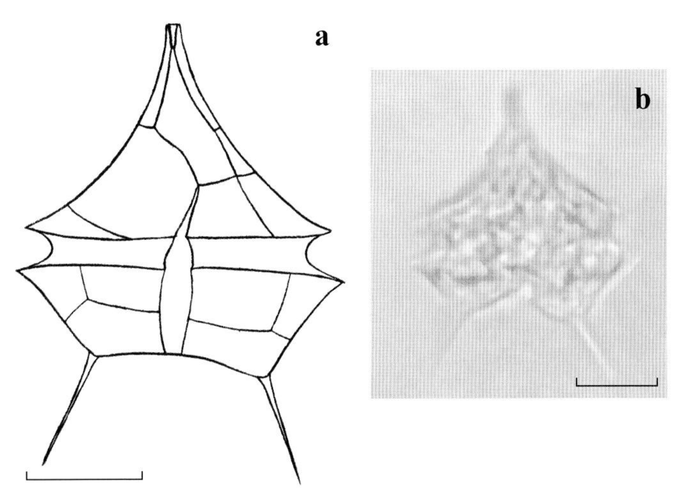

图 117　二角原多甲藻 *Protoperidinium bipes* (Paulsen) Balech, 1974

a, b. 腹面观

Balech 1974, 53; Dodge 1982, 177, fig. 19i; Dodge 1985, 41; Balech 1988, 82, lam. 23, fig. 5–6; Al–Kandari et al. 2009, 178, t. 23b; Omura et al. 2012, 112; Li et al. 2016, 110, fig. Ⅲ/1.

同种异名：*Peridinium minisculum* Pavillard, 1905: Pavillard 1905, 57, t. 3, fig. 7–9; Schiller 1937, 194, fig. 190Ba–e; Kisselev 1950, 183, fig. 302; Taylor 1976, 167, fig. 358;

Glenodinium bipes Paulsen, 1904: Paulsen 1904, 21, fig. 3–4.

Minuscula bipes Lebour, 1925: Lebour 1925, 138, t. 29, fig. 3a–b.

藻体细胞小型，长（不包括底刺）28 μm，宽 25 μm，背腹扁平，腹面观近五角状。上壳锥形，两侧边直或稍凹，向上收缩形成顶角，顶角末端平截。第一顶板 1′ 为斜长的五边形。第二前间插板 2a 为细长的五边形。横沟宽阔，近平直或稍稍右旋，横沟边翅窄。纵沟后端加宽至细胞底部，无纵沟边翅。下壳两侧边直，底部上凹，两底刺尖锥状，向外分歧约呈 60°～70° 角伸出。壳面平滑无网纹结构。

本种前沟板（″ ）共有 6 块，而不是通常的 7 块。

中国近岸海域有分布。样品采自山东东营附近海域。

近岸广温性种。太平洋、大西洋、印度洋、北欧沿海、地中海、阿根廷东部海域、科威特附近海域有分布。

Protoperidinium ovum 组：1′ Para 型，2a Hexa 型，少数为 Quadra 或 Penta 型，无底角，但具底刺，横沟右旋。

刺柄原多甲藻 *Protoperidinium acanthophorum* (Balech) Balech, 1974

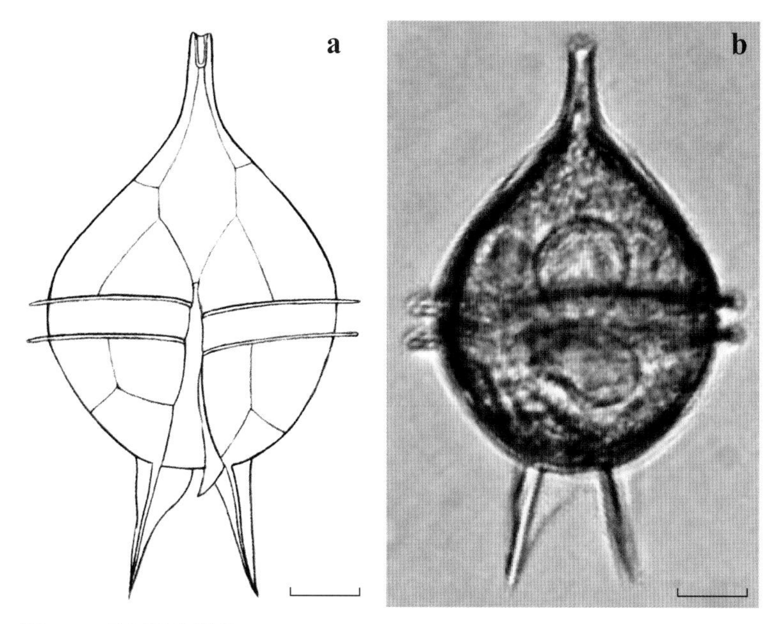

图 118　刺柄原多甲藻 *Protoperidinium acanthophorum* (Balech) Balech, 1974
a. 腹面观；b. 背面观（活体）

Balech 1974, 66; Balech 1988, 121, lam. 51, fig. 1–4.

同种异名：*Peridinium acanthophorum* Balech, 1962: Balech 1962, 34, t. 3, fig. 78–83.

藻体细胞中型，长（不包括底刺）61 μm，宽 42 μm，腹面观梨形。上壳两侧边向上平滑收缩形成顶角，“颈”部明显，顶角中等长度，末端平截。第一顶板 1′ 六边形。第二前间插板 2a 六边形。横沟右旋，下降 0.5～1 倍横沟宽度，横沟边翅清晰。纵沟前端较窄，后端稍宽，纵沟左边翅发达，右边翅狭窄。下壳圆钝，底部平坦或稍凸，两底刺较长且粗壮，其上具发达的三棱状翼，向外分歧伸出。壳面较平滑，孔散布。

本种与细高原多甲藻 *P. tenuissimum* 相似，但后者的顶角和底刺更长，细胞个体也较本种更小些。

样品 2011 年 9 月采自南海北部海域，数量稀少，系中国首次记录。

冷水至暖水大洋性种。阿根廷东部至南极海域有分布。

卡普瑞原多甲藻 *Protoperidinium capurroi* (Balech) Balech, 1974

Balech 1974, 66; Balech 1988, 118, lam. 49, fig. 15–22.

同种异名：*Peridinium capurroi* Balech, 1959: Balech 1959b, 31, t. 3, fig. 117–124; Balech 1971a, 153, fig. 626–639.

藻体细胞小型，长（不包括底刺）38～47 μm，宽 37～45 μm，腹面观扁梨形至近五边形。上壳两侧边凸，顶角短，末端平截。第一顶板 1′ 六边形，较为宽大。第二前间插板 2a 六边形。横沟宽阔，右旋，下降 0.5 倍横沟宽度，横沟边翅清晰，其上有肋刺支撑。纵沟前端稍窄，后端渐宽，纵沟左边翅发达，右边翅狭窄。下壳圆钝，底部较平坦，两底刺尖锥形，具翼。壳面具细弱的网纹结构，其上还零星散布小棘。

本种与尖锐原多甲藻 *P. acutum* 和小型原多甲藻 *P. parvum* 形态相似，但本种第一顶板 1′ 为六边形，而后两者 1′ 为五边形。

2016 年 6 月采自南海北部海域，数量不多，系中国首次记录。

温带大洋性种。南大西洋有分布。

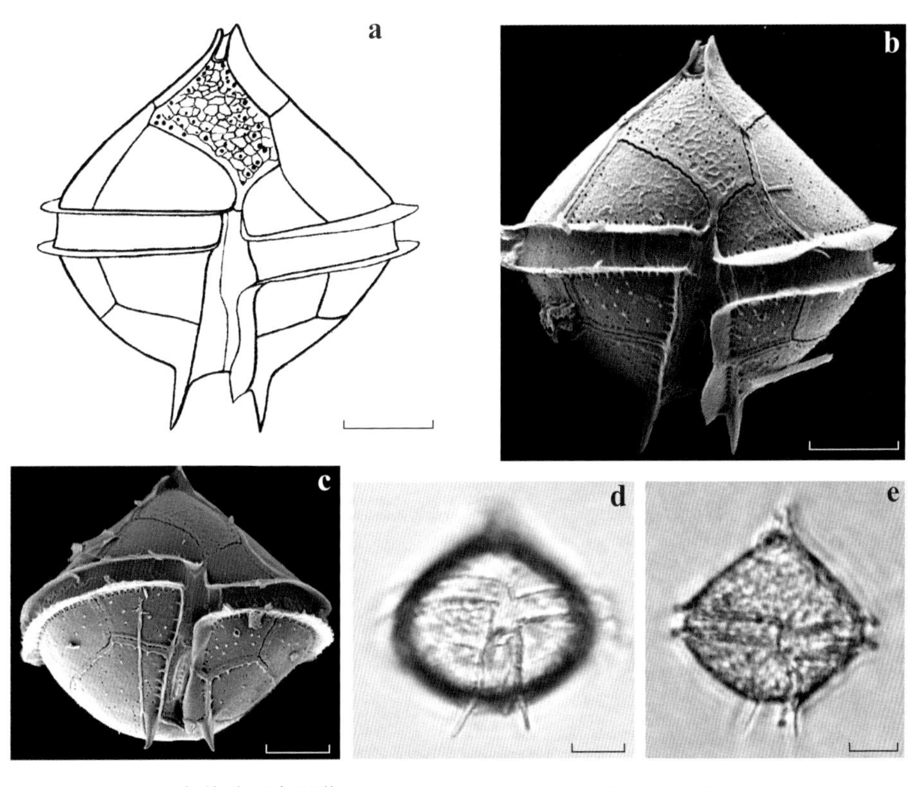

图 119　卡普瑞原多甲藻 *Protoperidinium capurroi* (Balech) Balech, 1974

a–e. 腹面观；d, e. 活体；b, c. SEM

基刺原多甲藻 *Protoperidinium diabolum* (Cleve) Balech, 1974

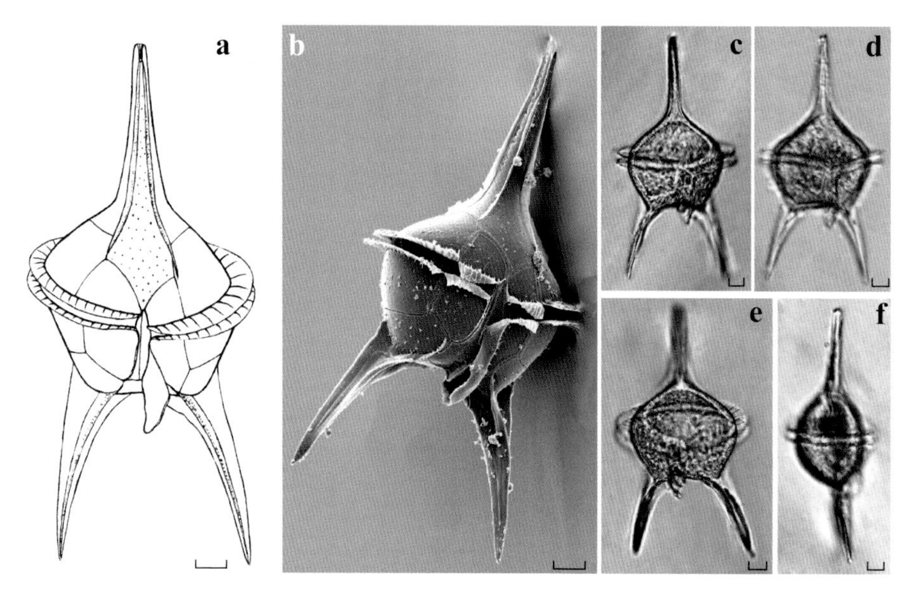

图 120　基刺原多甲藻 *Protoperidinium diabolum* (Cleve) Balech, 1974
a–d. 腹面观；e. 背面观；f. 右侧面观；b. SEM

Balech 1974, 66; Dodge 1982, 200, fig. 23d–e; Silvia & Giorgio 1988, 362, fig. 20; Omura et al. 2012, 115; 杨世民和李瑞香 2014, 182; Li et al. 2016, 115, fig. Ⅲ/25.

同种异名：*Peridinium diabolus* Cleve, 1900: Cleve 1900, 16, t. 7, fig. 19–20; Pavillard 1916, 38, fig. 10; Lebour et al. 1925, 135, t. 29, fig. 2a–c; Dangeard 1927c, 368, fig. 35a; Matzenauer 1933, 478, fig. 67; Schiller 1937, 204, fig. 198a–h; Kisselev 1950, 187, fig. 319; Rampi 1950b, 233, fig. 12; Wood 1954, 243, fig. 125; Halim 1967, 739, t. 8, fig. 116–117; Wood 1968, 100, fig. 296; Subrahmanyan 1971, 50, t. 29, fig. 3–10; Taylor 1976, 163, fig. 354, 525.

Protoperidinium longipes Balech, 1974: Balech 1974, 67; Balech 1988, 121, lam. 51, fig. 5–8.

藻体细胞中型，长（不包括底刺）109～117 μm，宽 61～65 μm，腹面观近五边形。上壳扁圆锥形，顶部收缩形成细长柱状的顶角，顶角甚长，可达藻体的长度。第一顶板 1′ 六边形。第二前间插板 2a 六边形。横沟右旋，下降 0.3～0.5 倍横沟宽度，横沟边翅宽，具明显的肋刺支撑。纵沟左边翅宽，右边翅窄。下壳倒梯形，底部稍向上凹陷，两底刺异常发达，长度亦近乎与藻体长度相当，约呈 40°～50° 夹角向外分歧伸展，其上具发达的翼。壳面较平滑。

东海、南海有分布。样品 2008 年 6 月采自三亚附近海域、2009 年 7 月和 2016 年 5 月采自南海北部海域，数量不多。

热带性种。太平洋、大西洋、印度洋、地中海、加勒比海、阿拉伯海、安达曼海、孟加拉湾、莫桑比克海峡、澳大利亚东部海域、英国、比利时附近海域、巴西北部海域有记录。

椭圆形原多甲藻 *Protoperidinium ellipsoideum* Dangeard, 1927

Dangeard 1927a, fig. 6a–d.

藻体细胞小型，长（不包括底刺）35～38 μm，宽 30～32 μm，腹面观椭圆形。上壳较圆，顶角短。第一顶板 1′ 六边形。第二前间插板 2a 为宽大的六边形。横沟右旋，下降 0.3 倍横沟宽度，不凹陷，横沟边翅甚薄且透明，具肋刺支撑。纵沟左边翅宽而薄，右边翅几乎不可见。下壳圆，两底刺短小，每个底刺上具三个窄小的翼，近平行或稍向外分歧伸出。壳面平滑，孔散布。

样品 2017 年 7 月采自南海北部海域，数量稀少，系中国首次记录。

暖温带至热带性种。世界罕见。

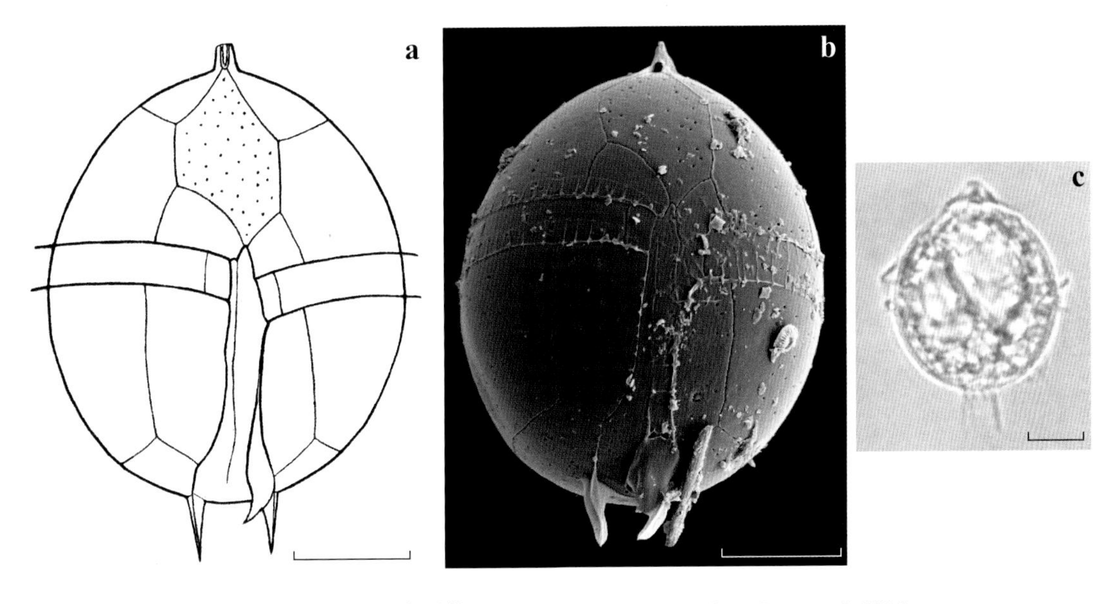

图 121 椭圆形原多甲藻 *Protoperidinium ellipsoideum* Dangeard, 1927

a, b. 腹面观；c. 背面观；b. SEM

异轮原多甲藻 *Protoperidinium heteracanthum* (Dangeard) Balech 1974

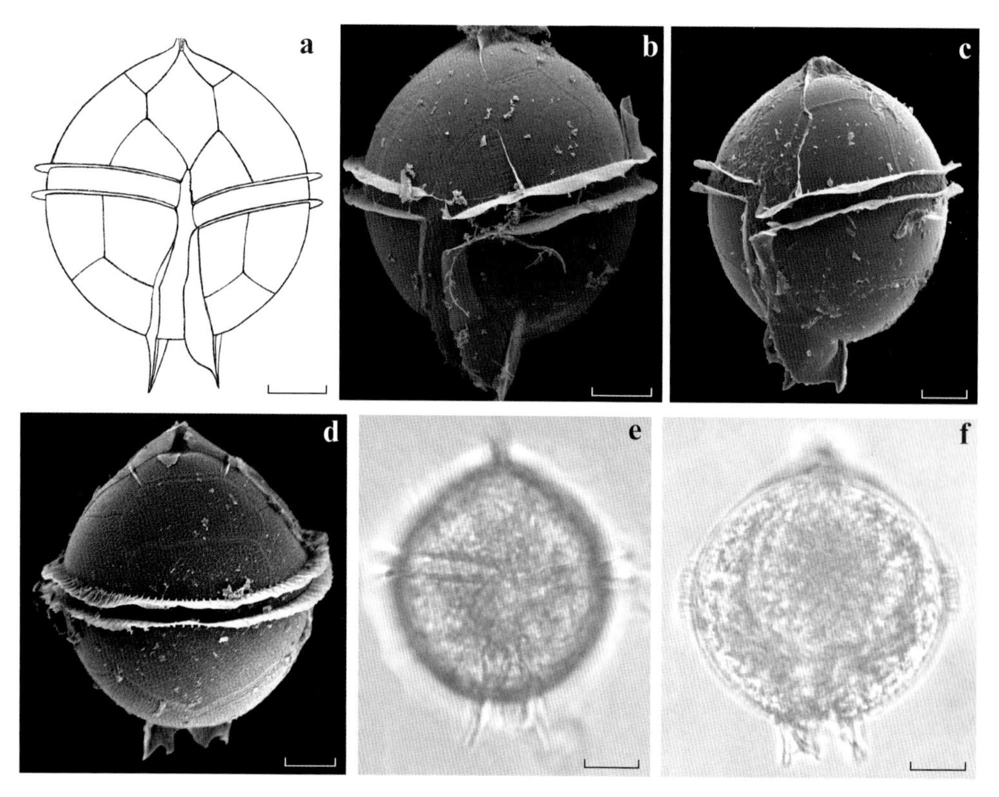

图 122 异轮原多甲藻 *Protoperidinium heteracanthum* (Dangeard) Balech 1974
a–c, e. 腹面观；d, f. 背面观；b–d. SEM

Balech 1974, 67; Omura et al. 2012, 117; 杨世民和李瑞香 2014, 179.

同种异名：*Peridinium heteracanthum* Dangeard, 1927: Dangeard 1927a, 6, fig. 4a–d; Dangeard 1927c, 371, fig. 38; Matzenauer 1933, 480, fig. 72; Schiller 1937, 206, fig. 199a–b; Silva 1960, 40, t. 23, fig. 7–9; Subrahmanyan 1971, 60, t. 19, fig. 8–10, t. 29, fig. 11, t. 36, fig. 5–6; Taylor 1976, 164, fig. 352, 353a–b, 357.

藻体细胞中型，长（不包括底刺）45 ~ 58 μm，宽 48 ~ 63 μm，腹面观球形至椭球形。上壳半球状，顶角短，顶角侧方常具翼。第一顶板 1′ 六边形，第二前间插板 2a 宽六边形。横沟右旋，下降 1 ~ 1.5 倍横沟宽度，横沟边翅宽，具肋刺。纵沟左边翅宽大发达直至左底刺末端；纵沟右边翅前端较窄，后端加宽亦可至右底刺末端。壳面平滑或有细弱的网纹结构，孔细小。

东海、南海有分布。样品 2017 年 5 月采自东海、2017 年 7 月采自南海北部海域，数量少。

热带性种。大西洋热带海域、印度洋、安达曼海、孟加拉湾、莫桑比克海峡有记录。

卵形原多甲藻 *Protoperidinium ovum* (Schiller) Balech, 1974

Balech 1974, 67; Balech 1988, 120, lam. 51, fig. 9–12; Okolodkov 2008, 116, t. 5, fig. 1–4; Omura et al. 2012, 118.

同种异名：*Peridinium ovum* Schiller, 1911: Schiller 1911, 332, fig. 1a–d; Schiller 1937, 208, fig. 205a–h; Gaarder 1954, 47; Wood 1954, 244, fig. 128a–b; Wood 1968, 106, fig. 317; Steidinger & Williams 1970, 57, t. 33, fig. 108; Subrahmanyan 1971, 63, t. 38, fig. 1–4, 12–15; Taylor 1976, 165, fig. 350.

日本原多甲藻 *Protoperidinium nipponicum* (Abé) Balech, 1974: Balech 1974, 67.

Peridinium nipponicum Abé, 1927: Abé 1927, 396, fig. 16a–h; Schiller 1937, 207, fig. 202a–f; Subrahmanyan 1971, 62, t. 36, fig. 7–13, t. 37, fig. 1; Taylor 1976, 164, fig. 359.

藻体细胞小至中型，长（不包括底刺）41～64 μm，宽 33～58 μm，腹面观卵圆形。上壳较圆，顶角短，末端平截。第一顶板 1′ 六边形。第二前间插板 2a 六边形，非常宽大。横沟右旋，下降 0.5～1 倍横沟宽度，不凹陷，横沟边翅薄且透明，具肋刺支撑。纵沟左边翅宽，右边翅窄。下壳圆钝，两底刺尖锥状，稍向外分歧，其上具翼。壳面平滑，孔散布。

本种与椭圆形原多甲藻 *P. ellipsoideum* 非常相似，但本种两底刺更长，底刺上的翼也更发达。

东海、南海、吕宋海峡均有分布，数量不多，但不难找到。样品 2008 年 6 月采自三亚附近海域、2011 年 4 月采自吕宋海峡、2012 年 4 月采自南海中部海域、2013 年 8 月采自冲绳海槽西侧海域、2016 年 5 月采自南海北部海域、2017 年 5 月采自东海。

热带、亚热带大洋性种。太平洋、大西洋、印度洋、地中海、安达曼海、墨西哥湾、孟加拉湾、澳大利亚东部海域、阿根廷东部海域有记录。

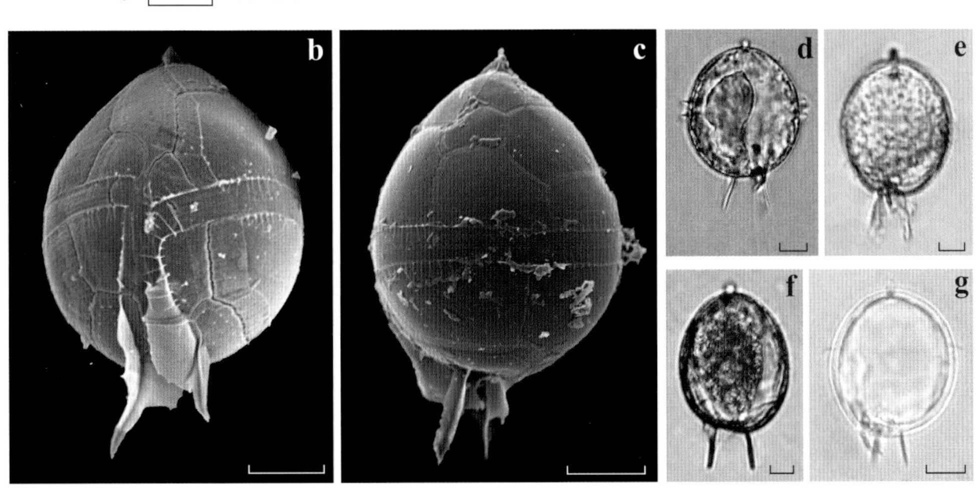

图 123 卵形原多甲藻 *Protoperidinium ovum* (Schiller) Balech, 1974

a, b, d, e. 腹面观；c. 左侧面观；f, g. 背面观；d. 活体（示纵鞭毛）；b, c. SEM

灰甲原多甲藻 *Protoperidinium pellucidum* Bergh, 1881

Bergh 1881, 227, fig. 46–48; Dodge 1982, 202, fig. 23j–k, t. 5c; Dodge 1985, 62; 福代康夫等 1990, 152, fig. a–f; Tomas 1997, 542, t. 54; Okolodkov 2008, 113, t. 4, fig. 4–7; Al–Kandari et al. 2009, 183, t. 30h–k, t. 31a; Omura et al. 2012, 116; Li et al. 2016, 115, fig. Ⅲ/28.

同种异名：*Peridinium pellucidum* (Bergh) Schütt, 1895: Schütt 1895, 157, t. 14, fig. 45; Ostenfeld 1903, 581, fig. 129; Jörgensen 1905, 110; Paulsen 1908, 49, fig. 61; Fauré–Fremiet 1908, 220, fig. 6; Pavillard 1916, 38; Forti 1922, 98, fig. 97; Lebour et al. 1925, 134, t. 28, fig. 2a–d; Dangeard 1926b, 324, fig. 13c–f; Woloszynska 1929, 266, t. 14, fig. 1–4; Schiller 1937, 212, fig. 209a–w; Wood 1954, 245, fig. 131a–b; Wood 1968, 107, fig. 320; Abe′ 1981, 226, fig. 21/132–145.

藻体细胞小型，长（不包括底刺）33～46 μm，宽 37～42 μm，扁梨形至近球形。上壳呈侧边凸出圆锥状，腹面常稍稍内凹。顶角粗短，末端平截。第一顶板 1′ 六边形。第二前间插板 2a 六边形。横沟宽阔，右旋，下降 0.5 倍横沟宽度，横沟边翅具肋刺。纵沟前端稍窄，后端变宽，纵沟左边翅宽，右边翅窄。下壳半球形，两具翼底刺短小。壳面具细弱的网纹结构，孔散布。

本种与光甲原多甲藻 *P. pallidum* 相似，但本种个体更小，下壳相对后者也更加圆钝。

关于本种的第一顶板 1′，也有学者所示样本为五边形（Schiller, 1937; Wood, 1954; Wood, 1968; Abe′, 1981）。

中国沿岸各水域皆有分布。样品 2003 年 5 月采自东海、2016 年 5 月采自南海北部海域。

近岸性种，主要分布于温带至热带海域。世界广布。

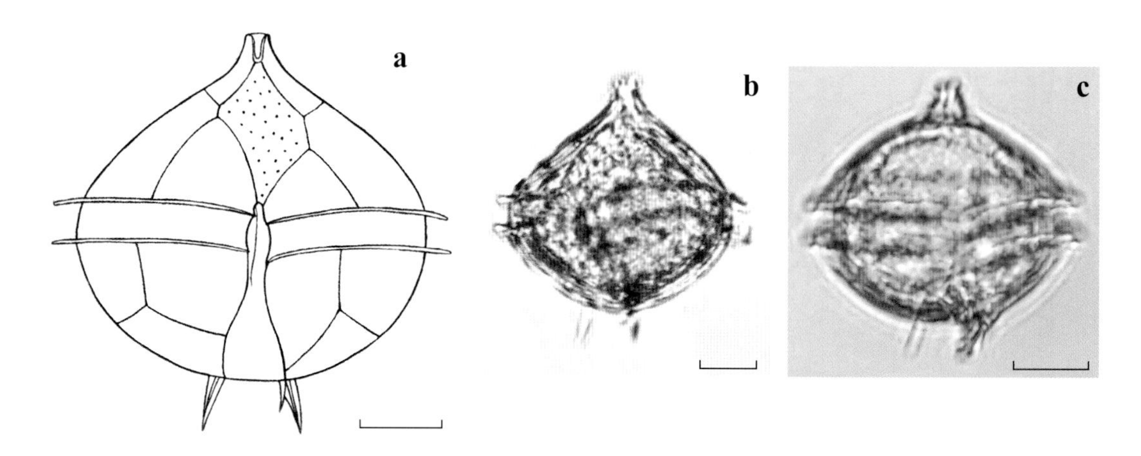

图 124 灰甲原多甲藻 *Protoperidinium pellucidum* Bergh, 1881
a–c. 腹面观

席勒原多甲藻 *Protoperidinium schilleri* (Paulsen) Balech, 1974

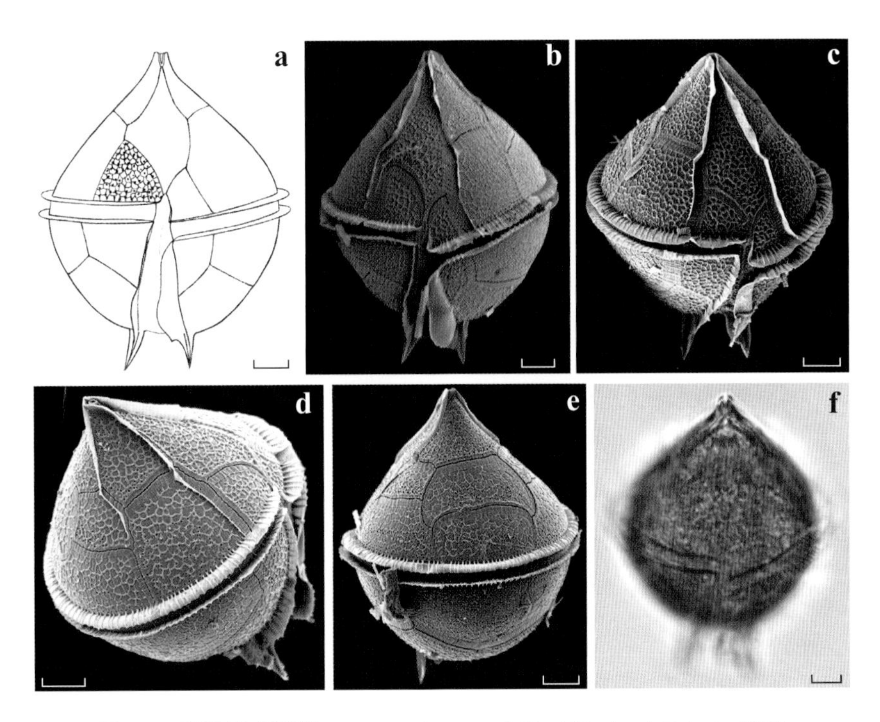

图 125 席勒原多甲藻 *Protoperidinium schilleri* (Paulsen) Balech, 1974

a–c, f. 腹面观；d. 右侧面观；e. 背面观；f. 活体；b–e. SEM

Balech 1974, 67; Omura et al. 2012, 117; 杨世民和李瑞香 2014, 178.

同种异名：*Peridinium schilleri* Paulsen, 1931: Paulsen 1931, 56, fig. 27; Taylor 1976, 165, fig. 340, 527a–b; Abe′ 1981, 242, fig. 28/180–185.

藻体细胞中型，长（不包括底刺）67～84 μm，宽 57～66 μm，腹面观梨形。上壳圆锥形，两侧边直或稍凸，顶角甚短。第一顶板 1′ 六边形。第二前间插板 2a 宽六边形，略呈拱状。横沟右旋，下降 1 倍横沟宽度，横沟边翅具肋刺支撑。纵沟前端稍窄于后端，纵沟左边翅宽度约为右边翅的 2～3 倍。下壳浑圆，两底刺平行或稍向外分歧，其上具发达的翼。壳面网纹结构清晰，孔散布。

关于本种的第一顶板 1′，Taylor（1976）、杨世民和李瑞香（2014）记载为五边形，但作者通过观察 Taylor 的扫描电镜图（Taylor 1976，fig. 527a）和作者所拍摄的扫描电镜图（如图 125b–e），确定 1′ 应为六边形。

样品 2008 年 6 月采自三亚附近海域、2016 年 5 月采自南海北部海域、2017 年 7 月采自南海中部海域，数量不多。

暖水性种。西太平洋、北大西洋、南大西洋、地中海、孟加拉湾、毛里求斯附近海域有记录。

圆球原多甲藻 *Protoperidinium sphaericum* (Murray & Whitting) Balech, 1974

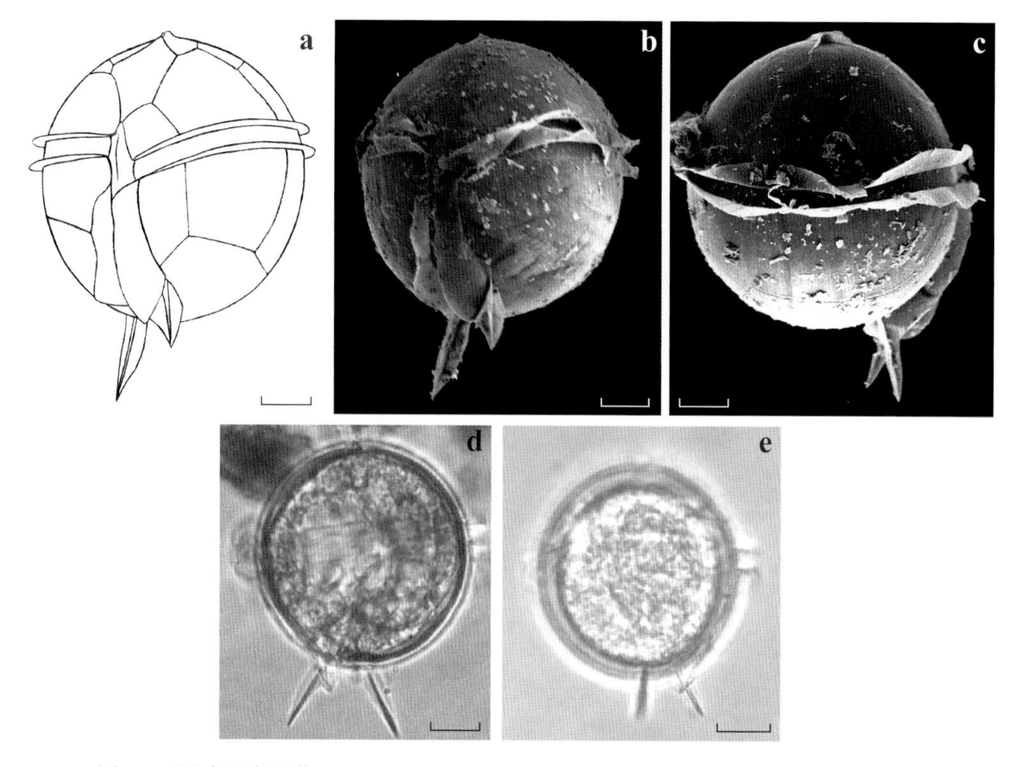

图 126 圆球原多甲藻 *Protoperidinium sphaericum* (Murray & Whitting) Balech, 1974
a, b. 腹面观；d. 背面观；c, e. 右侧面观；b, c. SEM

Balech 1974, 65; Omura et al. 2012, 117.

同种异名：*Peridinium sphaericum* Murray & Whitting, 1899: Murray & Whitting 1899, 328, t. 30, fig. 1; Schiller 1937, 214, fig. 210a–f; Kisselev 1950, 213, fig. 375; Gaarder 1954, 49; Silva 1960, 41, t. 23, fig. 10; Abe′ 1981, 238, fig. 26/169–175.

藻体细胞中型，长（不包括底刺）47～59 μm，宽 45～57 μm，腹面观近球形。上壳半球状，顶角甚短。第一顶板 1′ 六边形。第二前间插板 2a 为宽六边形。横沟宽，右旋，下降约 1.5 倍横沟宽度，不凹陷，横沟边翅宽而薄，无肋刺。下壳浑圆，纵沟边翅亦宽大。在纵沟末端，生有 2 个发达的具翼底刺，右底刺稍长于左底刺，且两底刺的伸展方向不同，左底刺斜伸向腹部，而右底刺则与细胞纵轴约呈 20° 角斜向外侧伸出。壳面平滑，无网纹结构。

样品 2017 年 5 月采自东海，数量稀少，系中国首次记录。

温带至热带性种。北大西洋、日本南部海域有记录。

细高原多甲藻 *Protoperidinium tenuissimum* (Kofoid) Balech, 1974

Balech 1974, 67; 杨世民和李瑞香 2014, 181.

同种异名：*Peridinium tenuissimum* Kofoid, 1907: Kofoid 1907b, 176, t. 5, fig. 34; Dangeard 1927c, 369, fig. 36; Matzenauer 1933, 478, fig. 68; Schiller 1937, 215, fig. 211a–c; Wood 1954, 246, fig. 133; Wood 1968, 109, fig. 331; Subrahmanyan 1971, 48, t. 24, fig. 11–13; Taylor 1976, 166, fig. 355.

Protoperidinium cerassiformis Abé, 1981: Abé 1981, 240, fig. 27/176–179.

藻体细胞小型，长（不包括底刺）48 ~ 55 μm，宽 28 ~ 33 μm，腹面观卵圆形至近圆形。上壳较圆，顶角细圆柱状，甚长，可达藻体宽度的 2/3 甚至更长。第一顶板 1′ 六边形。横沟右旋，下降 0.3 ~ 0.5 倍横沟宽度，横沟边翅非常薄，具肋刺。纵沟左边翅宽，右边翅窄。下壳半球状，底部平坦或稍向上凹陷，两底刺发达，长度与顶角相仿，约呈 40° 夹角向外分歧伸展，其上具发达的翼。壳面较平滑，孔散布。

关于本种的第一顶板 1′，Wood（1954, 1968）认为是五边形，但作者通过对扫描电镜图的观察确定本种的 1′ 应为六边形。

本种与基刺原多甲藻 *P. diabolum* 相似，但本种细胞个体明显小于后者，且腹面观卵圆形至近圆形，而后者为近五边形。

本种与刺柄原多甲藻 *P. acanthophorum* 也较相似，但本种的顶角较后者更长，两底刺也较后者更发达。

样品 2011 年 9 月、2016 年 5 月采自南海北部海域，数量不多。

热带大洋性种。太平洋、大西洋、印度洋、孟加拉湾、佛罗里达海峡、澳大利亚东部海域有记录。

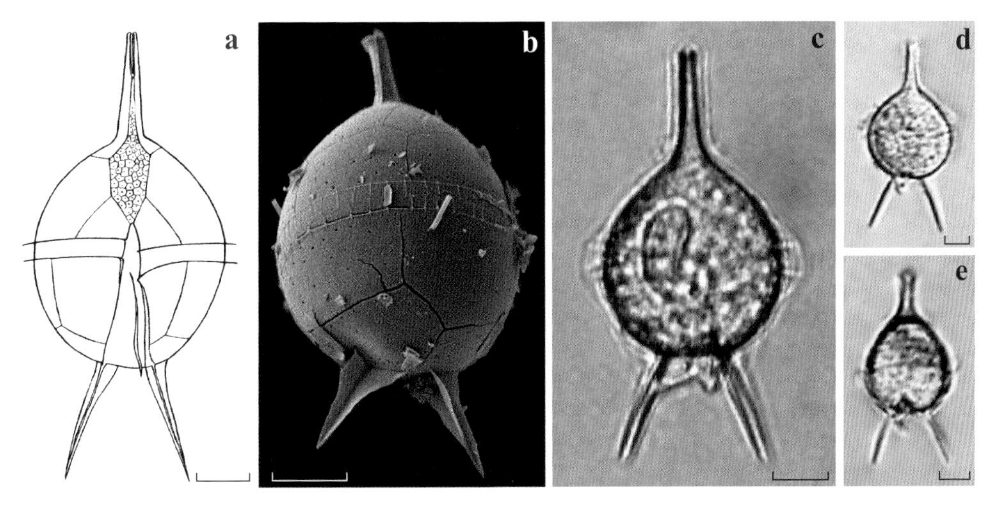

图 127 细高原多甲藻 *Protoperidinium tenuissimum* (Kofoid) Balech, 1974

a, c. 腹面观；b, d, e. 背面观；b. SEM

三柱原多甲藻 *Protoperidinium tristylum* (Stein) Balech, 1974

Balech 1974, 67; Balech 1988, 119, lam. 50, fig. 6–8.

同种异名：*Peridinium tristylum* Stein, 1883: Stein 1883, t. 9, fig. 15–17; Dangeard 1927c, 368, fig. 34, 35; Pavillard 1931, 60; Schiller 1937, 216, fig. 212a–d; Wood 1968, 110, fig. 332; Subrahmanyan 1971, 59, t. 36, fig. 1–4; Taylor 1976, 166, fig. 348a–b.

藻体细胞中型，长(不包括底刺) 53 μm，宽 45 μm，腹面观梨形至近五边形。上壳两侧边凸，顶部平滑收缩形成短且细的顶角，顶角末端平截。第一顶板 1′ 六边形。第二前间插板 2a 六边形。横沟右旋，下降 0.5～1 倍横沟宽度，横沟边翅宽。纵沟左边翅发达，延伸凸出至下壳底部。下壳较圆，两底刺较长并具发达的翼。壳面较平滑，网纹结构细弱。

样品 2017 年 7 月采自南海北部海域，数量稀少，系中国首次记录。

暖水性种。大西洋、印度洋、地中海、阿拉伯海、红海、亚丁湾、孟加拉湾、佛罗里达海峡、阿根廷东部海域有记录。

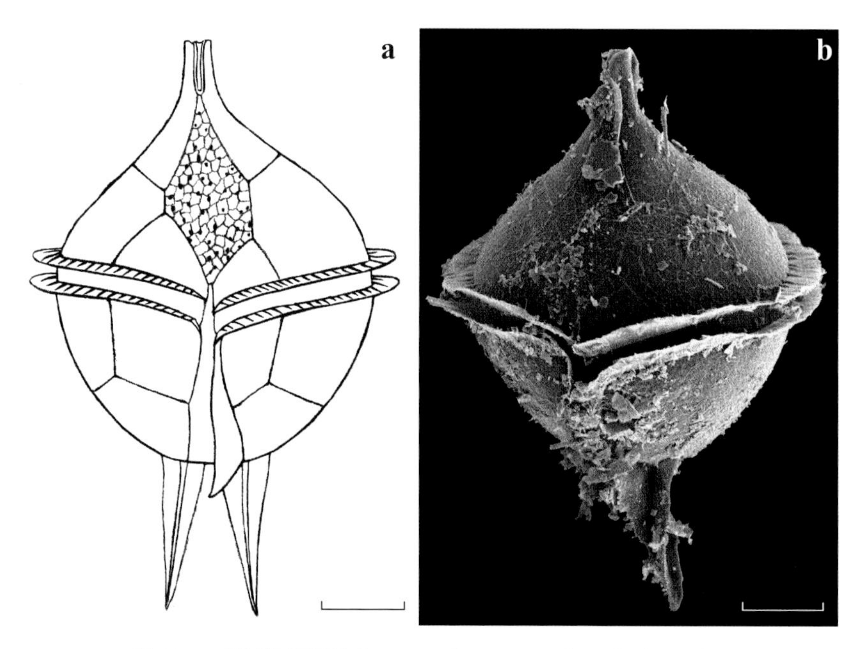

图 128　三柱原多甲藻 *Protoperidinium tristylum* (Stein) Balech, 1974

a, b. 腹面观；b. SEM

彩斑原多甲藻 *Protoperidinium variegatum* (Peters) Balech, 1974

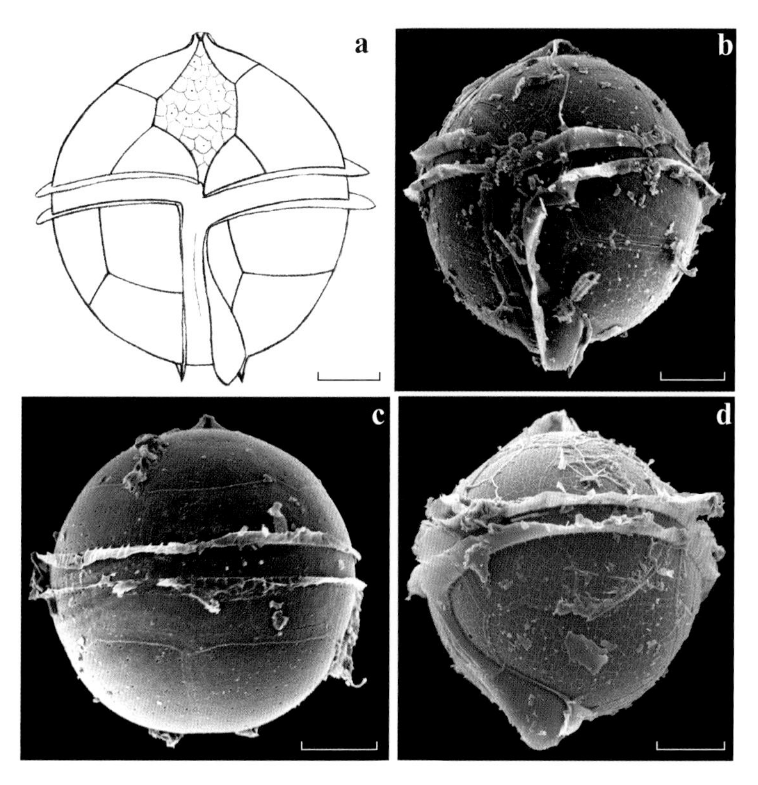

图 129 彩斑原多甲藻 *Protoperidinium variegatum* (Peters) Balech, 1974
a, b. 腹面观；c. 背面观；d. 左侧面观；b–d. SEM

Balech 1974, 66.

同种异名：*Peridinium variegatum* Peters, 1928: Peters 1928, 35, fig. 9; Schiller 1937, 216, fig. 213a–h; Wood 1954, 246, fig. 134a–b; Balech 1957, 93, t. 7, fig. 161–173; Wood 1968, 111, fig. 336; Subrahmanyan 1971, 63, t. 39, fig. 1–13, t. 40, fig. 1–8.

藻体细胞中型，长 43 ~ 48 μm，宽 42 ~ 45 μm，腹面观宽梨形至近球形。上壳宽锥状至半球状，顶角短小。第一顶板 1′ 六边形。第二前间插板 2a 五边形，其与第三前沟板 3″ 相连的边非常短（如图 129c）。第一前沟板 1″ 甚小。横沟右旋，下降 0.5 ~ 1 倍横沟宽度，不凹陷，横沟边翅较宽，薄而透明。下壳半球形。纵沟宽阔，纵沟左边翅发达，右边翅狭窄，纵沟左、右边翅直至下壳底部并与两个细小的底刺相连，左底刺通常大于右底刺。壳面较平滑或有细弱的网纹结构，孔散布。

样品 2016 年 5 月采自南海北部海域、2017 年 8 月采自南海中部海域，数量稀少，系中国首次记录。

冷水至暖水性种。印度洋、南极威德尔海、佛罗里达海峡有记录。

Protoperidinium solidicorne 组：1′ Para 型，2a Quadra 或 Hexa 型，两底角短，横沟右旋或近环状。

光甲原多甲藻 *Protoperidinium pallidum* (Ostenfeld) Balech, 1973

Balech 1973, 365, t. 6, fig. 101–110; Dodge 1982, 201, fig. 23h; Dodge 1985, 61; Tomas 1997, 542, t. 54; Omura et al. 2012, 115; Li et al. 2016, 115, fig. Ⅲ/26–27.

同种异名：*Peridinium pallidum* Ostenfeld, 1900: Ostenfeld 1900, 60; Paulsen 1908, 48, fig. 60; Pavillard 1916, 38; Forti 1922, 100, fig. 98; Lebour et al. 1925, 134, t. 28, fig. 1a–d; Dangeard 1927c, 367, fig. 34; Peters 1928, 31, fig. 7; Schiller 1937, 209, fig. 206a–m; Diwald 1939, 168, fig. 17a–d; Wailes 1939, 40, fig. 122; Graham 1942, 32, fig. 42a–h, 43a–d; Silva 1949, 351, t. 6, fig. 7–8; Kisselev 1950, 188, fig. 314; Rampi 1950b, 234, fig. 18; Gaarder 1954, 47; Wood 1954, 244, fig. 129a–b; Silva 1955, 141, t. 4, fig. 16–18; Halim 1960, t. 3, fig. 2; Wood 1968, 106, fig. 318; Steidinger & Williams 1970, 57, t. 33, fig. 109; Subrahmanyan 1971, 54, t. 31, fig. 1–8, t. 32, fig. 1–5; Taylor 1976, 165, fig. 345; Abe′1981, 229, fig. 22–24/146–160.

藻体细胞中型，长 73～98 μm，宽 59～78 μm，腹面观梨形至五边形，长略大于宽。上壳两侧边直或稍凸，近三角形，顶端略有延长形成顶角。第一顶板 1′ 六边形，第二前间插板 2a 六边形。横沟稍稍右旋，横沟边翅宽，具肋刺。纵沟左边翅宽大，右边翅甚窄。下壳两侧边亦直或稍凸。在纵沟末端，左、右各生有 1 个具翼底刺，但在左底刺基部，还生有 1 个斜向内侧伸展的具翼小刺。壳面网纹结构发达，网结处常有棘状凸起，孔散布。

中国各海域均有分布。样品 2003 年 11 月采自东海、2013 年 7 月采自黄海南部海域、2013 年 8 月采自冲绳海槽西侧海域。

世界广布性种，从寒带至热带、近岸至大洋皆有分布。太平洋、大西洋、印度洋、北极和南极地区海域、地中海、安达曼海、澳大利亚附近海域、英国附近海域有记录。

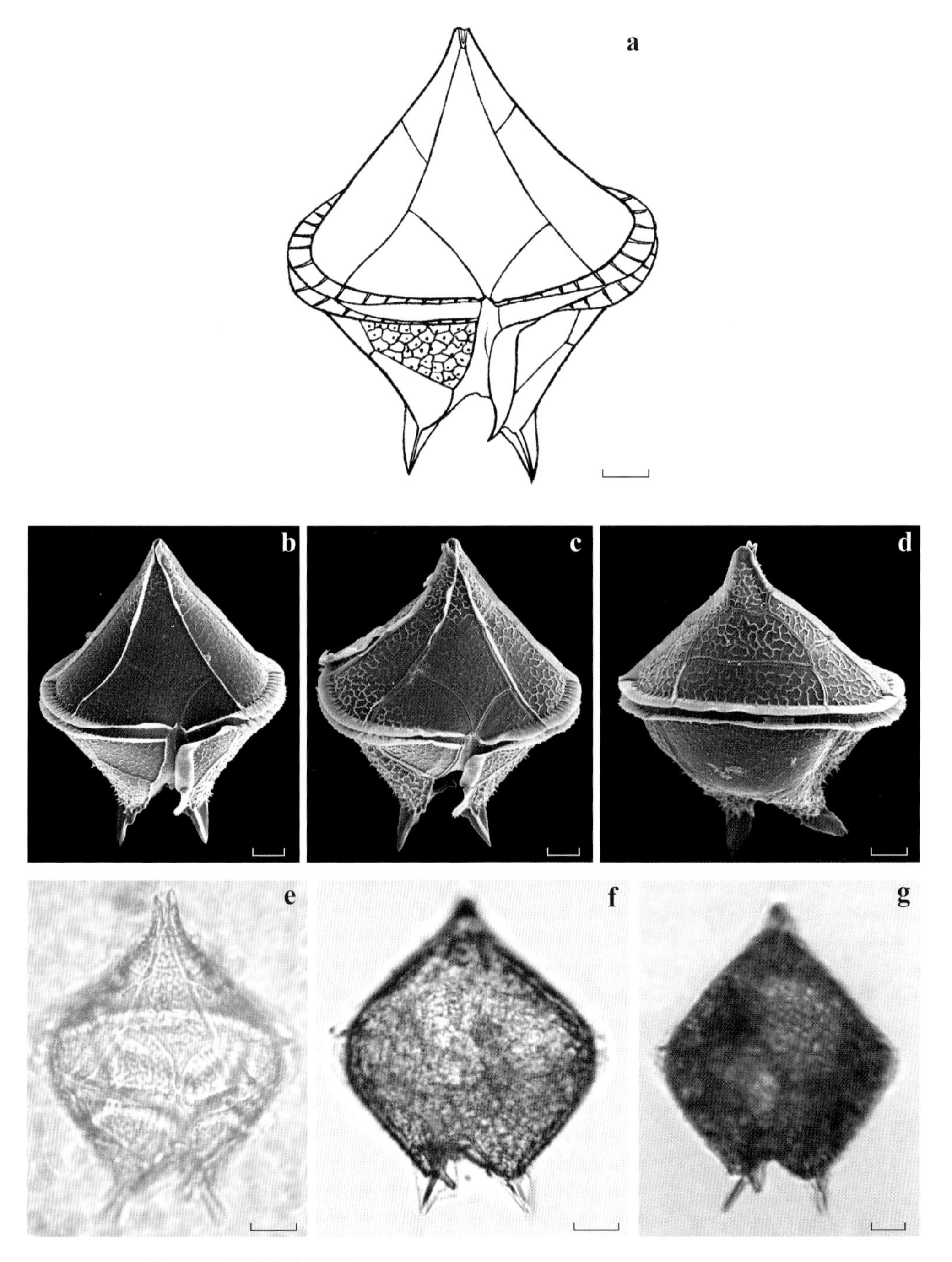

图 130　光甲原多甲藻 *Protoperidinium pallidum* (Ostenfeld) Balech, 1973
a–c, e. 腹面观；d, f, g. 背面观；g. 活体；b–d. SEM

菱形原多甲藻 *Protoperidinium rhombiforme* (Abé) Balech, 1994

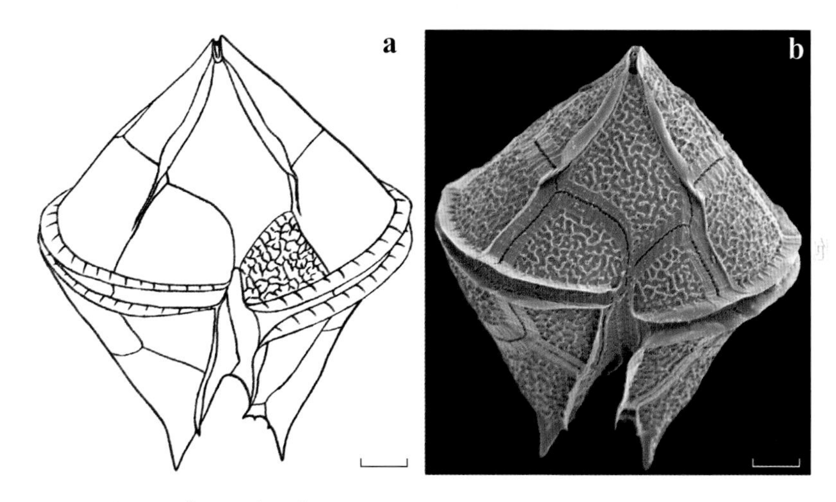

图 131 菱形原多甲藻 *Protoperidinium rhombiforme* (Abé) Balech, 1994
a, b. 腹面观；b. SEM

Balech 1994, 65.

同种异名：*Peridinium rhombiformis* Abé, 1981: Abé 1981, 235, fig. 25/161–168.

藻体细胞中型，长（不包括底刺）86 μm，宽 82 μm，背腹略扁，腹面观近菱形。上壳宽锥形，两侧边直或稍凸，顶角甚短，稍稍偏向右侧。第一顶板 1′ 六边形，中等宽度。第二前间插板 2a 六边形。横沟右旋，下降 1 倍横沟宽度，稍凹陷，横沟边翅窄。纵沟深陷至下壳底部，纵沟左边翅较宽，右边翅狭窄。下壳两侧边直，两底角短锥形，间距较小，末端各生有一个具翼短刺，两底刺近平行或稍向外分歧伸出。壳面网纹结构粗大清晰，孔细小。

关于本种的横沟，Abé (1981) 记载也有近平直的。

本种的外形与里昂原多甲藻 *P. leonis* 和锥形原多甲藻 *P. conicum* 有些相似，但本种的第一顶板 1′ 为六边形，而后两种 1′ 为四边形。

样品 2012 年 5 月采自南海北部海域，数量稀少，系中国首次记录。

温带至热带性种。日本附近海域有记录。

实角原多甲藻 *Protoperidinium solidicorne* (Mangin) Balech, 1974

Balech 1974, 67; Balech 1988, 191, lam. 86, fig. 8–12; Okolodkov 2008, 113, t. 4, fig. 1–3; 杨世民和李瑞香 2014, 183.

同种异名：*Peridinium solidicorne* Mangin, 1926: Mangin 1926, 80, fig. 23; Dangeard 1927c, 373, fig. 38c; Matzenauer 1933, 478, fig. 69; Böhm 1936, 39, fig. 15b1–5; Schiller 1937, 218, fig. 215a–l; Diwald 1939, 169, fig. 8a–c, 10a–f; Kisselev 1950, 190, fig. 317, 321; Rampi 1950b, 234, fig. 25; Gaarder 1954, 49; Wood 1954, 247, fig. 135; Silva 1955, 146, t. 5, fig. 10–11; Margalef 1957, 47, fig. 3b; Balech 1971b, 25, t. 6, fig. 105–111; Subrahmanyan 1971, 94, t. 64, fig. 1–10; Taylor 1976, 151, fig. 338–339.

藻体细胞中型，长（不包括底刺）74 ~ 101 μm，宽 63 ~ 79 μm，腹面观近五边形。上壳锥形，两侧边直或稍凸，顶角粗短。第一顶板 1′ 六边形，其与第六前沟板 6″ 相连的边非常短（如图 132c）。第二前间插板 2a 四边形或六边形。横沟右旋，下降 0.5 ~ 1 倍横沟宽度，横沟边翅宽，具肋刺支撑。纵沟深陷，左、右边翅均较宽大。下壳底部上凹，两底角短锥形，末端各生有一个底刺，底刺具发达的翼。壳面较平滑，无网纹结构或网纹结构细弱，常散布棘状凸起，孔细小。

中国各海域均有分布。样品采自黄海、东海、南海、吕宋海峡。

广布性种。大西洋、印度洋、南极地区海域、地中海、亚得里亚海、安达曼海、墨西哥湾、孟加拉湾、莫桑比克海峡、澳大利亚附近海域、阿根廷东部海域、印度西部海域均有记录。

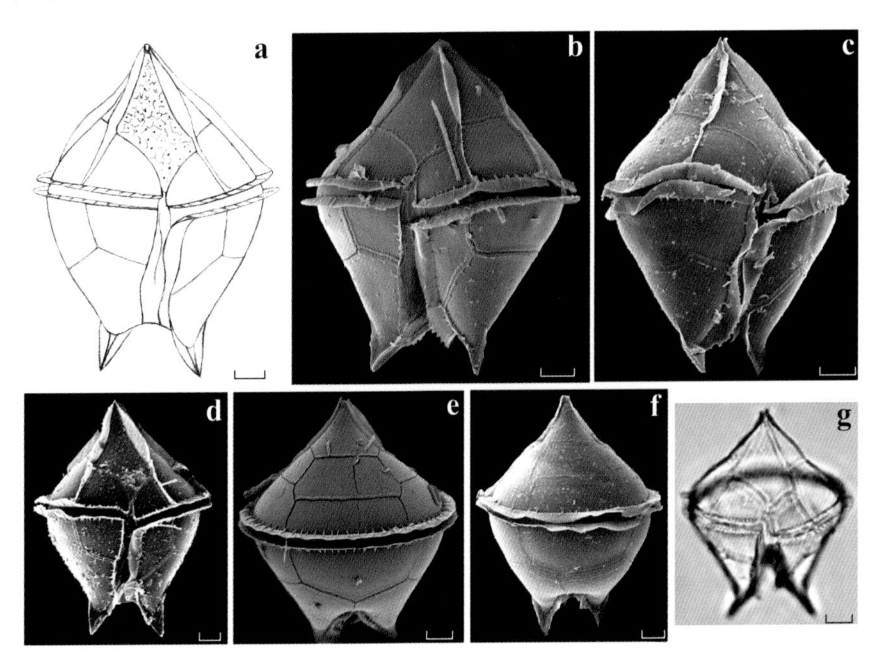

图 132　实角原多甲藻 *Protoperidinium solidicorne* (Mangin) Balech, 1974

a–d, g. 腹面观；e, f. 背面观；b–f. SEM

足甲藻科 Podolampadaceae Lindemann, 1928

足甲藻属 *Podolampas* Stein, 1883

本属藻体细胞小型、中型至大型，腹面观水瓶形至梨形。横沟宽大且不凹陷，无横沟边翅，纵沟短。壳面平滑或具细弱的眼纹 (areolate) 结构。本属的甲板公式历经了许多变化，Abe′（1966）认为前沟板″以下的 3 块大甲板为后沟板‴，但 Balech（1963 a）将其更正为横沟板 c，Carbonell-Moore（1994b）在此基础之上又将 2 块底板⁗更正为后沟板‴，因此本属的甲板公式为：Po, cp, X, 3′, 1a, 5″, 3c, 4-5s, 5‴, 1⁗。其中，纵沟甲板有纵沟前板（S.a.）、纵沟右板（S.d.）、纵沟前中间板（S.m.a.）、纵沟中间板（S.m.）、纵沟后板（S.p.）。

本属共 7 种（包括变种），中国海域已有记录 5 种（包括变种），本书均有记述。

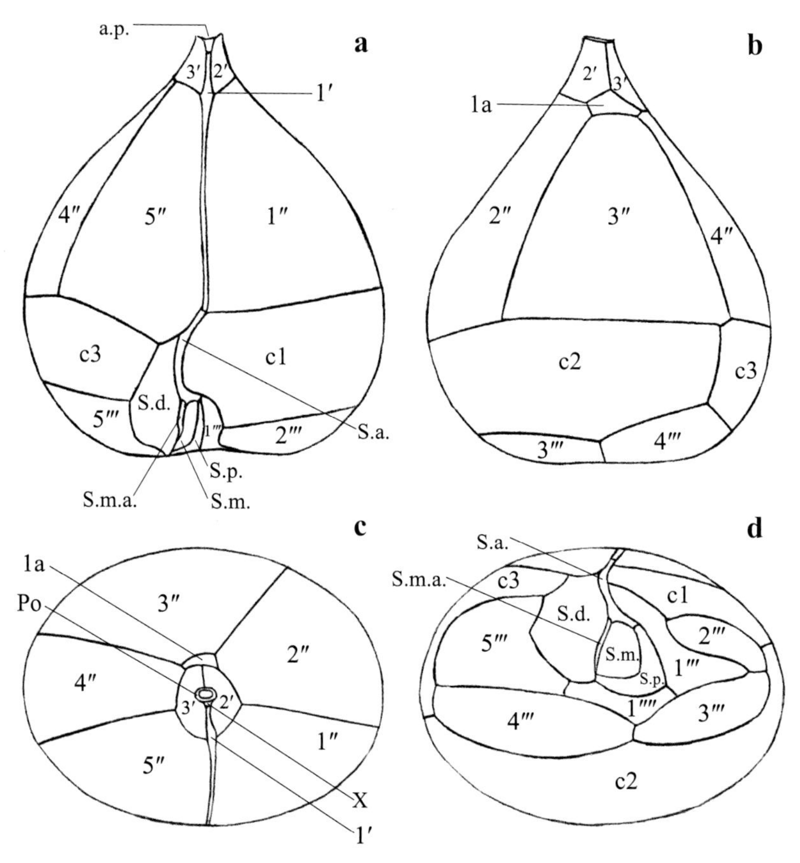

图 133 足甲藻属结构示意图

a. 腹面观；b. 背面观；c. 顶面观；d. 底面观

二足甲藻 *Podolampas bipes* Stein, 1883

Stein 1883, t. 8, fig. 6–8; Schütt 1895, t. 19, fig. 56; Schütt 1896, 23, fig. 33; Paulsen 1908, 92, fig. 125; Lebour et al. 1925, 160, fig. 52b; Schiller 1937, 474, fig. 544a–b; Nie 1942, 56, t. 1, fig. 1–14; Silva 1949, 363, t. 6, fig. 17; Kisselev 1950, 260, fig. 434; Halim 1960, t. 3, fig. 32; Balech 1963a, 9, t. 1, fig. 8–14; Abe′ 1966, 150, fig. 55–68; Yamaji 1966, 107, t. 51, fig. 19; Steidinger & Williams 1970, 60, t. 36, fig. 125; Taylor 1976, 171, fig. 288, 524; Dodge 1985, 117; Balech 1988, 123, lam. 52, fig. 20, lam. 53, fig. 1–2; Tomas 1997, 534, t. 7; Al–Kandari et al. 2009, 189, t. 39r; Omura et al. 2012, 128; 杨世民和李瑞香 2014, 164.

藻体细胞大型，长（不包括底刺）57 ~ 94 μm，宽 43 ~ 81 μm，腹面观宽梨形。上壳向上逐渐收缩形成粗短的顶角。横沟宽大，无横沟边翅。下壳后沟板‴具双排孔结构。底部生有两个发达的底刺，左底刺具 3 个宽大的翼，其中一个翼与腹区相连；右底刺则有两个宽大的翼。两底刺末端尖锐，其上有时具网状结构。壳面较平滑，具细弱的眼纹结构，孔大小不一，稀疏排列于壳面。

黄海南部海域、东海、南海、吕宋海峡均有分布。样品 2003 年秋季采自东海钓鱼岛附近海域、2008 年 6 月采自三亚附近海域、2011 年 4 月采自吕宋海峡、2016 年 5 月采自南海北部海域。

暖温带至热带大洋性种。太平洋、大西洋、印度洋、地中海、加勒比海、墨西哥湾、佛罗里达海峡、日本附近海域、巴西北部海域、阿根廷东部海域、科威特附近海域均有记录。

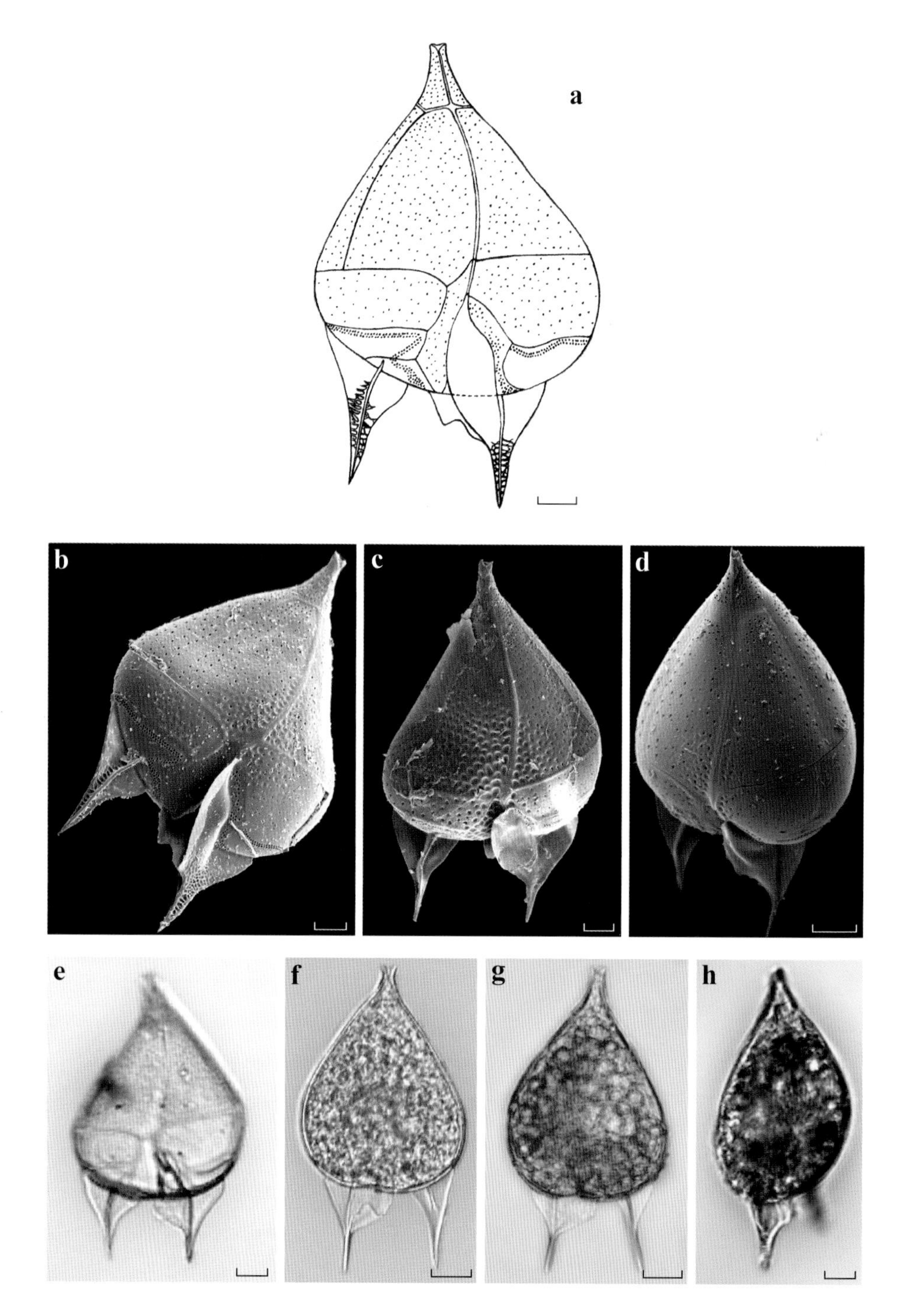

图 134　二足甲藻 *Podolampas bipes* Stein, 1883
a–e. 腹面观；f, g. 背面观；h. 左侧面观；b–d. SEM

二足甲藻网状变种 *Podolampas bipes* var. *reticulata* (Kofoid) Taylor, 1976

Taylor 1976, 171, fig. 287; Omura et al. 2012, 128.

同种异名：*Podolampas reticulata* Kofoid, 1907: Kofoid 1907b, 187, t. 2, fig. 11; Balech 1963a, 11, t. 2, fig. 15–19; Steidinger & Williams 1970, 60, t. 36, fig. 126a–b; Balech 1988, 124, lam. 53, fig. 5–6, 11.

Podolampas bipes f. *reticulata* (Kofoid) Schiller, 1937: Schiller 1937, 474, fig. 545; Wood 1954, 317, fig. 251b.

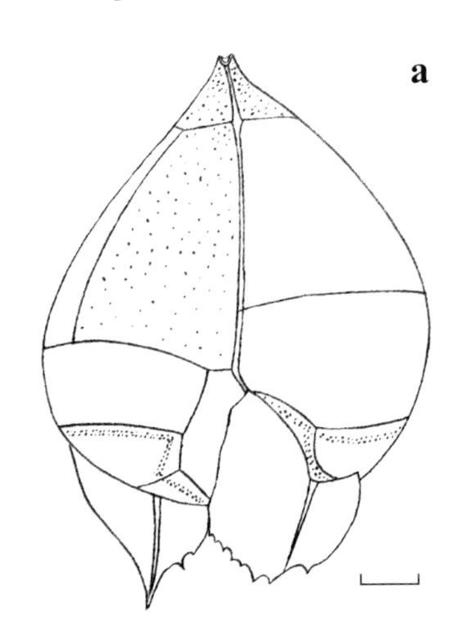

藻体细胞大型，长（不包括底刺）64 ~ 90 μm，宽 53 ~ 77 μm。本变种与原种的主要区别在于两底刺的形态。本变种两底刺相对后者较短，底刺翼的后端较圆钝，底缘形成许多大小不一的小刺，且翼后端的网状结构清晰。而二足甲藻原种底刺翼呈锥形，末端尖锐，网状结构也不如变种发达。

南海有分布。样品 2008 年 5 月采自三亚附近海域、2017 年 7 月采自南海北部海域。

热带大洋性种。太平洋、安达曼海、孟加拉湾、巴西北部海域有记录。

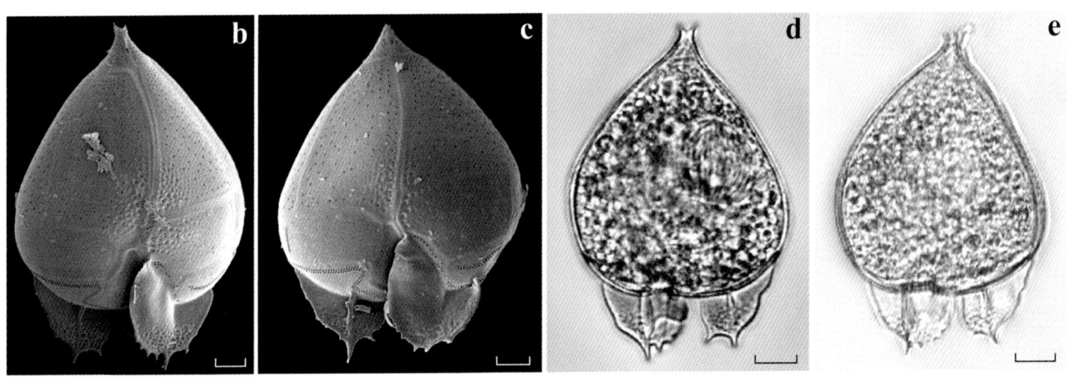

图 135　二足甲藻网状变种 *Podolampas bipes* var. *reticulata* (Kofoid) Taylor, 1976

a–c. 腹面观；d, e. 背面观；d. 活体；b, c. SEM

瘦长足甲藻 *Podolampas elegans* Schütt, 1895

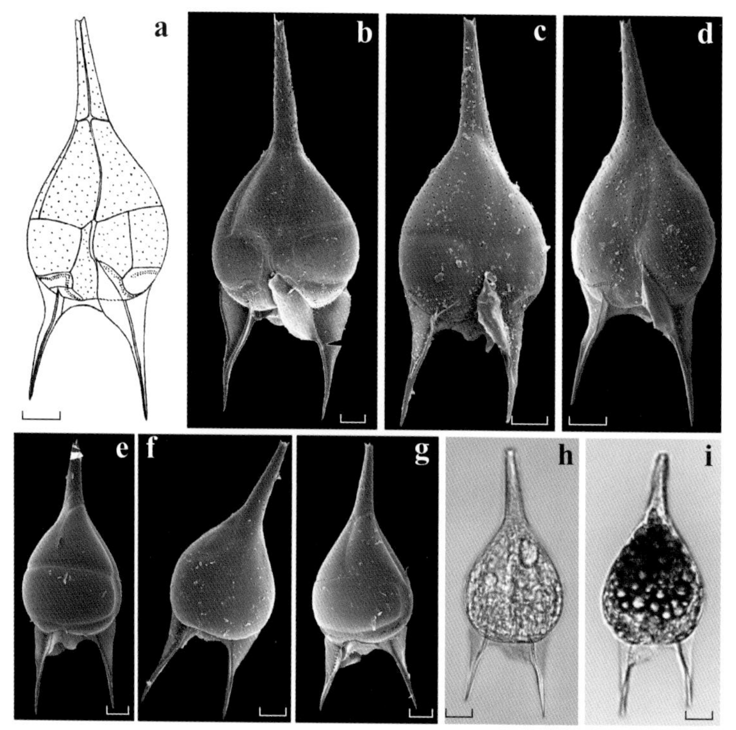

图 136 瘦长足甲藻 *Podolampas elegans* Schütt, 1895
a–d, h. 腹面观；e–g, i. 背面观；b–g. SEM

Schütt 1895, t. 18, fig. 57; Lebour et al. 1925, 160, fig. 53; Schiller 1937, 475, fig. 546; Gaarder 1954, 55, fig. 73a–e; Silva 1958, 33, t. 3, fig. 10; Wood 1963a, 50, fig. 186; Balech 1963a, 6, t. 1, fig. 1–7; Abe′1966, 149, fig. 52–54; Steidinger & Williams 1970, 60, t. 36, fig. 127; Taylor 1976, 171, fig. 280–281; Dodge 1985, 118; Balech 1988, 124, lam. 53, fig. 7–8, 12; Tomas 1997, 534; Omura et al. 2012, 128; 杨世民和李瑞香 2014, 165.

藻体细胞中至大型，长（不包括底刺）74～113 μm，宽 38～58 μm，腹面观梨形。上壳顶部逐渐收缩形成长且粗壮的顶角。下壳后沟板‴具双排孔结构。两具翼底刺发达，长锥形，基部宽大，末端尖锐，稍向外分歧伸出。左底刺稍长于右底刺，且其中一翼与腹区相连。壳面平滑，无眼纹结构或眼纹结构非常细弱，孔大小不一，稀疏排列。

东海、南海、吕宋海峡均有分布。样品 2009 年 7 月采自台湾东南部海域、2010 年 8 月采自吕宋海峡、2013 年 8 月采自冲绳海槽西侧海域、2016 年 5 月采自南海北部海域、2017 年 7 月采自南海中部海域。

热带、亚热带大洋性种。太平洋、大西洋、印度洋、地中海、墨西哥湾、孟加拉湾、莫桑比克海峡、日本附近海域、巴西东部海域有记录。

掌状足甲藻 *Podolampas palmipes* Stein, 1883

Stein 1883, t. 8, fig. 9–11; Schütt 1885, t. 55, fig. 96; Schütt 1895, t. 18, fig. 58; Paulsen 1908, 92, fig. 124; Lebour et al. 1925, 159, fig. 52a; Schiller 1937, 475, fig. 547a–b; Kisselev 1950, 262, fig. 435a; Silva 1952, 40, t. 3, fig. 17; Gaarder 1954, 57, fig. 74a–b; Wood 1954, 317, fig. 252a–b; Balech 1963a, 12, t. 2, fig. 20–27; Abe′ 1966, 147, fig. 45–51; Yamaji 1966, 108, t. 51, fig. 18; Steidinger & Williams 1970, 60, t. 36, fig. 128a–b; Taylor 1976, 171, fig. 278–279; Dodge 1982, 254, fig. 33i; Dodge 1985, 118; Balech 1988, 123, lam. 52, fig. 21, lam. 53, fig. 3–4; Tomas 1997, 534, t. 50; Al-Kandari et al. 2009, 188, t. 39p–q; Omura et al. 2012, 128; 杨世民和李瑞香 2014, 166.

藻体细胞中型，长（不包括底刺）52 ~ 91 μm，宽 21 ~ 33 μm，腹面观长梨形。上壳向上平滑收缩形成顶角，顶角中等长度，较粗壮。下壳后沟板‴具双排孔结构。左底刺发达，长度约为右底刺的 2 倍。两底刺皆具翼，尖锥形，基部较宽，末端尖锐，近平行或稍向外分歧伸出。壳面平滑，无眼纹结构或眼纹结构非常细弱，孔稀疏排列。

东海、南海、吕宋海峡均有分布。样品 2008 年 6 月采自三亚附近海域、2009 年 7 月采自台湾东南部海域、2011 年 4 月采自吕宋海峡、2013 年 7 月采自东海、2016 年 5 月和 2017 年 6 月采自南海北部海域。

暖温带至热带大洋性种。太平洋、大西洋、印度洋、加勒比海、墨西哥湾、孟加拉湾、佛罗里达海峡、莫桑比克海峡、日本附近海域、澳大利亚东部海域、巴西北部海域、科威特附近海域均有记录。

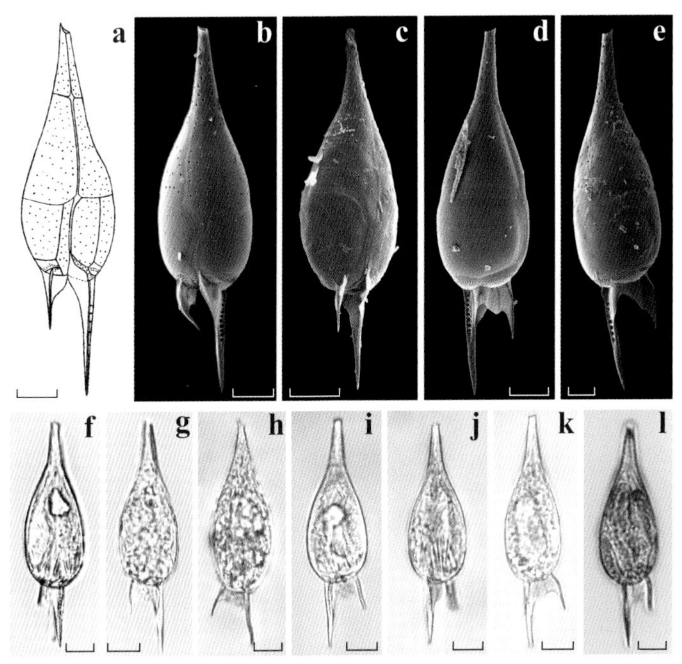

图 137　掌状足甲藻 *Podolampas palmipes* Stein, 1883

a–c, f–h. 腹面观；d, e, i–l. 背面观；f, i. 活体；b–e. SEM

单刺足甲藻 *Podolampas spinifera* Okamura, 1912

Okamura 1912, 17, t. 2, fig. 35–36; Pavillard 1916, 41, t. 2, fig. 6–7; Schiller 1937, 476, fig. 548; Wood 1963a, 50, fig. 187; Balech 1963a, 14, t. 2, fig. 28–33; Abe′ 1966, 145, fig. 39–44; Yamaji 1966, 107, t. 51, fig. 17; Steidinger & Williams 1970, 60, t. 36, fig. 129; Taylor 1976, 172, fig. 284–285; Balech 1988, 125, lam. 52, fig. 22, lam. 53, fig. 9–10, 13; Omura et al. 2012, 128; 杨世民和李瑞香 2014, 167.

藻体细胞小型，长（不包括顶刺和底刺）56～66 μm，宽 11～14 μm，呈细长水瓶状。上壳向上平滑收缩形成顶角，顶角细且较短，其上生有一个小的、尖锥形的顶刺。下壳后沟板‴无双排孔结构。底部仅有一个长的、尖锥形底刺，其上具翼。壳面平滑，无眼纹结构，孔稀疏排列。

东海、南海、吕宋海峡均有分布。样品 2003 年秋季采自东海钓鱼岛附近海域、2008 年 6 月采自三亚附近海域、2011 年 4 月采自吕宋海峡、2011 年 7 月采自中沙群岛附近海域、2016 年 5 月采自南海北部海域、2017 年 5 月采自东海、2017 年 7 月采自南海北部海域。

暖温带至热带大洋性种。太平洋、大西洋、印度洋、地中海、墨西哥湾、孟加拉湾、日本附近海域、马达加斯加附近海域有记录。

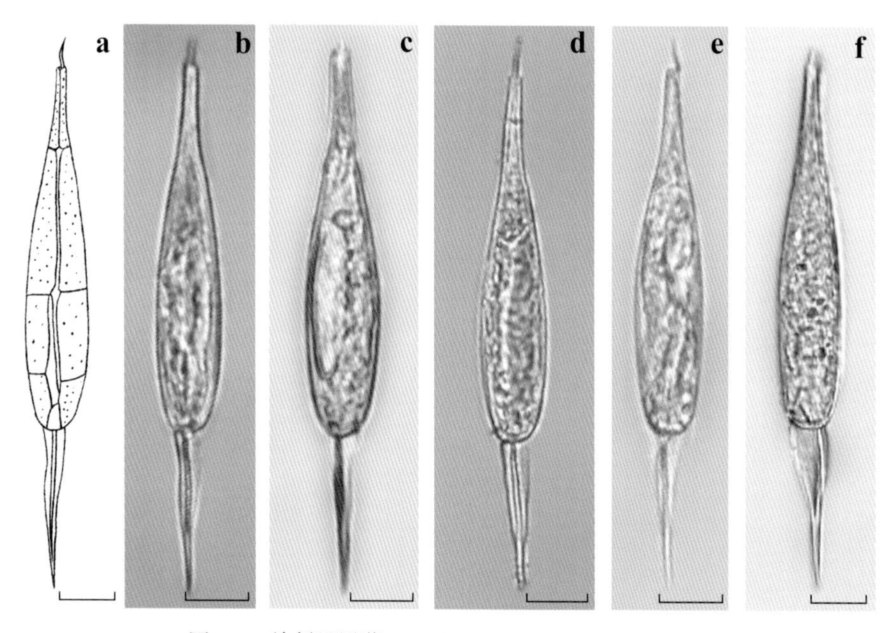

图 138 单刺足甲藻 *Podolampas spinifera* Okamura, 1912

a–e. 腹面观；f. 左侧面观

囊甲藻属 *Blepharocysta* Ehrenberg, 1873

本属藻体细胞中等大小，腹面观椭圆形至圆形。上壳大于下壳，无顶角。横沟宽大，不凹陷，无横沟边翅，纵沟短，纵沟边翅清晰。壳面平滑。本属的甲板公式为：Po, cp, X, 3′, 1a, 5″, 3c, 4s, 4–5‴, 1⁗。其中，纵沟甲板有纵沟前板（S.a.）、纵沟右板（S.d.）、纵沟中间板（S.m.）、纵沟后板（S.p.）。

本属共 7 种，中国海域已有记录 2 种，本书记述 4 种，其中首次记录 2 种。

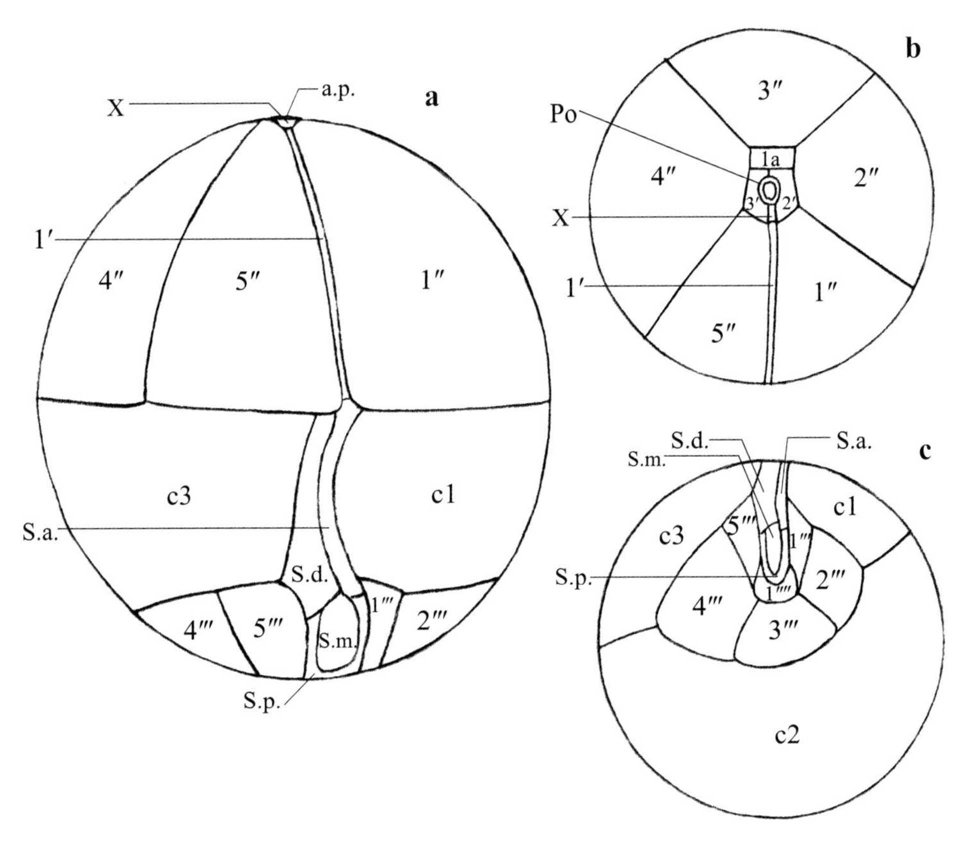

图 139　囊甲藻属结构示意图

a. 腹面观；b. 顶面观；c. 底面观；b, c. 仿 Carbonell-Moore (2004)

齿形囊甲藻 *Blepharocysta denticulata* Nie, 1939

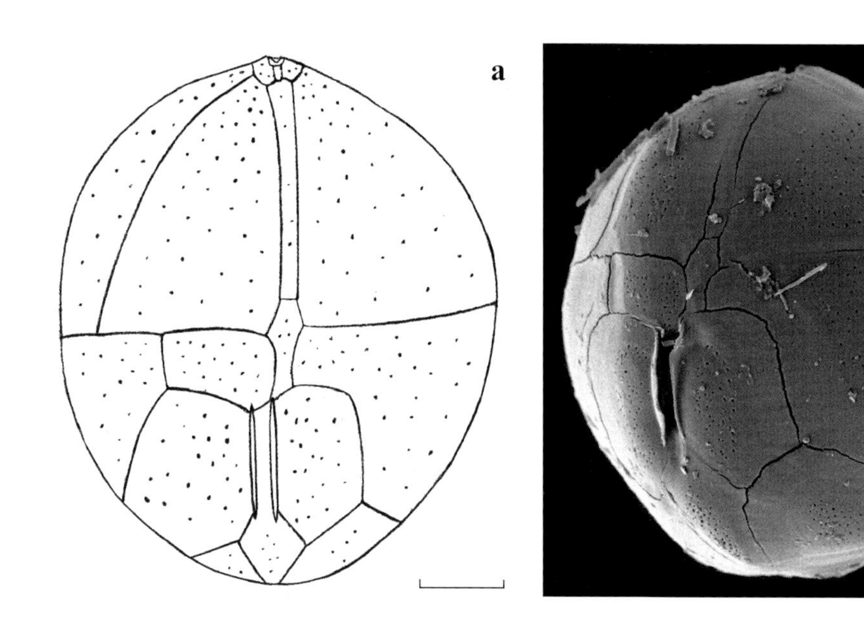

图 140 齿形囊甲藻 *Blepharocysta denticulata* Nie, 1939
a, b. 腹面观；b. SEM

Nie 1939, 32, t. 2, fig. 20–25; Carbonell-Moore 2004, 342, fig. 16, 25.

藻体细胞中型，长 64 μm，宽 56 μm，腹面观椭圆形。上壳无顶角，顶孔清晰。第一顶板 1′ 较狭窄，第一前间插板 1a 五边形，但稍显圆钝。横沟不凹陷，无横沟边翅。纵沟较短，约至下壳 2/3 处，纵沟右板 S.d. 短而宽，纵沟边翅较狭窄。具 4 块后沟板‴。壳面较平滑，孔分布不规则。

中国海南岛附近海域有记录。样品 2016 年 5 月采自南海北部海域。

暖水性种，世界罕见。

埃莫西约囊甲藻 *Blepharocysta hermosillai* Carbonell-Moore, 1992

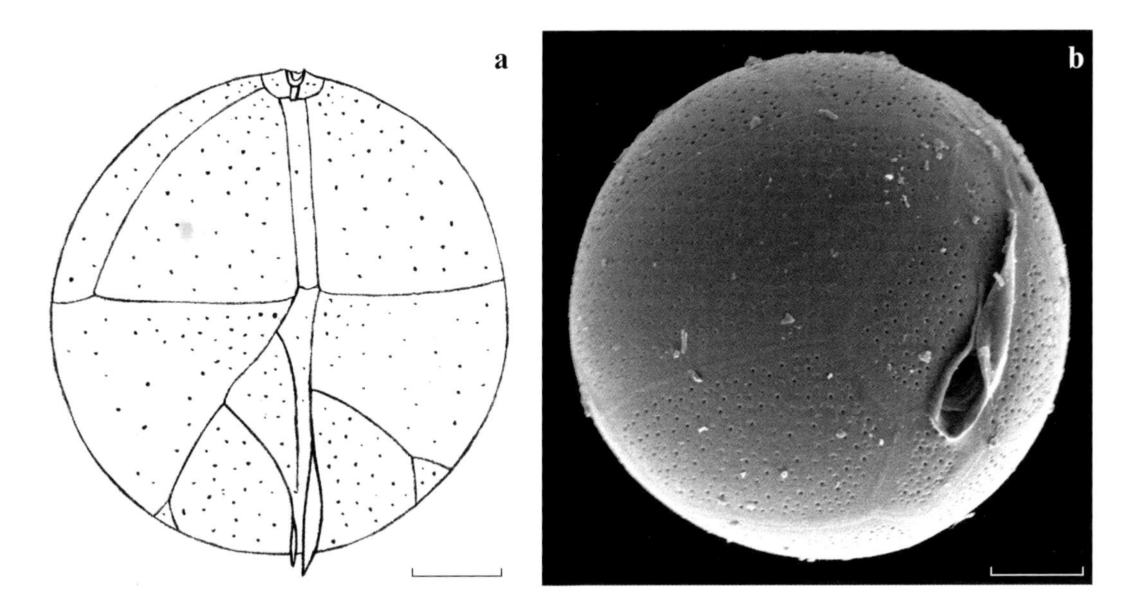

图 141 埃莫西约囊甲藻 *Blepharocysta hermosillai* Carbonell-Moore, 1992
a. 腹面观；b. 底面观 (SEM)

Carbonell-Moore 1992, 274, fig. 1-11.

藻体细胞中型，长 58 μm，宽 55 μm，腹面观球形。上壳无顶角，顶孔清晰。第一顶板 1′ 较狭窄，第一前间插板 1a 五边形，但由于各边弧形弯曲，使得 1a 的形状略圆。横沟不凹陷，无横沟边翅。纵沟至细胞底部，纵沟右板 S.d. 中等宽度，纵沟左边翅宽大，右边翅短且窄小。具 5 块后沟板″′。壳面较平滑，孔散布。

本种上壳的甲板形态与齿形囊甲藻 *B. denticulata* 非常相似，但下壳纵沟板、后沟板的形态皆有较大差别。

样品 2011 年 4 月采自南沙群岛附近海域，数量稀少，系中国首次记录。

暖水性种。大西洋、印度洋、孟加拉湾有记录。

保尔森囊甲藻泡状变型 *Blepharocysta paulseni* f. *bullata* Gaarder, 1954

Gaarder 1954, 7, fig. 7a–c; Carbonell–Moore 1992, 279, fig. 12a–c.

藻体细胞大型，长 76～81 μm，宽 70～73 μm，腹面观近椭圆形，在细胞的侧面或背面常有瘤状凸出，使得藻体呈多角状。上壳无顶角，顶孔清晰。第一顶板 1′ 较细长，第一前间插板 1a 较圆钝。横沟宽大，无横沟边翅。纵沟右板 S.d. 较短，纵沟左、右边翅发达。后沟板‴ 5 块。壳面散布小孔。

样品 2016 年 5 月采自南海北部海域，数量稀少，系中国首次记录。

暖水性种。北大西洋有记录。

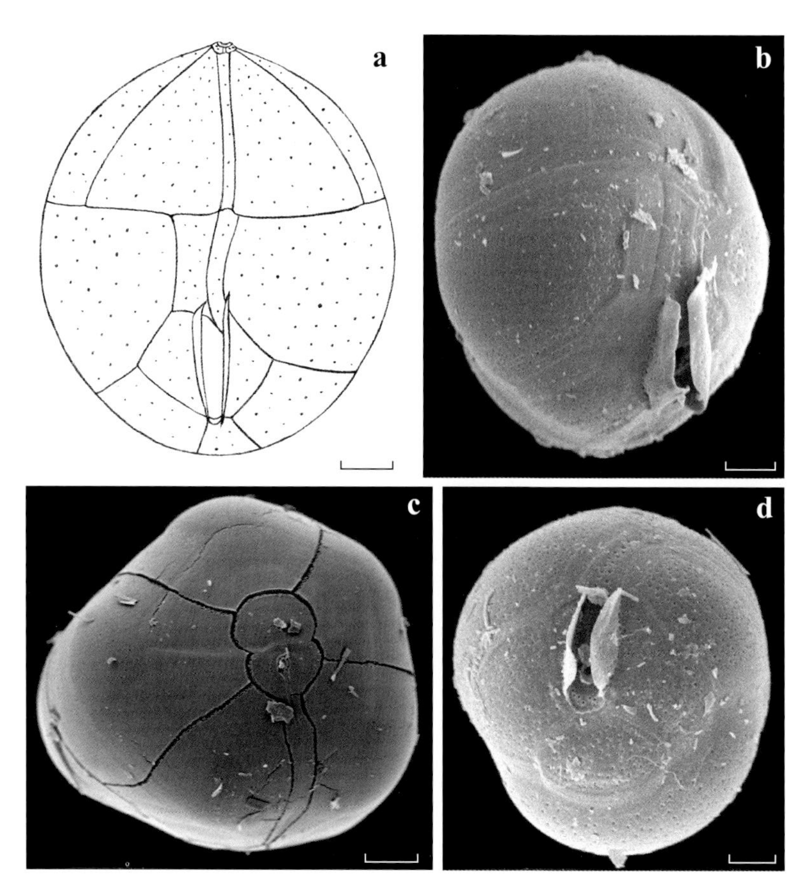

图 142 保尔森囊甲藻泡状变型 *Blepharocysta paulseni* f. *bullata* Gaarder, 1954

a, b. 腹面观；c. 顶面观；d. 底面观；b–d. SEM

美丽囊甲藻 *Blepharocysta splendor-maris* (Ehrenberg) Ehrenberg, 1873

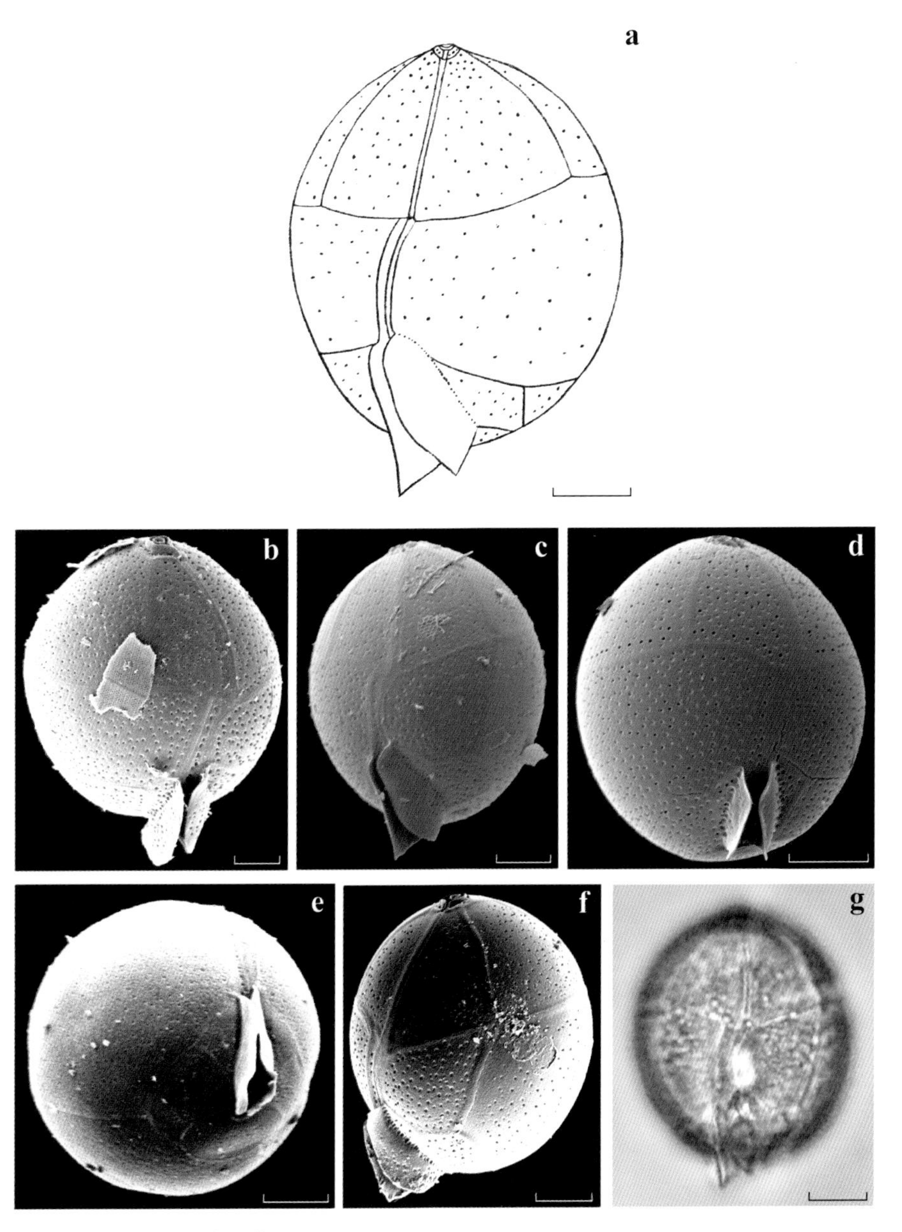

图 143　美丽囊甲藻 *Blepharocysta splendor-maris* (Ehrenberg) Ehrenberg, 1873
a–d, g. 腹面观；e. 底面观；f. 左侧面观；b–f. SEM

Ehrenberg 1873, 4; Stein 1883, t. 7, fig. 17–19, t. 8, fig. 3–5; Schütt 1895, 162, t. 20, fig. 61; Schütt 1896, 23, fig. 24a–b; Okamura 1907, t. 5, fig. 34; Paulsen 1908, 93, fig. 126; Lebour et al. 1925, 160, fig. 52c; Schiller 1937, 477, fig. 550a–c; Nie 1939, 31, t. 1, fig. 1–16, t. 2, fig. 17–19; Wood 1963a, 51, fig. 188; Abe′1966, 141, fig. 21–32; Wood 1968, 22, fig. 35; Steidinger & Williams 1970, 43, t. 3, fig. 9a–b; Dodge 1982, 254, fig. 33h; Balech 1988, 125, lam. 52, fig. 16–19; Tomas 1997, 533, t. 49; Al-Kandari et al. 2009, 188, t. 39o; Omura et al. 2012, 127; 杨世民和李瑞香 2014, 162.

同种异名：*Peridinium splendor-maris* Ehrenberg, 1860: Ehrenberg 1860, 791.

藻体细胞中型，长 41～61 μm，宽 37～56 μm，腹面观椭圆形。上壳大于下壳，无顶角，顶孔清晰。第一顶板 1′ 狭窄细长，第一前间插板 1a 五边形，但因为其与第二顶板 2′ 和第三顶板 3′ 所连的两条边在同一直线上，使得 1a 的形状接近矩形。横沟宽大，无横沟边翅。纵沟至细胞底部，纵沟右板 S.d. 窄且长，稍弯曲，纵沟左、右边翅皆宽大发达。具 5 块后沟板″。壳面较平滑，孔散布。

东海、台湾海峡、南海、吕宋海峡均有分布。样品 2008 年 6 月采自三亚附近海域、2009 年 7 月采自台湾海峡、2010 年 8 月采自吕宋海峡、2016 年 5 月采自南海北部海域、2017 年 5 月采自东海、2017 年 8 月采自南海中部海域。

暖水性种。太平洋、大西洋、北海、地中海、亚得里亚海、加勒比海、墨西哥湾、佛罗里达海峡、日本附近海域、英国附近海域、荷兰附近海域、巴西北部海域、科威特附近海域均有记录。

瘦甲藻属 *Lissodinium* Matzenauer, 1933

本属藻体细胞小型、中型至大型，腹面观为竖的透镜形至椭圆形。上壳大于下壳，无顶角，顶孔复合结构 APC 清晰，顶孔板 Po 上生有一个短小的顶刺。横沟宽大，不凹陷，无横沟边翅，纵沟短，纵沟边翅窄。下壳底板 1'''' 有两种形态，近矛形和前端两条边弧形外凸的五边形。无底角，少数物种具一个短锥形的底刺。壳面较平滑或具网纹结构。本属的甲板公式为：Po, cp, X, 3′, 1a, 5″, 3c, 5s, 5‴, 1''''。

本属为中国首次记录。本属共 17 种，本书记述 2 种，均为首次记录。

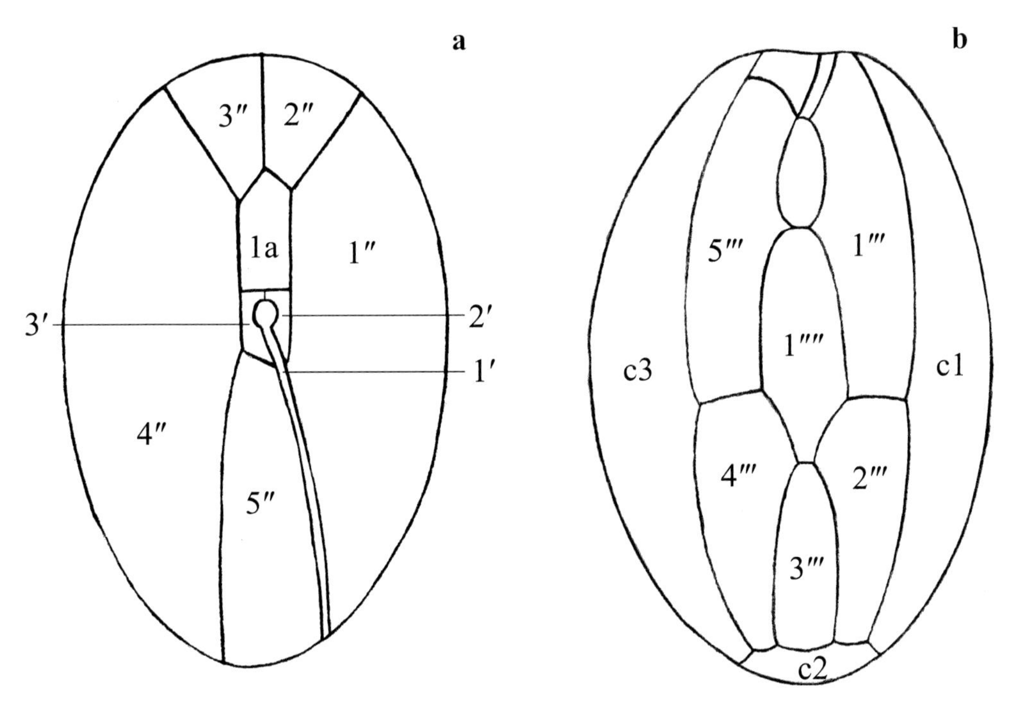

图 144　瘦甲藻属结构示意图

a. 顶面观；b. 底面观；a, b. 仿 Carbonell-Moore (1993)

卵圆瘦甲藻 *Lissodinium ovatum* Carbonell-Moore, 1993

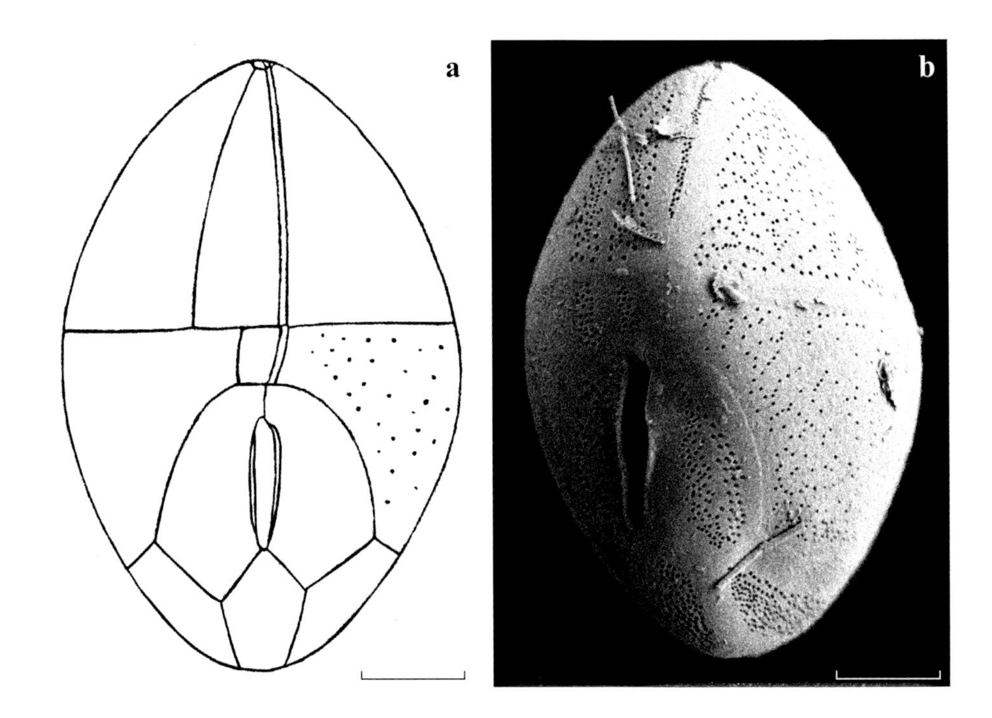

图 145 卵圆瘦甲藻 *Lissodinium ovatum* Carbonell-Moore, 1993
a, b. 腹面观；b. SEM

Carbonell-Moore 1993, 573, fig. 62–65, 122l, 123l.

藻体细胞中型，长 57 μm，宽 36 μm，背腹宽 56 μm，腹面观椭圆形至卵圆形。上壳大于下壳，无顶角，顶孔复合结构大（Carbonell-Moore, 1993），生有一个非常短的顶刺。第一顶板 1′ 狭窄细长，第一前间插板 1a 五边形。横沟宽大，无横沟边翅。纵沟短，纵沟右板 S.d. 较窄。底板 1'''' 为不对称的双锥形，前端两条边明显小于后端两边。壳面较平滑，孔稀疏散布。

样品 2016 年 5 月采自南海北部海域，数量稀少，系中国首次记录。

热带大洋深水性种。东太平洋热带海域有记录。

泰勒瘦甲藻 *Lissodinium taylorii* Carbonell–Moore, 1993

Carbonell–Moore 1993, 582, fig. 2, 113–121, 122q, 123p.

藻体细胞大型，长 71 μm，背腹宽 73 μm，腹面观卵圆形。上壳大于下壳，第一顶板 1′ 狭窄细长且向左侧偏斜，第一前间插板 1a 为较长的五边形。横沟宽大，无横沟边翅。纵沟短，纵沟边翅窄。底板 1′′′′ 前端两条边长且向外侧弧形弯曲，后端两边短且较直。壳面较平滑，孔密布。

样品 2017 年 7 月采自南海北部海域，数量稀少，系中国首次记录。

热带性种。大西洋、珊瑚海、墨西哥湾、那不勒斯湾有记录。

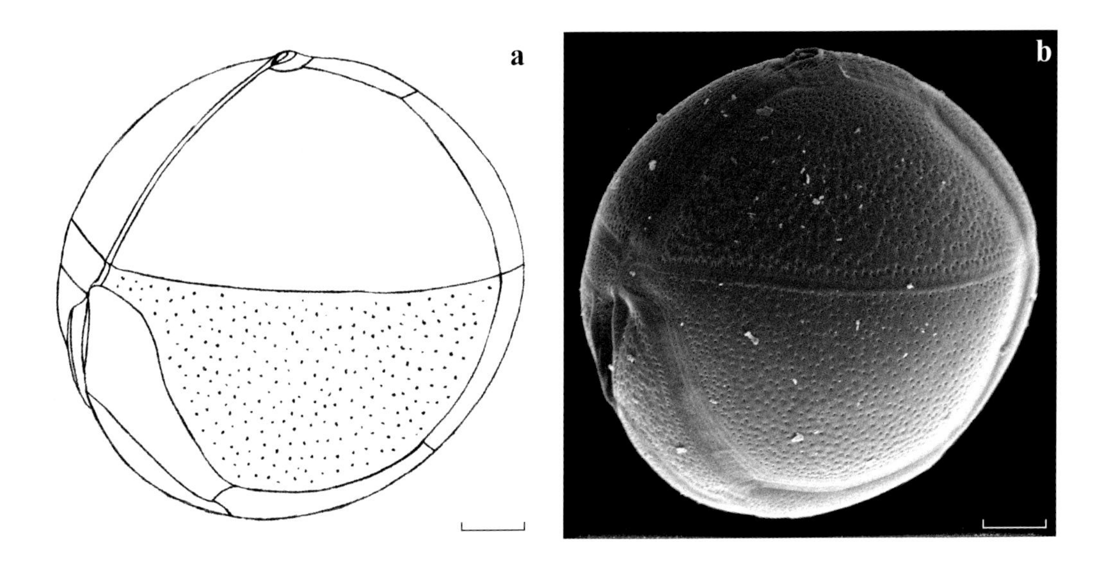

图 146　泰勒瘦甲藻 *Lissodinium taylorii* Carbonell–Moore, 1993

a, b. 左侧面观；b. SEM

尖甲藻科 Oxytoxaceae Lindemann, 1928

尖甲藻属 *Oxytoxum* Stein, 1883

本属藻体细胞小型、中型至大型，腹面观双锥形至卵圆形。横沟左旋或近平直，不交叠，纵沟非常短，但常延伸至上壳。绝大多数物种上壳短于下壳，长大于宽。顶孔 a.p. 偏向背侧。壳面具网纹 (reticulation)、纵脊 (ridge)、孔 (pore) 等结构。Dodge & Saunders (1985) 对本属的甲板结构进行了系统的研究，将与顶孔板 Po 分离不相连的 2 块顶部甲板也归为顶板，即 1′ 和 2′ 。此种情况在甲藻其他属（如亚历山大藻属 *Alexandrium*）中也有出现，因此作者同意 Dodge & Saunders 的观点，本属的甲板公式为：Po, 5′ , 6″, 5c, 4s, 5‴ , 1⁗ 。其中，纵沟甲板有纵沟前板 (S.a.)、纵沟右板 (S.d.)、纵沟左板 (S.s.)、纵沟后板 (S.p.)。

本属共 50 余种，中国海域已有记录 8 种，本书记述 19 种，其中首次记录 11 种。

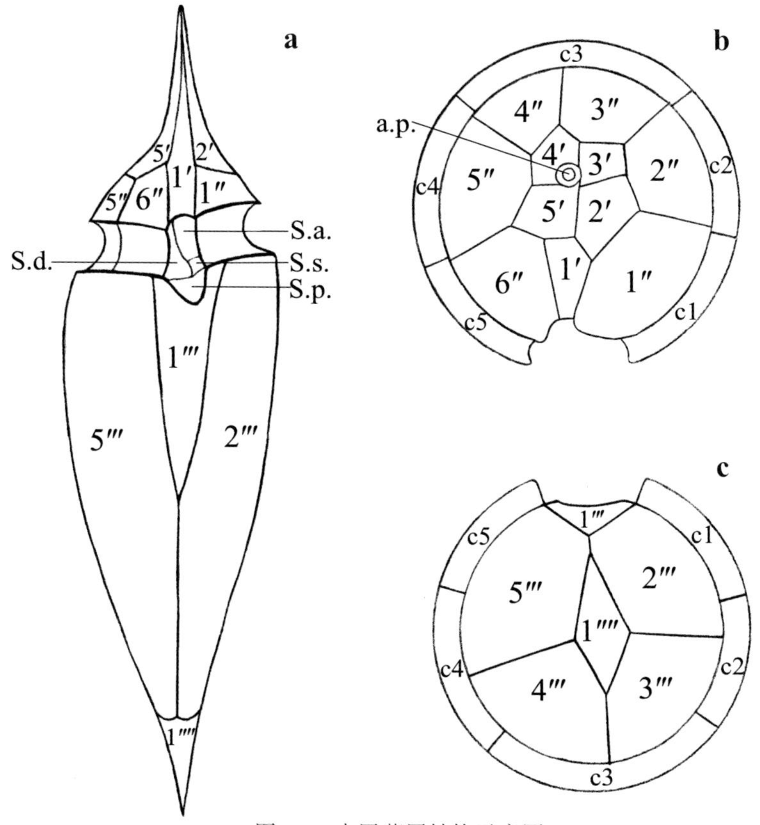

图 147 尖甲藻属结构示意图

a. 腹面观；b. 顶面观；c. 底面观

查林尖甲藻 *Oxytoxum challengeroides* Kofoid, 1907

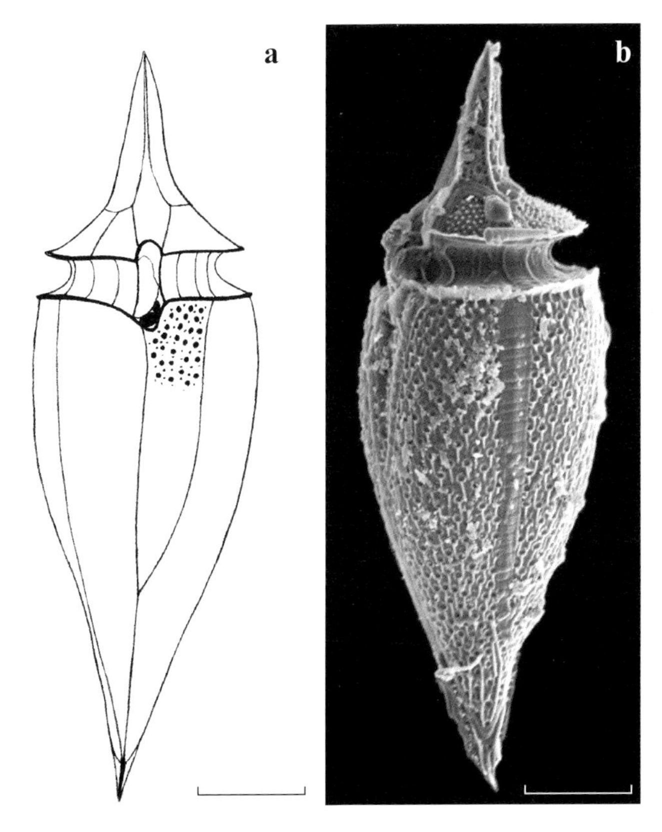

图 148　查林尖甲藻 *Oxytoxum challengeroides* Kofoid, 1907

a. 腹面观；b. 左侧面观（SEM）

Kofoid 1907b, 187, t. 10, fig. 65; Schiller 1937, 465, fig. 534; Wood 1968, 87, fig. 248; Dodge & Saunders 1985, 112, fig. 44–46, 77c; Gómez et al. 2008, 27, fig. 8; 杨世民和李瑞香 2014, 153.

藻体细胞中型，长 69 ~ 76 μm，宽 22 ~ 24 μm。顶角锥形，粗壮，约为细胞长度的 1/5。横沟凹陷，左旋，下降 0.5 倍横沟宽度，不交叠，横沟边翅窄。纵沟甚短。下壳长，两侧边凸，底部生有一个钝而粗壮的底刺。上壳具网纹结构或小棘；下壳网纹结构精致细密，孔密布。

本种与米尔纳尖甲藻 *O. milneri* 相似，但本种个体较后者小，顶刺更短，壳面网纹结构也较米尔纳尖甲藻更加细致精密。

南海有分布。样品 2017 年 7 月采自南海北部海域。

热带性种。东太平洋热带海域、大西洋、佛罗里达海峡、澳大利亚北部海域有记录。

厚尖甲藻 *Oxytoxum crassum* Schiller, 1937

Schiller 1937, 459, fig. 518a–b; Gaarder 1954, 36; Wood 1968, 88, fig. 251; Taylor 1976, 125, fig. 242; Dodge & Saunders 1985, 108, fig. 21–25, 76d–e; Dodge 1985, 106; Gómez et al. 2008, 30, fig. 38; 杨世民和李瑞香 2014, 154.

藻体细胞小型，长 25 ~ 28 μm，宽 20 ~ 24 μm。上壳短，宽度小于下壳，圆顶状，顶部生有一个非常小的顶刺。横沟宽阔且凹陷，近平直或稍左旋。下壳椭球形，约为细胞长度的 2/3，底部略尖，底刺甚小。壳面多角形网纹结构较细弱，孔散布。

东海、南海有分布。样品 2010 年 7 月采自台湾海峡。

暖温带至热带性种。太平洋、大西洋、印度洋、亚得里亚海、佛罗里达海峡有记录。

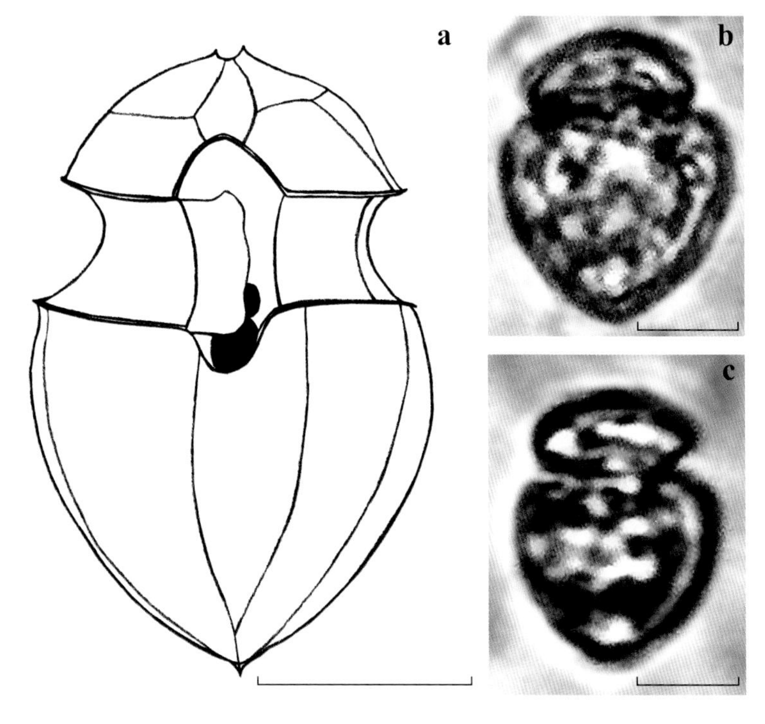

图 149 厚尖甲藻 *Oxytoxum crassum* Schiller, 1937

a, b. 腹面观；c. 背面观

弯曲尖甲藻 *Oxytoxum curvatum* (Kofoid) Kofoid, 1911

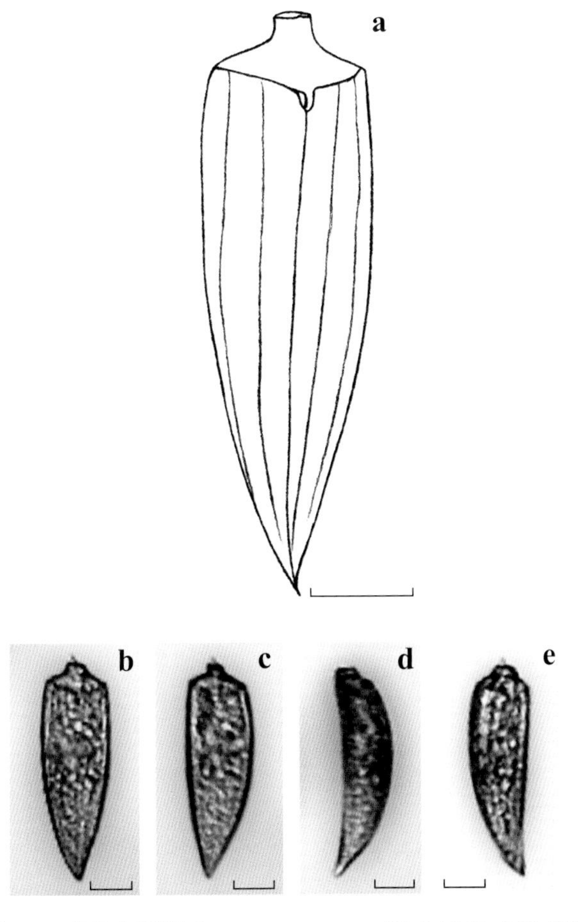

图 150 弯曲尖甲藻 *Oxytoxum curvatum* (Kofoid) Kofoid, 1911
a–c. 腹面观；d. 左侧面观；e. 右侧面观；b–e. 活体

Kofoid 1911a, 287; Schiller 1937, 452, fig. 497a–b; Wood 1968, 89, fig. 253; Gómez et al. 2008, 27, fig. 18.

同种异名：*Prorocentrum curvatum* Kofoid, 1907: Kofoid 1907b, 166, t. 1, fig. 1–2.

藻体细胞小至中型，长 53 μm，宽 16 μm，腹面观倒矛形，侧面观细胞向腹面弧形弯曲。上壳非常短小，按钮状。横沟近平直，纵沟甚短。下壳长锥形，约为细胞长度的 7/8，两侧边凸，底部为钝的角状，无底刺。壳面较平滑，具细弱的纵脊，无网纹结构，孔散布。

样品 2013 年 8 月采自冲绳海槽西侧海域，数量稀少，系中国首次记录。

热带性种。太平洋、大西洋、印度洋、加勒比海、巴西北部海域有记录。

扁形尖甲藻 *Oxytoxum depressum* Schiller, 1937

Schiller 1937, 456, fig. 510a.

藻体细胞小型，长 33～42 μm，宽 25～35 μm。上壳短，圆顶状，顶角非常短，顶角两侧具翼。横沟宽阔，稍凹陷，左旋，下降 0.3～0.5 倍横沟宽度。纵沟短。下壳粗壮，约为细胞长度的 3/4，两侧边凸，底刺尖锐。壳面具网纹结构，孔散布。

样品 2016 年 5 月采自南海北部海域、2017 年 8 月采自南海中部海域，数量稀少，系中国首次记录。

热带性种。亚得里亚海有记录。

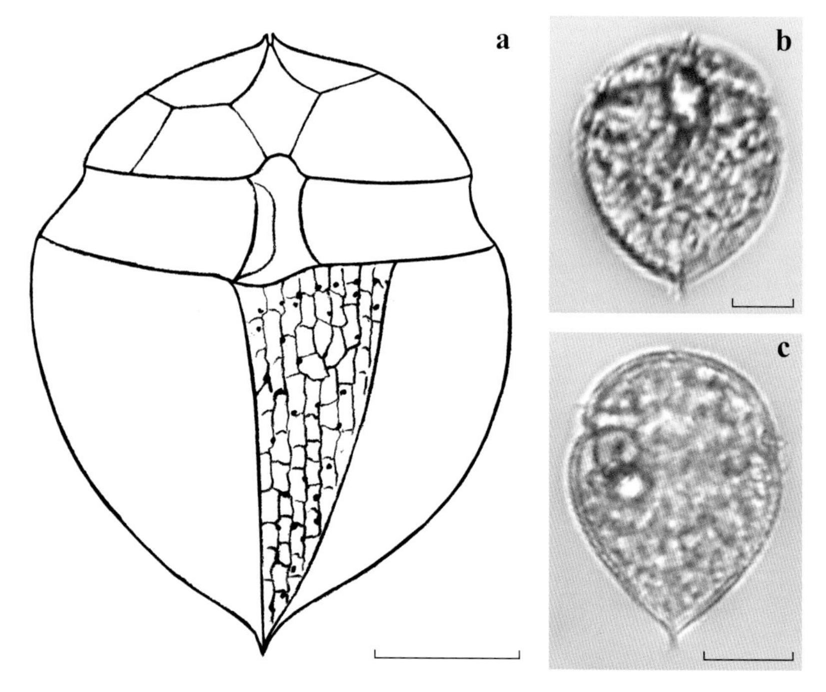

图 151 扁形尖甲藻 *Oxytoxum depressum* Schiller, 1937

a, b. 腹面观；c. 背面观

延长尖甲藻 *Oxytoxum elongatum* Wood, 1963

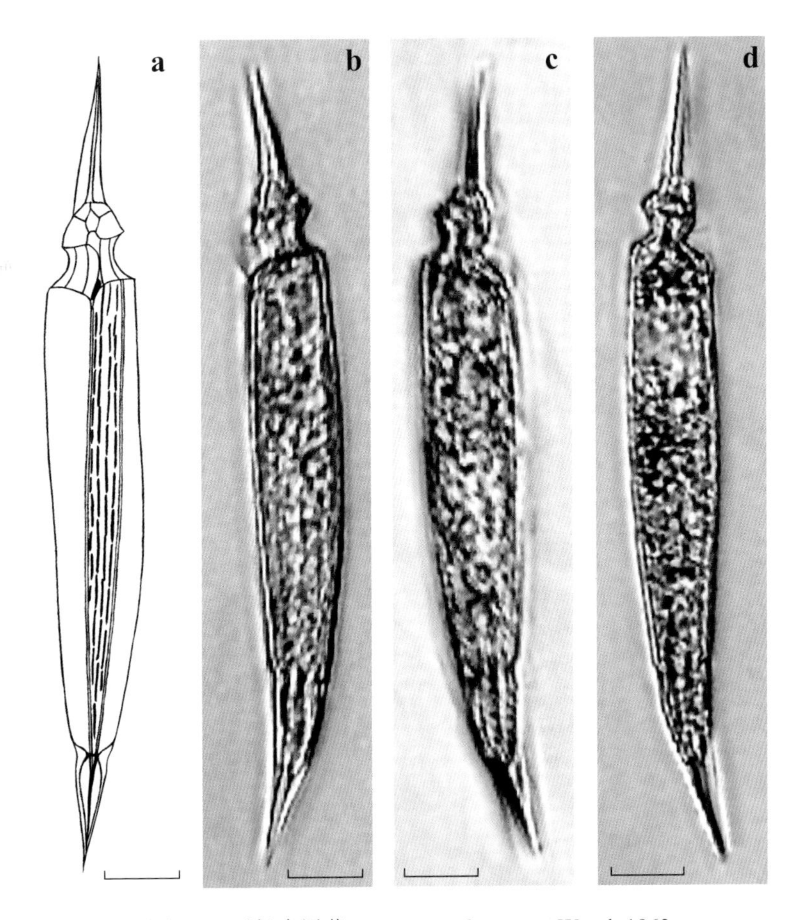

图 152 延长尖甲藻 *Oxytoxum elongatum* Wood, 1963
a. 腹面观；b. 左侧面观；c, d. 右侧面观

Wood 1963a, 45, fig. 168; Dodge & Saunders 1985, 112, fig. 50–52, 77e; Dodge 1985, 108.

藻体细胞中至大型，长 106 ~ 109 μm，宽 13 ~ 14 μm。上壳短小，顶刺具翼，细长且尖锐。横沟近平直或稍稍左旋，宽阔且凹陷。下壳长锥形，约为细胞长度的 4/5，两侧边稍凸，具翼底刺三角锥状，稍向腹面弯曲。壳面生有许多短的纵脊，无网纹结构，孔散布。

本种与刺尖甲藻 *O. scolopax* 相似，但本种藻体更修长，下壳所占细胞长度的比例也更大。

样品 2008 年 6 月采自三亚附近海域，数量少，系中国首次记录。

热带性种。大西洋、澳大利亚北部海域有记录。

宽角尖甲藻 *Oxytoxum laticeps* Schiller, 1937

Schiller 1937, 461, fig. 523; Wood 1968, 90, fig. 260; Taylor 1976, 125, fig. 249; Dodge 1982, 245, fig. 32j; Dodge & Saunders 1985, 110, fig. 1d, 33–37, 76h; Omura et al. 2012, 108.

藻体细胞小型，长 19 μm，宽 14 μm。上壳短，圆顶状。横沟宽阔且凹陷，左旋，下降 0.3～0.5 倍横沟宽度。下壳椭球形，约为细胞长度的 2/3，底部略尖，底刺短小。壳面具发达的网纹结构，孔散布。

样品 2017 年 7 月采自南海北部海域，数量稀少，系中国首次记录。

暖温带至热带性种。太平洋、大西洋、印度洋、珊瑚海、亚得里亚海、加勒比海、英吉利海峡、佛罗里达海峡有记录。

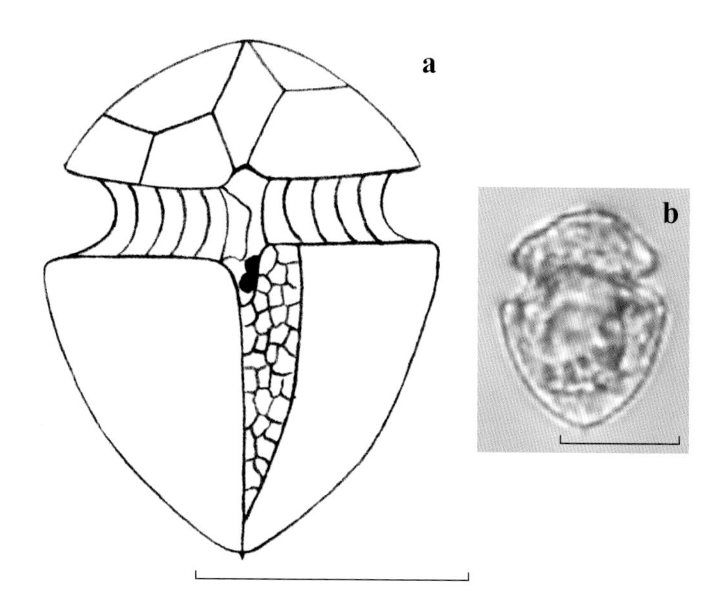

图 153　宽角尖甲藻 *Oxytoxum laticeps* Schiller, 1937

a. 腹面观；b. 左侧面观

长角尖甲藻 *Oxytoxum longiceps* Schiller, 1937

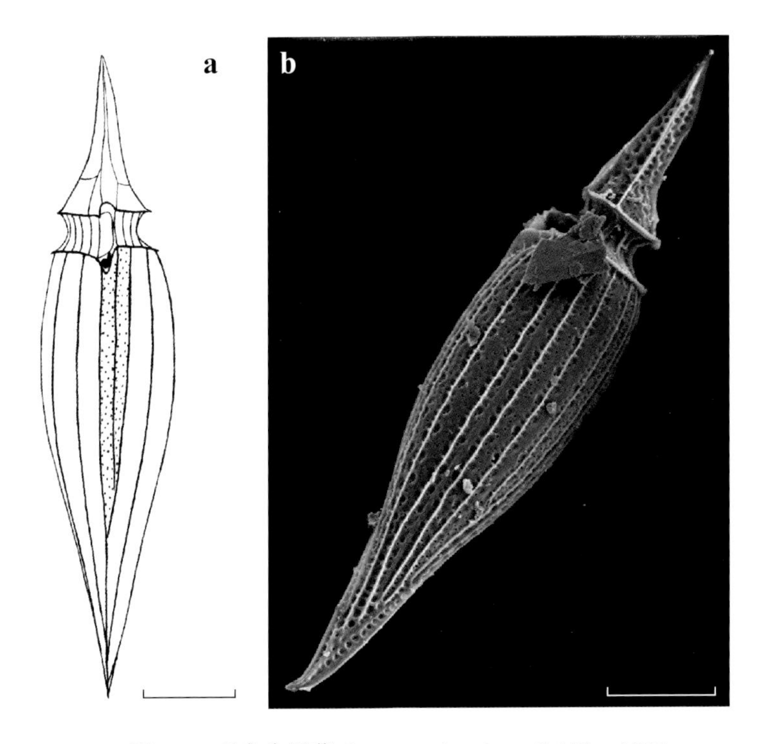

图 154　长角尖甲藻 *Oxytoxum longiceps* Schiller, 1937
a. 腹面观；b. 左侧面观（SEM）

Schiller 1937, 464, fig. 532; Wood 1963a, 46, fig. 171; Wood 1968, 91, fig. 261; Balech 1988, 196, lam. 82, fig. 21; Gómez et al. 2008, 27, fig. 2–3.

藻体细胞中型，长 69 μm，宽 15 μm。上壳近锥形，顶角较粗短，约为细胞长度的 1/5。横沟宽阔且凹陷，近平直或稍稍左旋，不交叠。下壳长锥形，两侧边凸，底刺短而尖锐。壳面纵脊长且清晰，无网纹结构或网纹结构非常细弱，孔散布。

样品 2012 年 5 月采自南海北部海域，数量稀少，系中国首次记录。

热带性种。太平洋、大西洋、珊瑚海、亚得里亚海、加勒比海、佛罗里达海峡有记录。

地中海尖甲藻 *Oxytoxum mediterraneum* Schiller, 1937

Schiller 1937, 459, fig. 516; Wood 1968, 91, fig. 262; Balech 1988, 181, lam. 82, fig. 17–18.

藻体细胞小型，长 23～25 μm，宽 18～20 μm。上壳短，扁圆顶状，无顶角或顶刺。横沟宽阔且深陷，近平直。下壳椭球形，约为细胞长度的 2/3，底部圆钝，无底角或底刺。壳面网纹结构粗大清晰，网纹内有孔。

样品 2017 年 8 月采自南海中部海域，数量稀少，系中国首次记录。

热带性种。大西洋、亚得里亚海、佛罗里达海峡有记录。

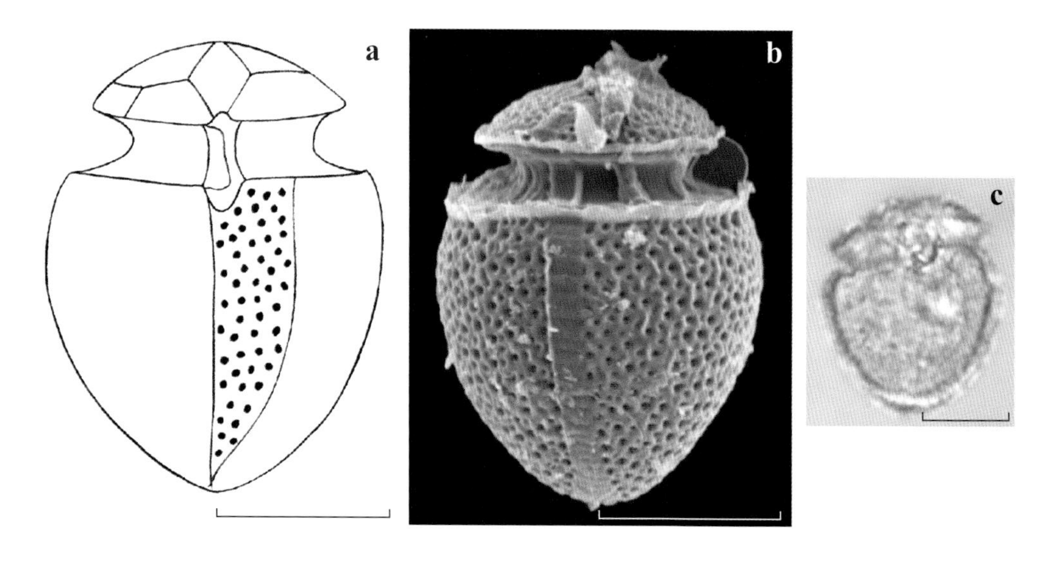

图 155　地中海尖甲藻 *Oxytoxum mediterraneum* Schiller, 1937

a, c. 腹面观；b. 背面观（SEM）

米尔纳尖甲藻 *Oxytoxum milneri* Murray & Whitting, 1899

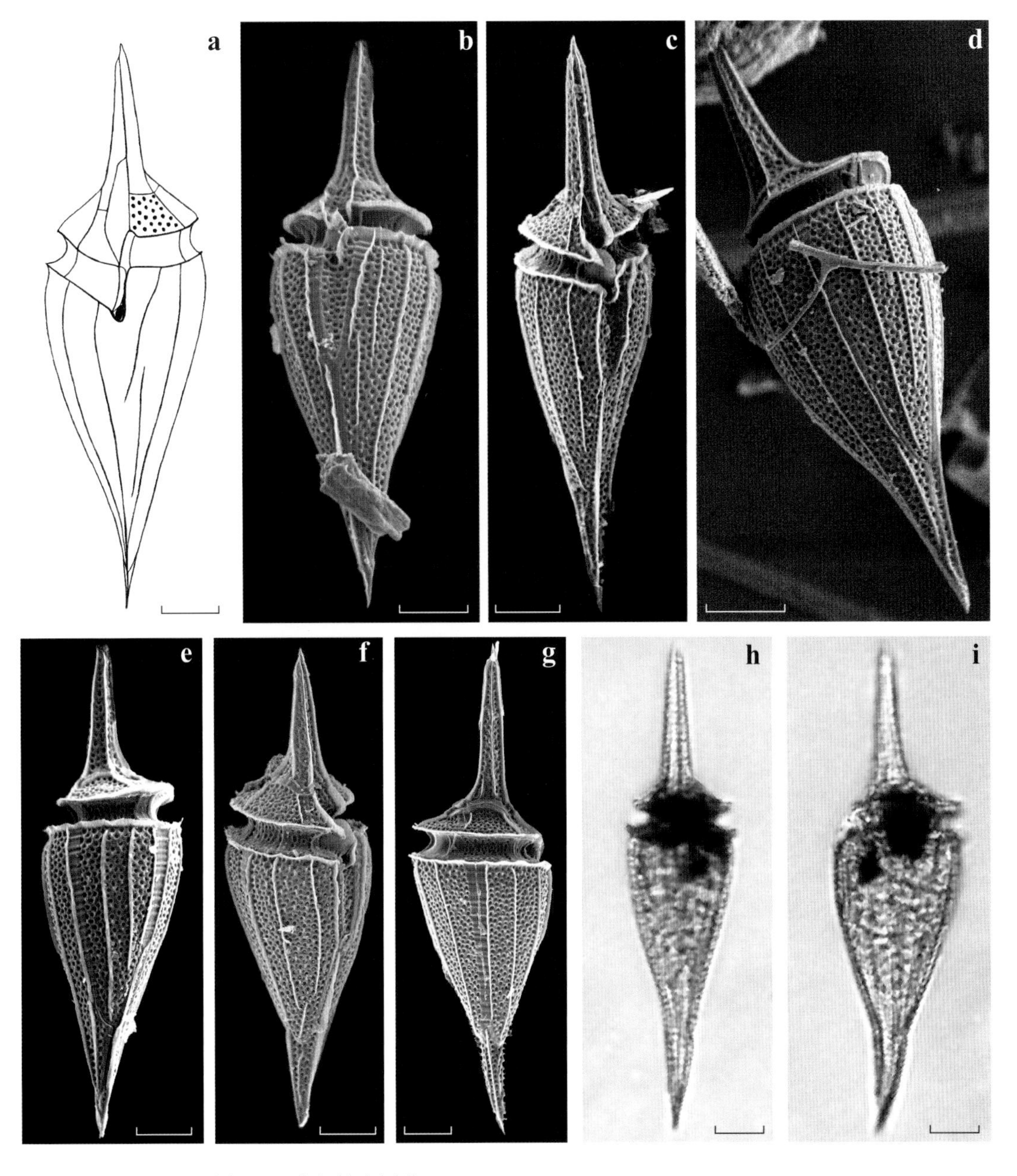

图 156　米尔纳尖甲藻 *Oxytoxum milneri* Murray & Whitting, 1899
a–c. 腹面观；d, e, i. 左侧面观；f, g. 右侧面观；h. 背面观；h, i. 活体；b–g. SEM

Murray & Whitting 1899, 328, t. 27, fig. 6; Schröder 1900, fig. 14; Paulsen 1908, 70, fig. 93; Pavillard 1931, 99; Lebour et al. 1925, 141, fig. 44g; Schiller 1937, 465, fig. 533; Rampi 1941a, 68, t. 2, fig. 4; Kisselev 1950, 260, fig. 453; Gaarder 1954, 37; Halim 1960a, t. 3, fig. 23; Balech 1962, 169, t. 19, fig. 284–285; Wood 1963a, 46, fig. 173; Yamaji 1966, 107, t. 51, fig. 15; Wood 1968, 91, fig. 263; Steidinger & Williams 1970, 54, t. 27, fig. 86; Dodge 1982, 246, fig. 32g; Dodge & Saunders 1985, 112, fig. 53–55, 77g; Dodge 1985, 109; Hernández-Becerril 1988, 433, fig. 49; Omura et al. 2012, 108; 杨世民和李瑞香 2014, 155.

藻体细胞大型，长 81 ~ 107 μm，宽 26 ~ 32 μm。上壳尖塔状，顶部急剧收缩伸长形成尖锥形的顶角，顶角约为细胞长度的 1/3。横沟宽阔且凹陷，稍左旋，下降 0.3 ~ 0.5 倍横沟宽度，不交叠。纵沟甚短。下壳长锥形，两侧边凸，底刺粗壮。壳面生有多条长短不一的纵脊，纵脊间网纹结构清晰，孔散布。

东海、南海、吕宋海峡均有分布。样品 2008 年 6 月采自三亚附近海域、2011 年 4 月采自吕宋海峡、2013 年 8 月采自冲绳海槽西侧海域、2017 年 8 月采自南海中部海域。

热带、亚热带性种。太平洋、大西洋、印度洋、地中海、加勒比海、墨西哥湾、佛罗里达海峡、美国加利福尼亚附近海域、巴西北部海域均有记录。

帽状尖甲藻 *Oxytoxum mitra* Stein, 1883

Stein 1883, t. 5, fig. 22, t. 6, fig. 1; Schiller 1937, 459, fig. 517; Wood 1968, 91, fig. 264; Dodge & Saunders 1985, 108, fig. 28–29, 76c.

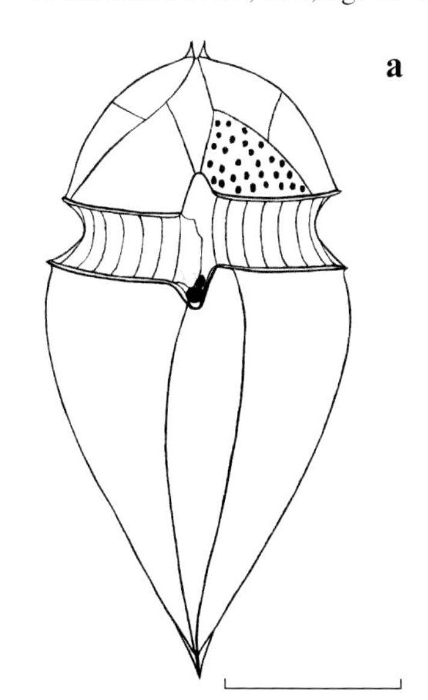

藻体细胞小型，长 30 ~ 41 μm，宽 16 ~ 21 μm。上壳短，半球状，顶角甚短，顶角两侧具翼。横沟宽阔且凹陷，左旋，下降 0.3 ~ 0.5 倍横沟宽度。下壳锥形，约为细胞长度的 2/3，两侧边凸，底刺尖锐。壳面网纹结构粗大清晰，孔散布。

本种与扁形尖甲藻 *O. depressum* 相似，但本种上壳宽，呈半球状，而后者上壳约为 1/4 球体。另外，本种藻体相较扁形尖甲藻更细长些，横沟凹陷的程度也更大些。

样品 2011 年 4 月采自吕宋海峡、2017 年 5 月采自东海、2017 年 7 月采自南海北部海域，数量少，系中国首次记录。

热带性种。大西洋、珊瑚海、地中海、佛罗里达海峡有记录。

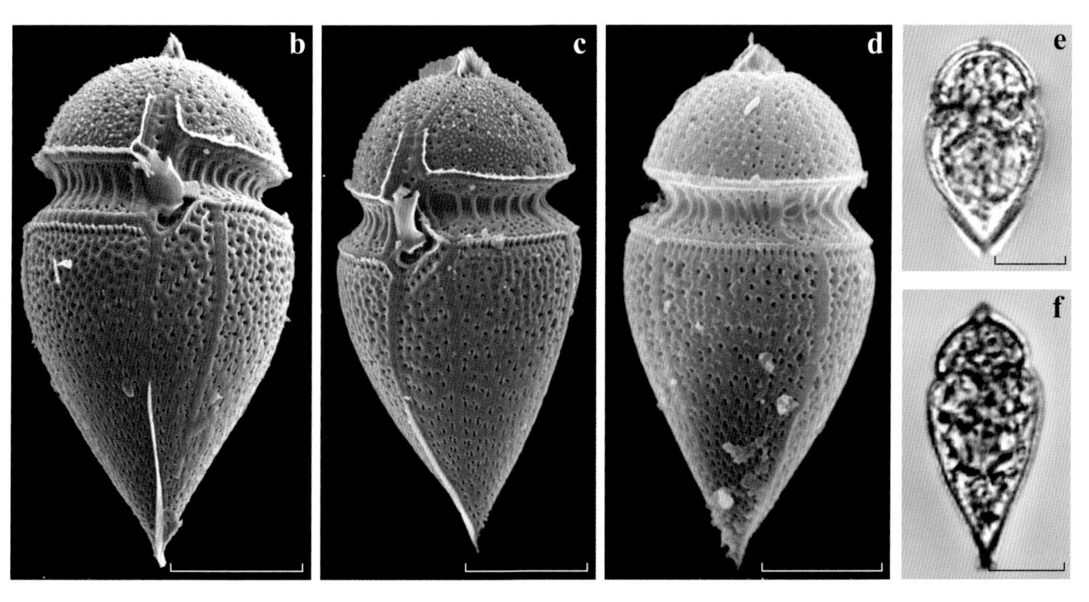

图 157　帽状尖甲藻 *Oxytoxum mitra* Stein, 1883

a–c, e. 腹面观；d, f. 背面观；b–d. SEM

短尖尖甲藻 *Oxytoxum mucronatum* Hope, 1954

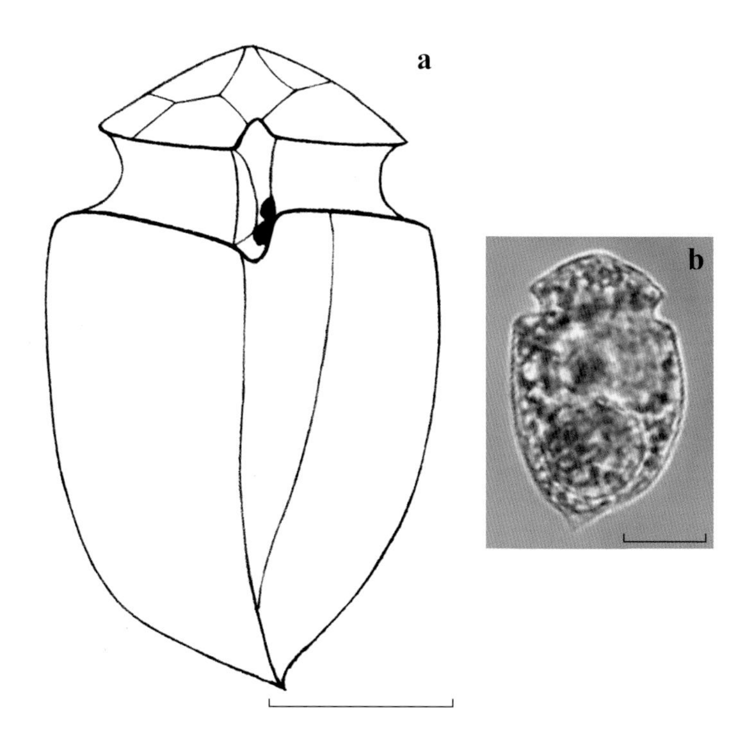

图 158 短尖尖甲藻 *Oxytoxum mucronatum* Hope, 1954
a. 腹面观；b. 左侧面观（活体）

Hope 1954, 153, fig. 1c–e.

藻体细胞中型，长 34 μm，宽 22 μm。上壳短，近扁锥形，两侧边直或稍凸，无顶角或顶刺。横沟宽阔且凹陷，左旋，下降 0.5 倍横沟宽度。下壳卵圆形，约为细胞长度的 3/4，底部尖，底刺短小。壳面具纵脊，孔散布。

本种与宽角尖甲藻 *O. laticeps* 相似，但本种个体大于后者，长度约为后者的两倍 (Hope, 1954)。而且，本种的上壳为扁锥形，而宽角尖甲藻的上壳为圆顶状。

样品 2017 年 8 月采自南海中部海域，数量稀少，系中国首次记录。

温带至热带性种。挪威附近海域有记录。

小型尖甲藻 *Oxytoxum parvum* Schiller, 1937

Schiller 1937, 464, fig. 531; Gaarder 1954, 37; Wood 1963a, 48, fig. 177; Wood 1968, 92, fig. 267; Taylor 1976, 127, fig. 239; Dodge & Saunders 1985, 116, fig. 74, 77b; Gómez et al. 2008, 30, fig. 21–22.

藻体细胞小型，长 35～42 μm，宽 11～12 μm。上壳短，两侧边直或稍凸，顶角短锥形。横沟宽阔且凹陷，稍稍左旋，不交叠。下壳长锥形，两侧边凸，在藻体中部尤为明显，底刺较短，尖锥形。壳面具纵脊和网纹结构，孔散布。

样品 2011 年 9 月、2017 年 7 月采自南海北部海域，数量少，系中国首次记录。

热带性种。太平洋、大西洋、印度洋、塔斯曼海、地中海、亚得里亚海、加勒比海有记录。

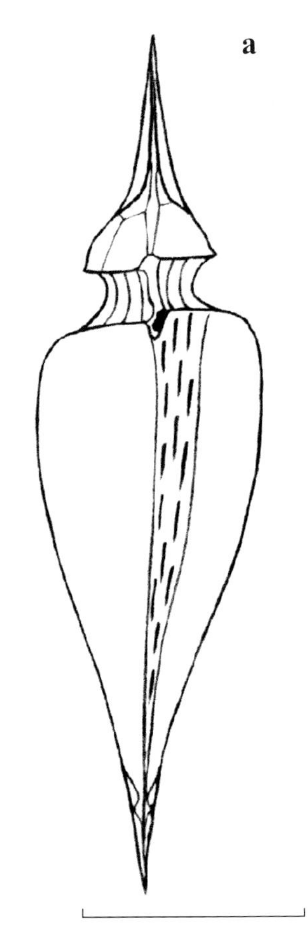

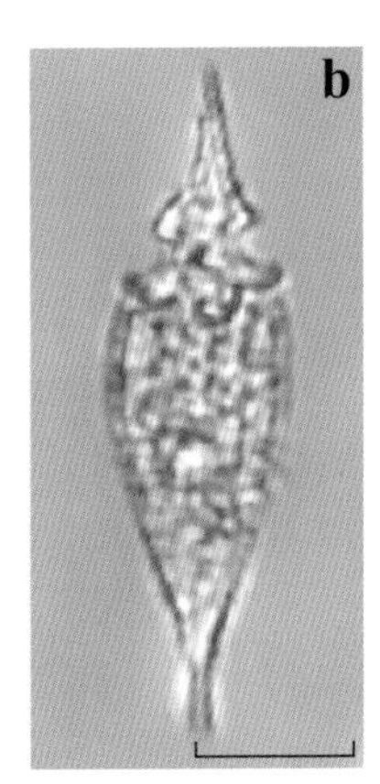

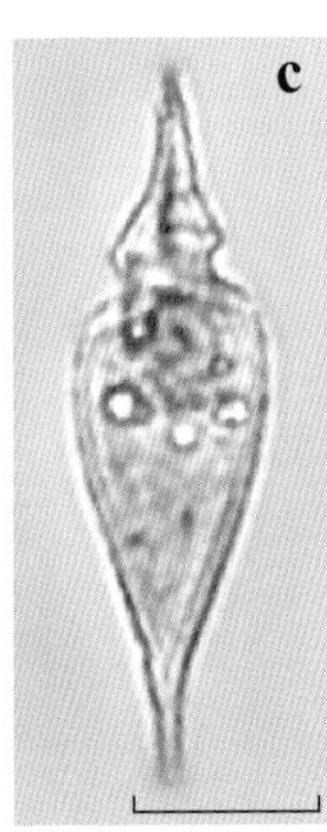

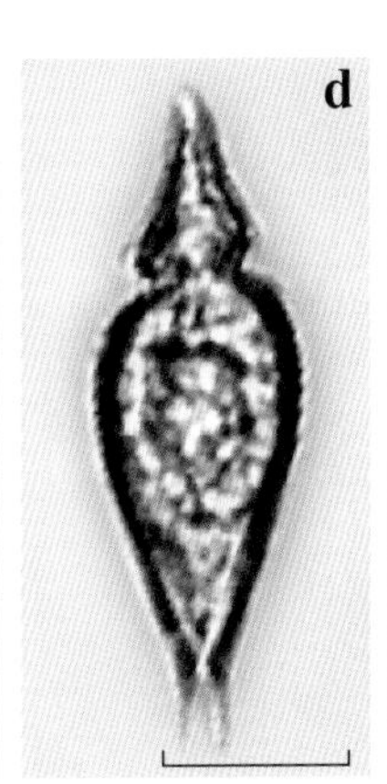

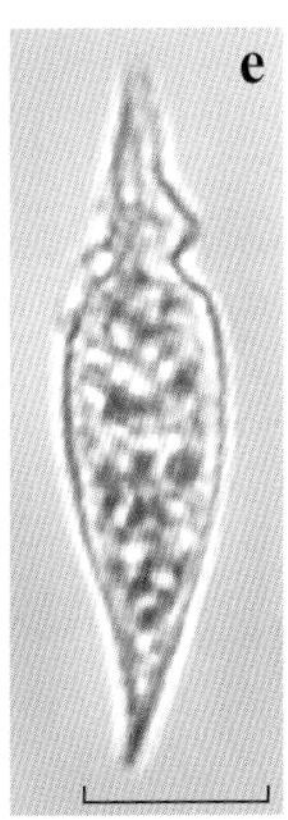

图 159 小型尖甲藻 *Oxytoxum parvum* Schiller, 1937
a–d. 腹面观；e. 左侧面观；d. 活体

辐射尖甲藻 *Oxytoxum radiosum* Rampi, 1941

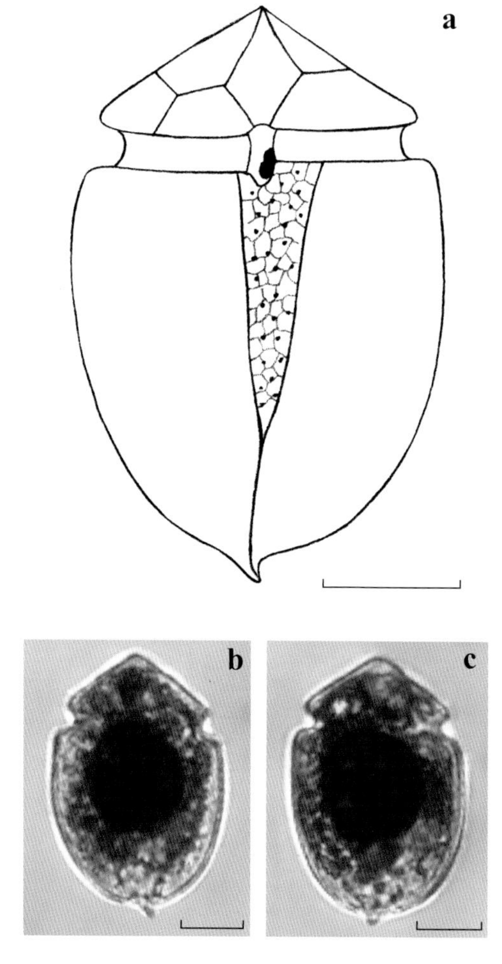

图 160 辐射尖甲藻 *Oxytoxum radiosum* Rampi, 1941

a, b. 腹面观；c. 背面观

Rampi 1941, 65, t. 1, fig. 1.

藻体细胞中型，长 41 μm，宽 29 μm。上壳扁锥形，两侧边直，无顶角或顶刺。横沟较宽，凹陷，稍左旋，下降 0.3～0.5 倍横沟宽度。下壳椭球形，约为细胞长度的 2/3，底部圆钝，生有一个短小的底刺，底刺稍向腹面弯曲。壳面具网纹结构，孔散布。

样品 2017 年 7 月采自南海北部海域，数量稀少，系中国首次记录。

热带性种。大西洋有记录。

节杖尖甲藻 *Oxytoxum sceptrum* (Stein) Schröder, 1906

Schröder 1906, 327; Schiller 1937, 458, fig. 514; Wood 1968, 93, fig. 269; Balech 1971b, 32, t. 8, fig. 142–144; Dodge & Saunders 1985, 114, fig. 57–60, 77d; Dodge 1985, 111; Balech 1988, 196, lam. 82, fig. 20; Al–Kandari et al. 2009, 170, t. 16k; Omura et al. 2012, 108.

同种异名：*Pyrgidium sceptrum* Stein, 1883: Stein 1883, t. 5, fig. 19–21.

藻体细胞中型，长 46～57 μm，宽 17～18 μm。上壳锥形，两侧边直或稍凹，顶角粗短。横沟宽阔且凹陷，稍左旋，下降 0.2～0.3 倍横沟宽度，不交叠。纵沟甚短。下壳长且粗壮，两侧边凸，在藻体中部处最宽，底刺短锥形。壳面纵脊清晰，纵脊间具网纹结构，孔散布。

本种与米尔纳尖甲藻 *O. milneri* 相似，但本种个体小于后者，藻体细胞更加粗壮，顶角也较米尔纳尖甲藻更为粗短。

南海有分布。样品 2016 年 5 月采自南海北部海域、2017 年 8 月采自南海中部海域。

热带性种。太平洋、大西洋、印度洋、地中海、加勒比海、佛罗里达海峡、巴西南部海域、科威特附近海域均有记录。

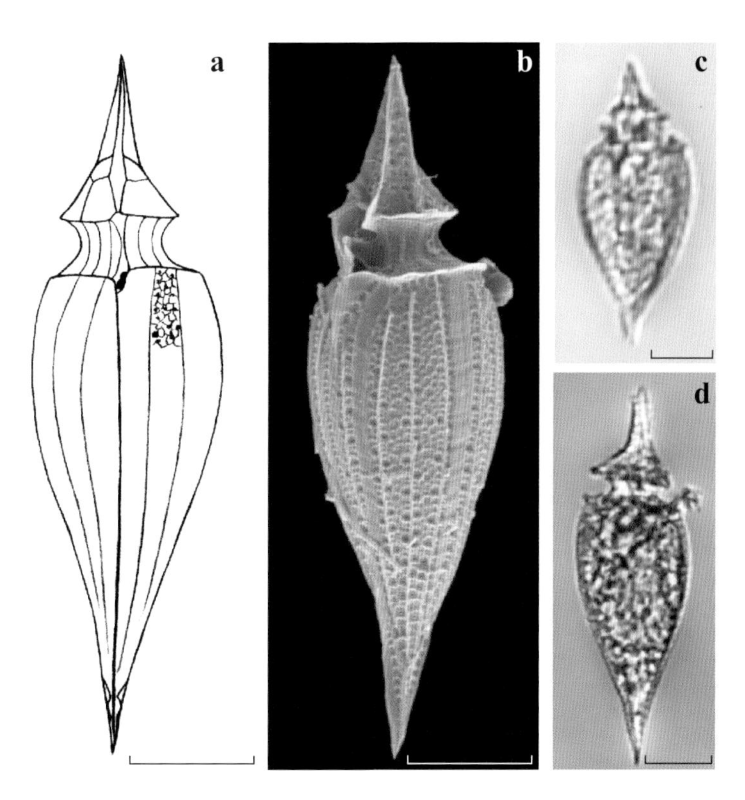

图 161 节杖尖甲藻 *Oxytoxum sceptrum* (Stein) Schröder, 1906

a, c. 腹面观；b. 左侧面观；d. 右侧面观；b. SEM

刺尖甲藻 *Oxytoxum scolopax* Stein, 1883

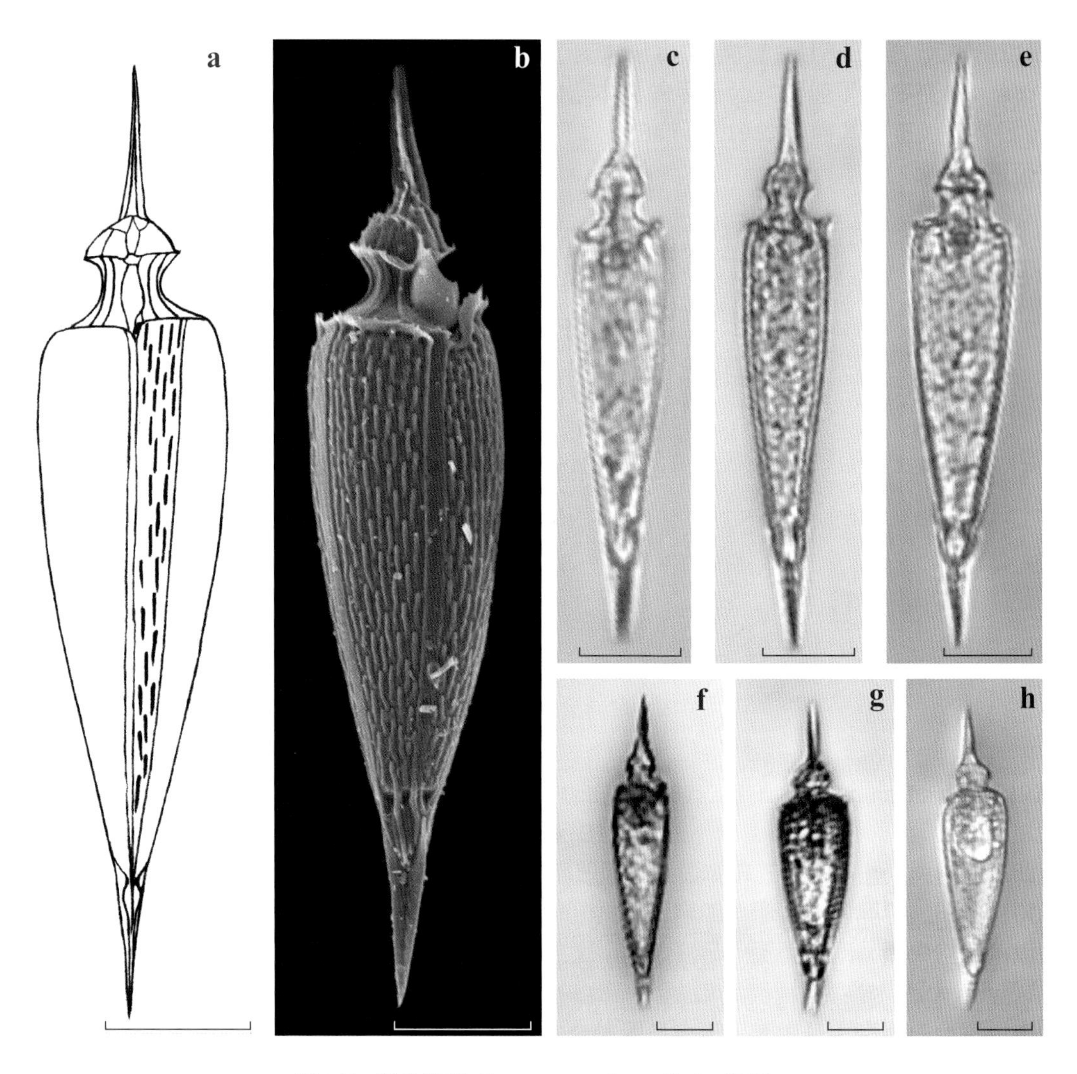

图 162　刺尖甲藻 *Oxytoxum scolopax* Stein, 1883
a–f. 腹面观；g, h. 背面观；f–h. 活体；b. SEM

Stein 1883, t. 5, fig. 1–3; Bütschli 1885, t. 53, fig. 6; Schütt 1895, t. 18, fig. 55; Lebour et al. 1925, 141, fig. 44c; Schiller 1937, 453, fig. 502a–c; Rampi 1941, 63, t. 2, fig. 9; Kisselev 1950, 259, fig. 449; Rampi 1952b, 113, fig. 1; Gaarder 1954, 38; Wood 1954, 315, fig. 245; Silva 1956, 69, t. 11, fig. 14; Silva 1958, 32, t. 3, fig. 7; Curl 1959, 306, fig. 124; Halim 1960, t. 3, fig. 26; Yamaji 1966, 107, t. 51, fig. 16; Taylor 1967, t. 91, fig. 38; Wood 1968, 93, fig. 270; Steidinger & Williams 1970, 54, t. 27, fig. 87; Balech 1971a, 166, t. 36, fig. 705–707; Sournia 1972a, 155, fig. 10; Taylor 1976, 127, fig. 252–253, 512; Dodge 1982, 246, fig. 32h; Dodge & Saunders 1985, 110, fig. 47–49, 77a; Dodge 1985, 108; Hernández–Becerril 1988, 433, fig. 34; Balech 1988, 182, lam. 82, fig. 16; Tomas 1997, 519, t. 7; Gómez et al. 2008, 27, fig. 6–7; Omura et al. 2012, 108; 杨世民和李瑞香 2014, 156.

藻体细胞中型，长 54 ~ 68 μm，宽 9 ~ 15 μm，腹面观纺锤形。上壳短小，两侧边凸，顶部生有一个细长锥状的具翼顶刺。横沟近平直，宽阔且凹陷。纵沟甚短。下壳长锥形，约为细胞长度的 2/3，两侧边凸，底部肿胀如膀胱状，其下生有一锥形底刺。壳面具许多短的纵脊，无网纹结构，孔散布。

东海、南海有分布。样品 2011 年 9 月采自南海北部海域、2013 年 8 月采自冲绳海槽西侧海域、2017 年 8 月采自南海中部海域。

暖温带至热带性种。太平洋、大西洋、印度洋、地中海、马尾藻海、加勒比海、安达曼海、墨西哥湾、佛罗里达海峡、美国加利福尼亚附近海域、巴西北部和东南部海域均有记录。

球体尖甲藻 *Oxytoxum sphaeroideum* Stein, 1883

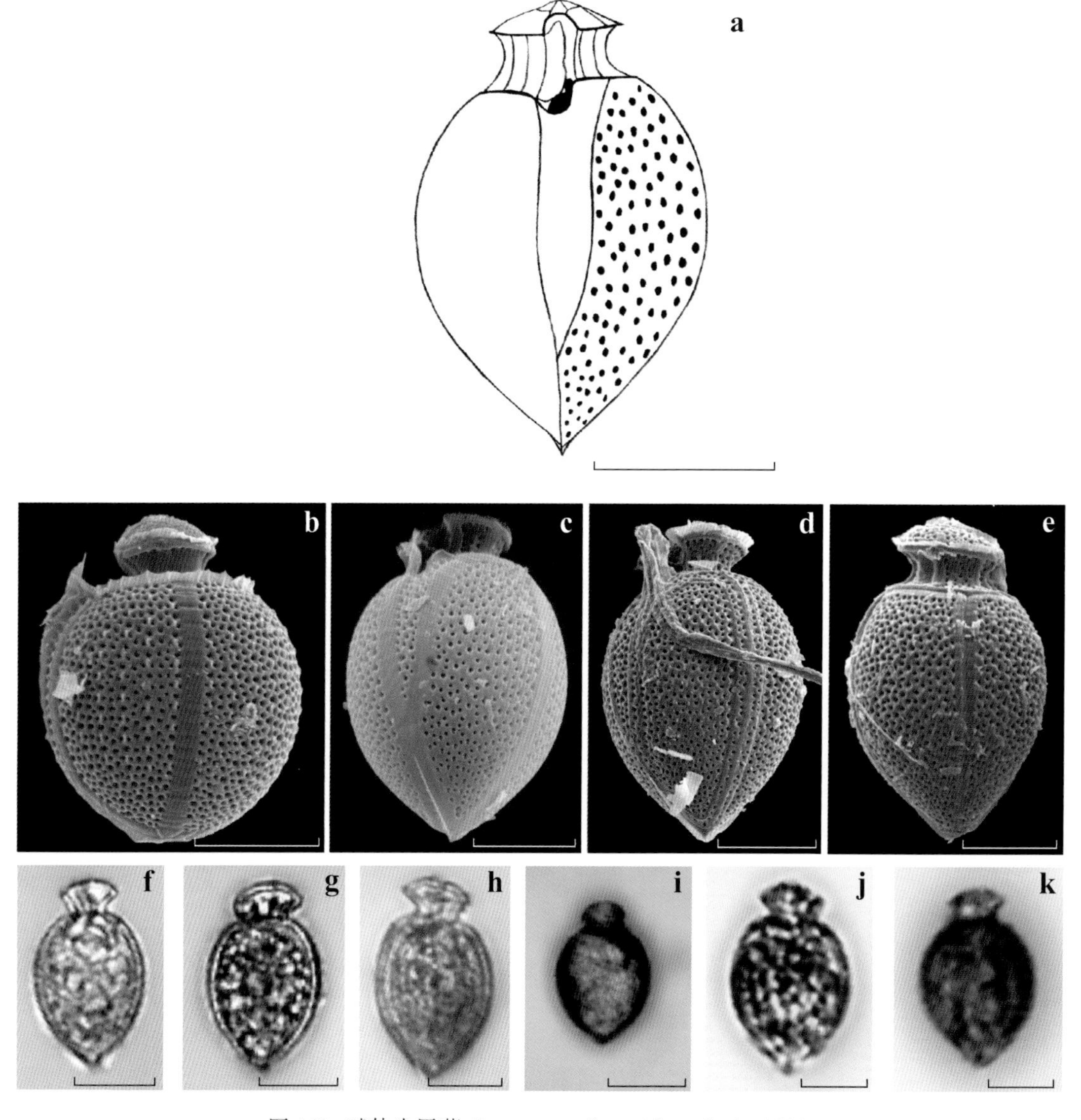

图 163　球体尖甲藻 *Oxytoxum sphaeroideum* Stein, 1883
a. 腹面观；b–d, g. 左侧面观；e, h–k. 右侧面观；f. 背面观；b–e. SEM

Stein 1883, t. 5, fig. 9; Ostenfeld 1900, 57; Paulsen 1908, 68, fig. 90; Lebour et al. 1925, 140, fig. 44a; Schiller 1937, 452, fig. 498; Kisselev 1950, 258, fig. 447a; Gaarder 1954, 38; Wood 1968, 93, fig. 271; Dodge 1982, 247, fig. 32i; Balech 1988, 182, lam. 82, fig. 19.

藻体细胞小型，长 19 ~ 35 μm，宽 13 ~ 22 μm。上壳短小，半球状，顶部圆钝，无顶角或顶刺。横沟宽阔且深陷，近平直或稍左旋，不交叠。纵沟甚短。下壳球形至椭球形，约为细胞长度的 4/5，底部圆钝或略尖，无底角或底刺。壳面具粗大的网纹结构，网纹内有孔。

黄海、东海、南海均有分布。样品 2012 年 4 月采自南海北部海域、2013 年 7 月采自黄海南部海域、2013 年 8 月采自冲绳海槽西侧海域、2016 年 5 月采自南海北部海域、2017 年 5 月采自东海、2017 年 7 月采自南海北部海域。

暖温带至热带性种。大西洋、加勒比海、佛罗里达海峡、英国西部海域、百慕大群岛附近海域、阿根廷东部海域有记录。

钻形尖甲藻 *Oxytoxum subulatum* Kofoid, 1907

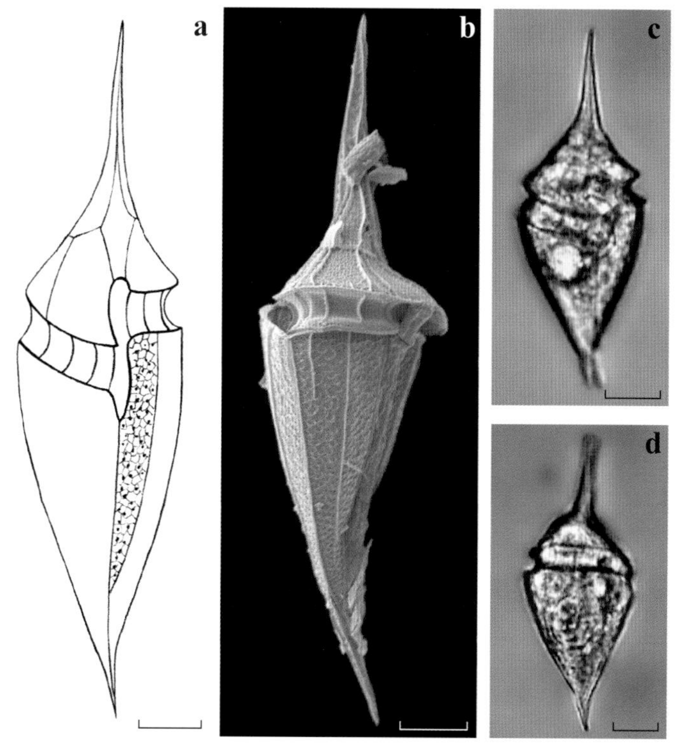

图 164　钻形尖甲藻 *Oxytoxum subulatum* Kofoid, 1907
a, c. 腹面观；b, d. 背面观；c, d. 活体；b. SEM

Kofoid 1907b, 190, t. 10, fig. 62; Schiller 1937, 465, fig. 535; Wood 1954, 316, fig. 250; Margalef 1961b, 142, fig. 3/11; Wood 1968, 93, fig. 272; Taylor 1976, 128, fig. 251a–b; 杨世民和李瑞香 2014, 157.

藻体细胞中至大型，长 67 ~ 104 μm，宽 26 ~ 30 μm。上壳顶部急剧收缩形成顶角，顶角末端细长而尖锐，约为细胞长度的 1/3。横沟宽阔且凹陷，左旋，下降 0.5 ~ 1 倍横沟宽度，不交叠。纵沟甚短。下壳长锥形，两侧边稍凸，底刺纤细尖锐。壳面具纵脊，网纹结构细弱，孔散布。

本种与米尔纳尖甲藻 *O. milneri* 非常相似，Taylor (1976) 甚至认为二者为同种异名，但本种顶角和底刺相较后者更加纤细尖锐，壳面纵脊和网纹结构也较米尔纳尖甲藻细弱不明显，因此作者认为二者应属不同物种。

南海有分布。样品 2016 年 5 月采自南海北部海域、2017 年 8 月采自南海中部海域，数量少。

热带性种。太平洋、大西洋、印度洋、孟加拉湾、佛罗里达海峡有记录。

旋风尖甲藻 *Oxytoxum turbo* Kofoid, 1907

Kofoid 1907b, 190, t. 10, fig. 60; Schiller 1937, 457, fig. 512a–c; Wood 1954, 315, fig. 246; Wood 1968, 94, fig. 274; Balech 1988, 181, lam. 82, fig. 13–15; Gómez et al. 2008, 30, fig. 23–24; 杨世民和李瑞香 2014, 158.

藻体细胞小至中型，长 38～50 μm，宽 13～23 μm。上壳短小，半球状，顶部生有一个非常短的顶角，顶角两侧具翼。横沟宽阔且凹陷，稍左旋。纵沟甚短。下壳呈粗壮的锥形，约为细胞长度的 4/5，两侧边凸，底刺尖锐。壳面纵脊细弱，纵脊间具网纹结构，孔散布。

本种与帽状尖甲藻 *O. mitra* 相似，但本种上壳的宽度明显小于下壳，而后者上、下壳宽度近相等。另外，本种壳面纵脊和网纹结构细弱，而帽状尖甲藻壳面网纹结构粗大明显。

东海、南海有分布。样品 2012 年 4 月采自南海北部海域、2017 年 5 月采自东海、2017 年 8 月采自南海中部海域。

热带、亚热带性种。太平洋、加勒比海、佛罗里达海峡、美国加利福尼亚附近海域、澳大利亚东部海域、巴西北部海域、阿根廷东部海域有记录。

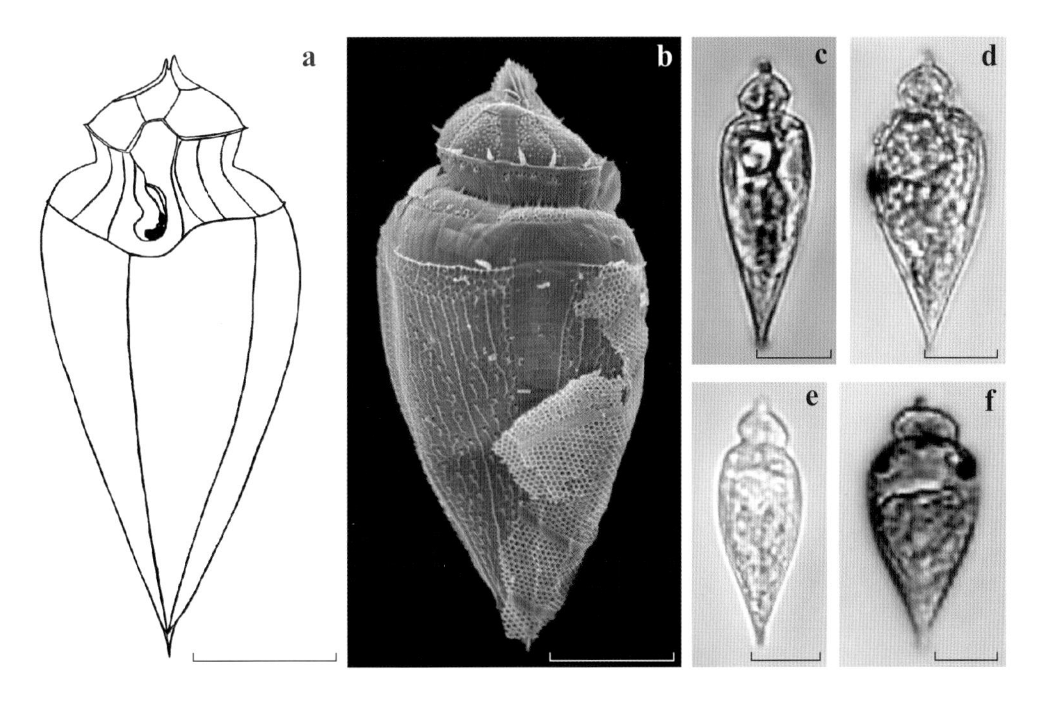

图 165　旋风尖甲藻 *Oxytoxum turbo* Kofoid, 1907

a, c, d. 腹面观；b. 右侧面观；e, f. 背面观；f. 活体；b. SEM

易变尖甲藻 *Oxytoxum variabile* Schiller, 1937

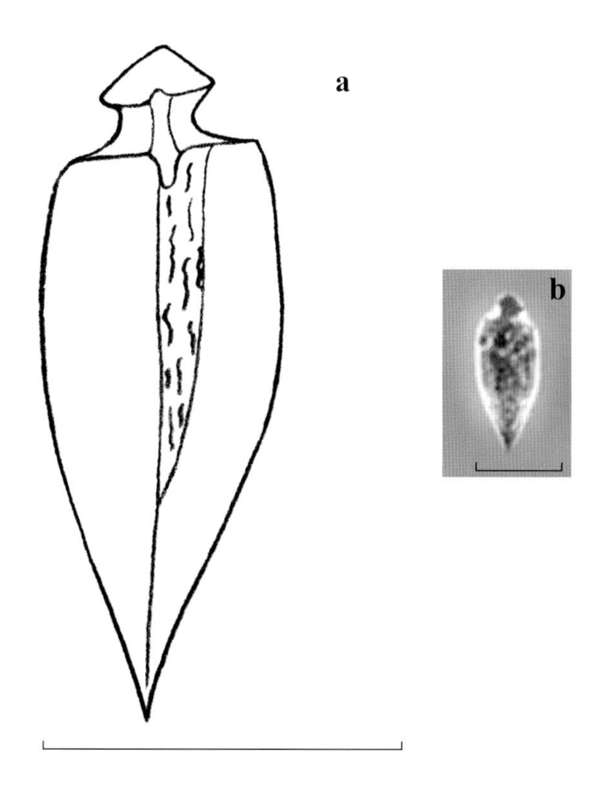

图 166 易变尖甲藻 *Oxytoxum variabile* Schiller, 1937
a. 腹面观；b. 背面观

Schiller 1937, 455, fig. 505a–b; Wood 1963a, 49, fig. 183; Wood 1968, 94, fig. 275; Dodge & Saunders 1985, 110, fig. 43, 76g.

藻体细胞小型，长 19 μm，宽 7 μm。上壳甚短，近锥形，顶部生有一个非常短的顶刺。横沟近平直，宽阔且凹陷。下壳长锥形，约为细胞长度的 5/6，两侧边凸，底刺短尖锥状。下壳具短而弯曲的纵脊，孔散布。

样品 2017 年 7 月采自南海北部海域，数量稀少，系中国首次记录。

暖温带至热带性种。太平洋、大西洋、塔斯曼海、佛罗里达海峡、爱尔兰附近海域有记录。

伞甲藻属 *Corythodinium* Loeblich & Loeblich Ⅲ, 1966

本属藻体细胞小型、中型至大型，腹面观为不对称的双锥形。本属与尖甲藻属 *Oxytoxum* 相似，但本属藻体相对粗壮，无顶角或顶刺，横沟也有明显的交叠。Taylor (1976) 认为本属有3块顶板和2块前间插板，但作者认为这5块甲板所处的位置与尖甲藻属相同，应该都归为顶板，因此本属的甲板公式为：Po, 5′, 6″, 5c, ?s, 5‴, 1⁗。

本属共14种，中国海域已有记录4种，本书记述10种，其中首次记录6种。

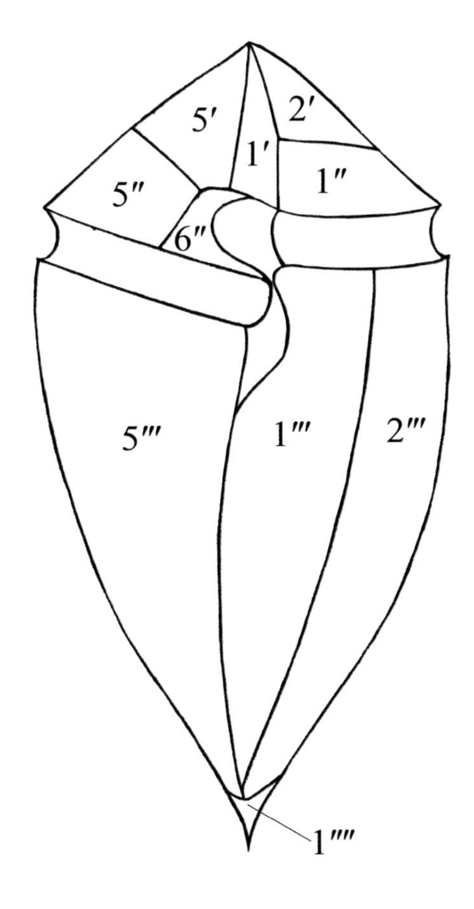

图 167 伞甲藻属结构示意图
腹面观

比利时伞甲藻 *Corythodinium belgicae* (Meunier) Taylor, 1976

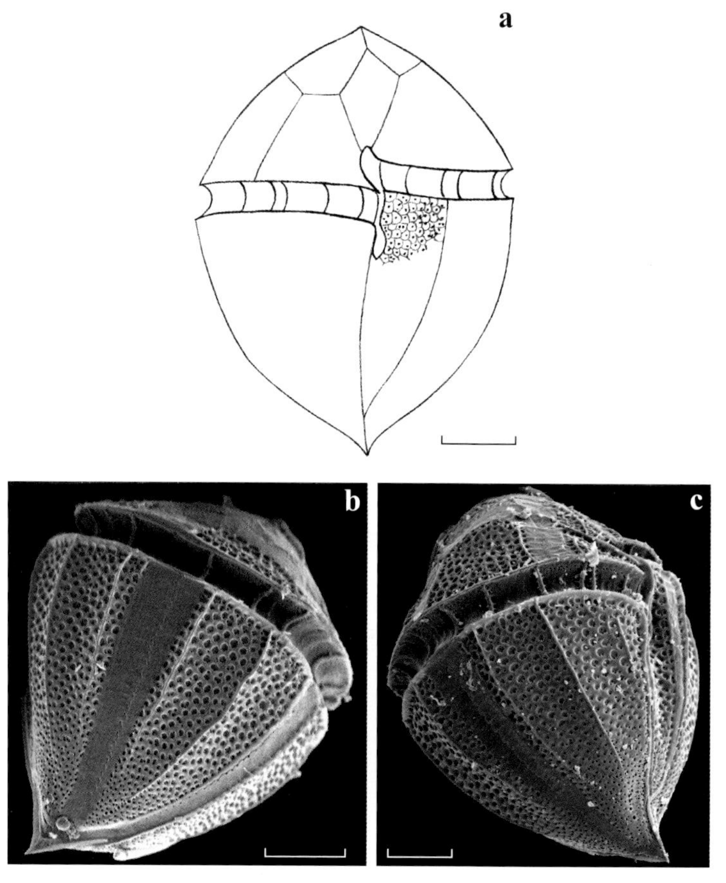

图 168　比利时伞甲藻 *Corythodinium belgicae* (Meunier) Taylor, 1976
a. 腹面观；b. 左侧面观；c. 右侧面观；b, c. SEM

Taylor 1976, 123; Balech 1988, 180, lam. 82, fig. 4–5.

同种异名：*Oxytoxum belgicae* Meunier, 1910: Meunier 1910, 55, t. 16, fig. 38–41; Schiller 1937, 462, fig. 527a–c; Gaarder 1954, 35; Wood 1968, 87, fig. 246; Balech 1971a, 167, t. 36, fig. 695–703.

藻体细胞中型，长 51 ~ 65 μm，宽 43 ~ 51 μm。上壳短，约为细胞长度的 1/4，扁锥形，两侧边凸，顶端稍尖。横沟左旋，下降 0.5 ~ 1 倍横沟宽度，交叠 0.5 倍横沟宽度。纵沟短。下壳近球形，底部收缩形成一个短而尖的底刺。壳面具细密的网孔结构，每个网孔内有 1 ~ 3 个小孔。

样品 2013 年 8 月采自冲绳海槽西侧海域、2016 年 5 月采自南海北部海域，数量稀少，系中国首次记录。

暖温带至热带性种。大西洋、加勒比海、佛罗里达海峡、巴西北部海域、阿根廷东部海域有记录。

龙骨伞甲藻 *Corythodinium carinatum* (Gaarder) Taylor, 1976

Taylor 1976, 123.

同种异名：*Oxytoxum carinatum* Gaarder, 1954: Gaarder 1954, 35, fig. 42a–b.

藻体细胞中至大型，长（不包括底刺）83～91 μm，宽 49～53 μm，左右稍扁。上壳短，腹面观扁锥形，两侧边稍凹，顶端略尖；侧面观弧形拱状。横沟左旋，下降 1 倍横沟宽度。纵沟短。下壳自横沟向下逐渐变细呈长锥形，两侧边直或稍凸，具纵向肋纹，底刺三角锥形，较粗短。壳面具细弱的网纹结构，孔细小。

样品 2016 年 5 月采自南海北部海域、2017 年 8 月采自南海中部海域，数量稀少，系中国首次记录。

热带性种。北大西洋马尾藻海有记录。

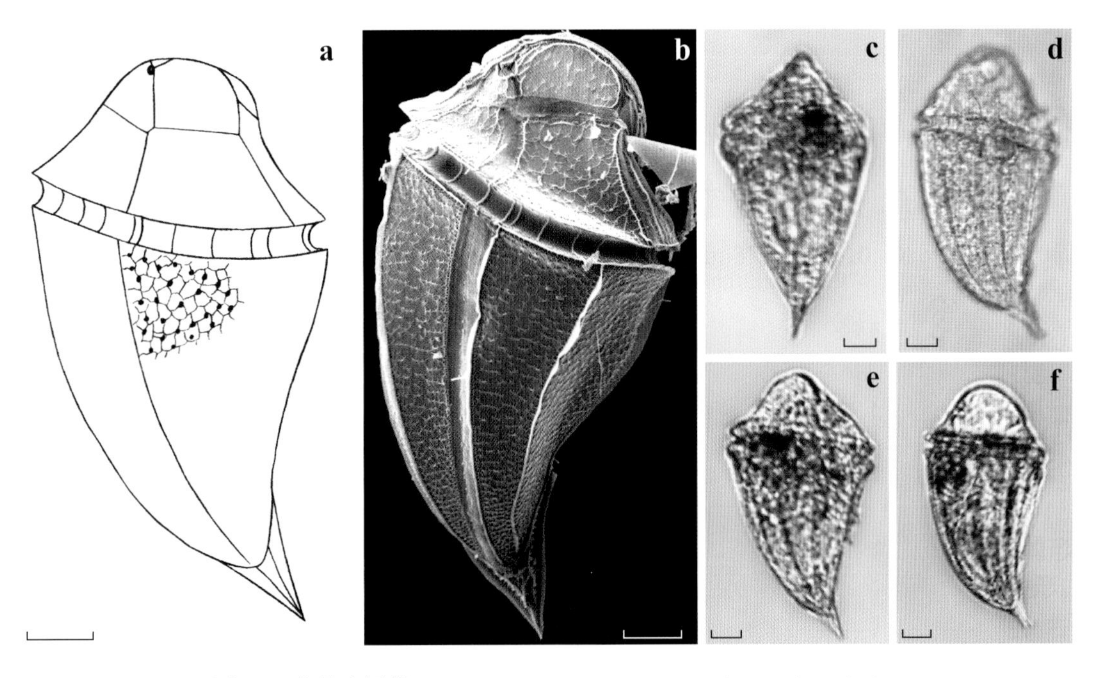

图 169 龙骨伞甲藻 *Corythodinium carinatum* (Gaarder) Taylor, 1976

a, c. 腹面观；b, d–f. 右侧面观；b. SEM

扁形伞甲藻 *Corythodinium compressum* (Kofoid) Taylor, 1976

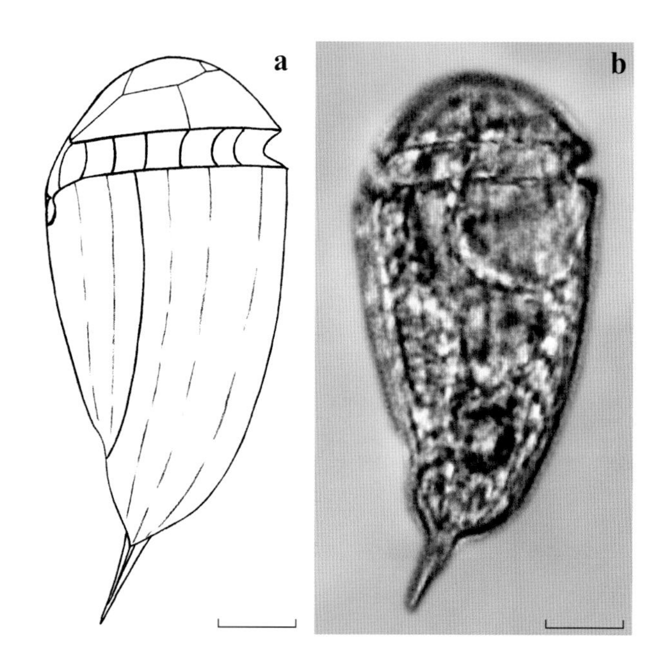

图 170 扁形伞甲藻 *Corythodinium compressum* (Kofoid) Taylor, 1976
a, b. 左侧面观

Taylor 1976, 124, fig. 254.

同种异名：*Oxytoxum compressum* Kofoid, 1907: Kofoid 1907b, 188, t. 10, fig. 63; Schiller 1937, 461, fig. 522; Gaarder 1954, 36; Wood 1963a, 44, fig. 162a–b.

藻体细胞长，中至大型，长（不包括底刺）62 μm，宽 31 μm，左右侧扁。上壳短，约为细胞长度的 1/5～1/4，拱形圆顶状。横沟左旋，下降 1 倍横沟宽度。纵沟短。下壳长锥形，两侧边稍凸，纵向肋纹清晰，底部生有一个斜伸向腹面的、长钩形的底刺。壳面具网纹结构。

本种与龙骨伞甲藻 *C. carinatum* 非常相似，Taylor (1976) 怀疑二者为同种异名。但作者通过对采集的样本进行比较，又分析了 Kofoid (1907) 和 Gaarder (1954) 建立上述两种的描述以及绘图后，认为二者存在以下区别：本种相较于后者个体更小些，上壳腹面观更加饱满。最重要的是，本种的底刺较长，为尖锥形，而龙骨伞甲藻的底刺粗短，为三角锥状。因此，作者认为二者应属不同的物种。

样品 2017 年 7 月采自南海北部海域，数量稀少，系中国首次记录。

热带性种。东太平洋热带海域、北大西洋、印度洋、孟加拉湾有记录。

缢缩伞甲藻 *Corythodinium constrictum* (Stein) Taylor, 1976

Taylor 1976, 123; Tomas 1997, 517, t. 7; 杨世民和李瑞香 2014, 149.

同种异名：*Pyrgidium constrictum* Stein, 1883: Stein 1883, t. 5, fig. 15–18.

Oxytoxum constrictum (Stein) Bütschli, 1885: Bütschli 1885, 1006, t. 53, fig. 5; Schütt 1895, 160, t. 17, fig. 53; Schiller 1937, 460, fig. 521a–c; Gaarder 1954, 36; Wood 1968, 88, fig. 249; Dodge & Saunders 1985, 114, fig. 61–63, 76f; Dodge 1985, 107; Hernández-Becerril 1988, 433; Gómez et al. 2008, 27, fig. 15–16.

藻体细胞小至中型，长 44 ~ 63 μm，宽 21 ~ 33 μm，腹面观杯形，在藻体中部处有一环状向内缢缩。上壳短，约为细胞长度的 1/4 ~ 1/3，扁锥形，两侧边直或稍凸，顶端圆钝或略尖。横沟左旋，下降 0.5 ~ 1 倍横沟宽度，稍交叠。纵沟短，稍弯曲。下壳长锥形，两侧边凸，生有 7 ~ 8 条纵向肋纹，底刺短。上壳网纹结构及孔清晰；下壳孔纵向排列，位于缢缩上方的孔较大，而自缢缩下方至下壳底部，孔逐渐变小。

东海、南海、吕宋海峡均有分布。样品 2008 年 6 月采自三亚附近海域、2011 年 4 月采自吕宋海峡、2013 年 8 月采自冲绳海槽西侧海域、2017 年 7 月采自南海北部海域，数量不多但不难找到。

暖温带至热带性种。大西洋、地中海、加勒比海、佛罗里达海峡、澳大利亚附近海域、美国加利福尼亚附近海域有记录。

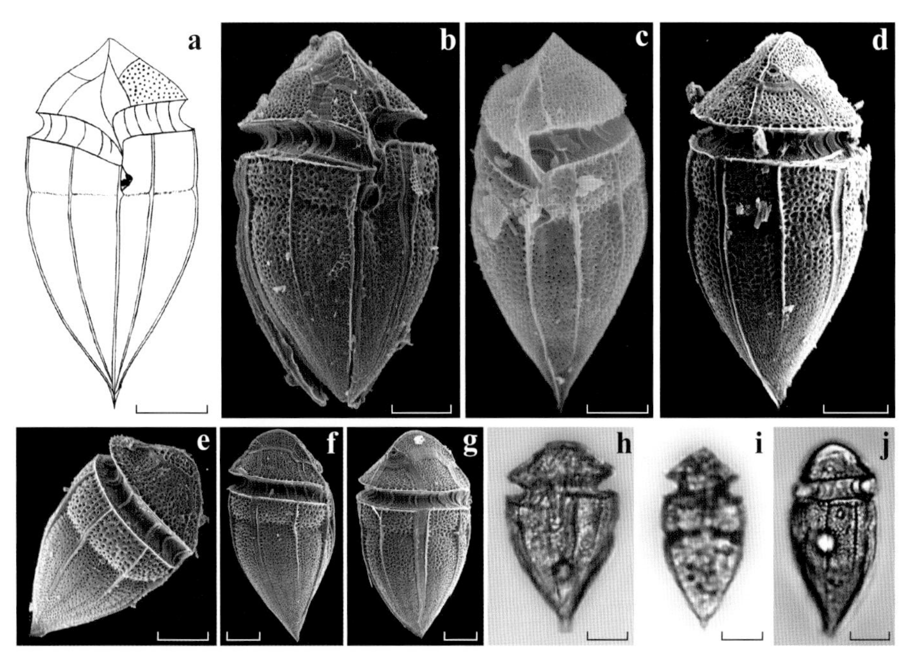

图 171 缢缩伞甲藻 *Corythodinium constrictum* (Stein) Taylor, 1976

a–c, h. 腹面观；d, i. 背面观；e–g, j. 右侧面观；b–g. SEM

弯尾伞甲藻 *Corythodinium curvicaudatum* (Kofoid) Taylor, 1976

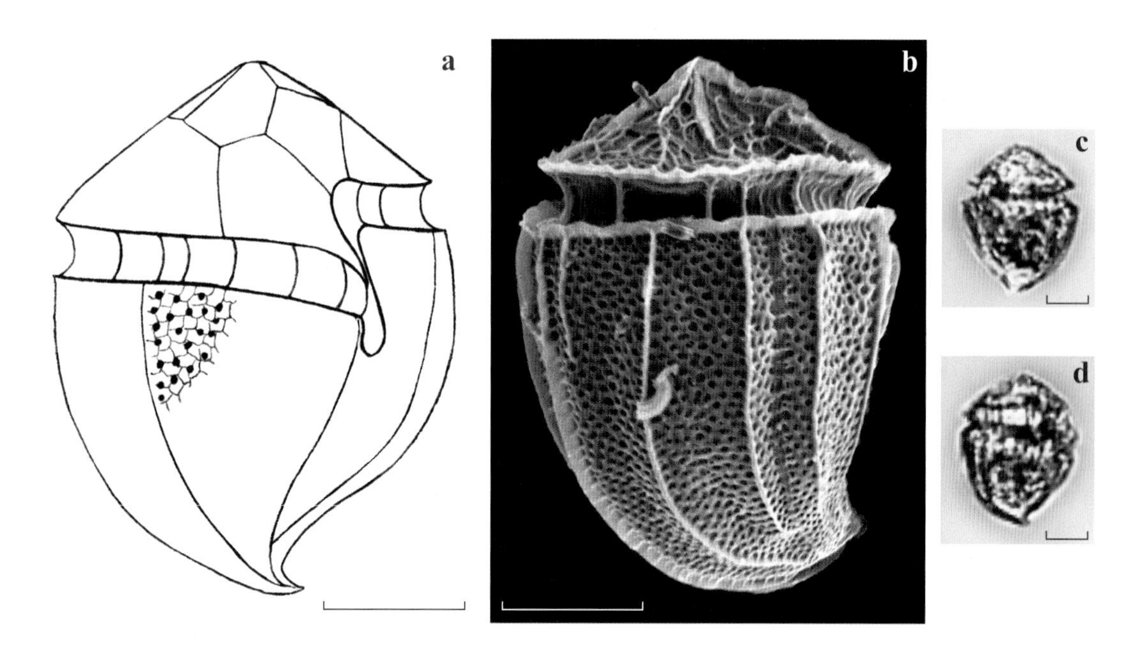

图 172 弯尾伞甲藻 *Corythodinium curvicaudatum* (Kofoid) Taylor, 1976
a, c. 左侧面观；b. 背面观（SEM）；d. 右侧面观

Taylor 1976, 123.

同种异名：*Oxytoxum curvicaudatum* Kofoid, 1907: Kofoid 1907b, 189, t. 10, fig. 61; Schiller 1937, 461, fig. 524; Gómez et al. 2008, 27, fig. 13–14.

藻体细胞小型，长 36～38 μm，宽 28～30 μm。上壳短，约为细胞长度的 1/4～1/3，扁锥形，两侧边稍凸，顶端圆钝。横沟左旋，下降 1.5～2 倍横沟宽度，稍交叠。纵沟短。下壳两侧边亦凸，后端明显弯向腹面，底部生有一个短小的底刺，近水平方向伸展。上、下壳均有粗壮的纵向肋纹，壳面网纹结构清晰，孔散布。

样品 2016 年 5 月采自南海北部海域，数量稀少，系中国首次记录。

热带性种。东太平洋热带海域有分布。

优美伞甲藻 *Corythodinium elegans* (Pavillard) Taylor, 1976

Taylor 1976, 123; 杨世民和李瑞香 2014, 150.

同种异名：*Oxytoxum elegans* Pavillard, 1916: Pavillard 1916, 43, t. 2, fig. 4; Schiller 1937, 464, fig. 530; Gaarder 1954, 36; Wood 1968, 89, fig. 255; Steidinger & Williams 1970, 54, t. 26, fig. 84; Balech 1971b, 31, t. 8, fig. 138–141; Dodge & Saunders 1985, 116, fig. 75, 77j; Hernández-Becerril 1988, 433, fig. 48; Gómez et al. 2008, 27, fig. 10; Omura et al. 2012, 108.

藻体细胞中型，长 51 ~ 67 μm，宽 25 ~ 33 μm。上壳两侧边凹，顶部收缩形成一个粗短的顶角。横沟左旋，下降 1 ~ 1.5 倍横沟宽度，交叠 1 倍横沟宽度。纵沟短而狭。下壳长锥形，两侧边凸，底刺短且粗壮。上壳壳面网纹结构清晰，孔散布；下壳壳面具纵脊，纵脊间还生有许多横向条纹，孔在横条纹上下规则排列，位于横条纹上方的孔较大且密集，下方的孔较小且稀疏。

南海、吕宋海峡有分布。样品 2011 年 4 月采自吕宋海峡、2016 年 5 月采自南海北部海域、2017 年 8 月采自南海中部海域。

暖温带至热带性种。太平洋、大西洋、印度洋、地中海、加勒比海、墨西哥湾、佛罗里达海峡、美国加利福尼亚附近海域有记录。

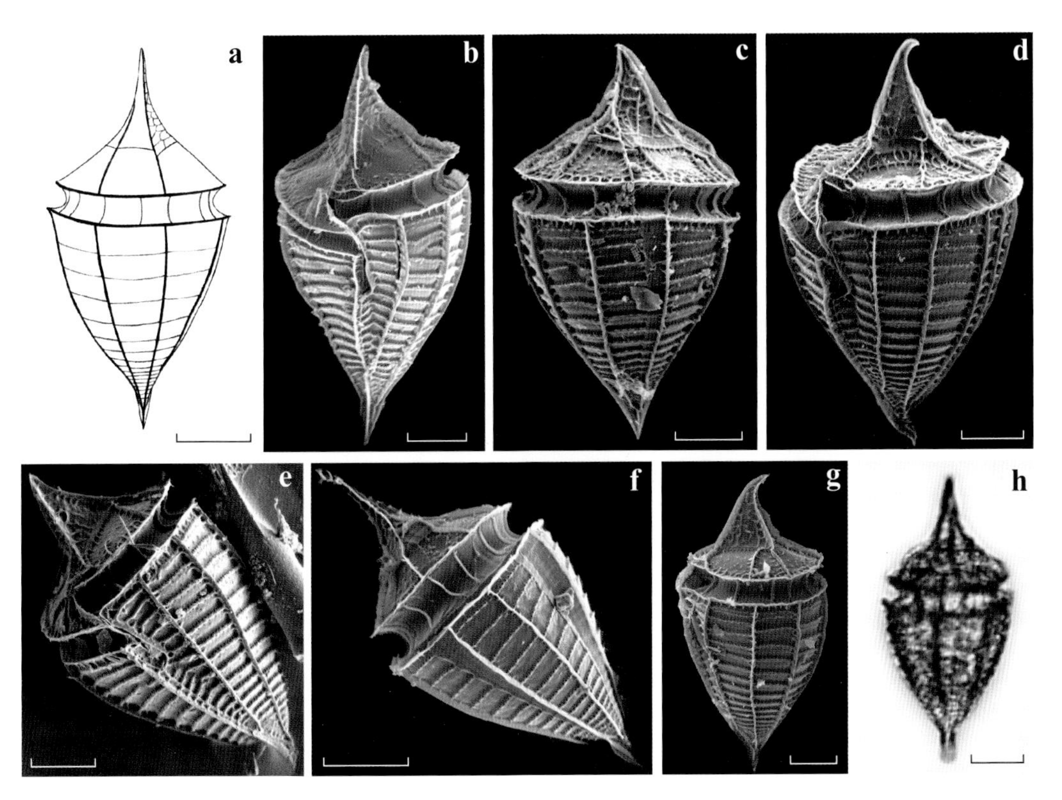

图 173 优美伞甲藻 *Corythodinium elegans* (Pavillard) Taylor, 1976

a, c, f, h. 背面观； b, e. 腹面观； d, g. 左侧面观； b–g. SEM

佛利伞甲藻 *Corythodinium frenguellii* (Rampi) Taylor, 1976

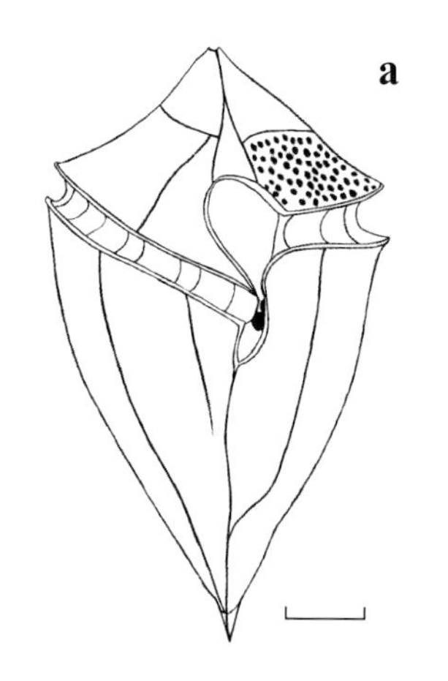

Taylor 1976, 123; Balech 1988, 180, lam. 82, fig. 3; 杨世民和李瑞香 2014, 151.

同种异名：*Oxytoxum frenguellii* Rampi, 1941: Rampi 1941, 65, t. 2, fig. 2; Gómez et al. 2008, 27, fig. 12.

藻体细胞中至大型，长 68 ~ 87 μm，宽 46 ~ 55 μm，为不对称的双锥形。上壳短而宽，扁锥形，约为细胞长度的 1/3，两侧边较为蜿蜒，顶端尖。横沟左旋，下降 1 ~ 1.5 倍横沟宽度，稍交叠。纵沟短，呈“S”型弯曲。下壳长锥形，两侧边凸，底刺粗短。壳面具纵向肋纹，肋纹间网纹结构发达，网纹内具孔。

南海有分布。样品 2016 年 5 月采自南海北部海域、2017 年 8 月采自南海中部海域。

热带大洋性种。东太平洋热带海域、阿根廷东部海域有记录。

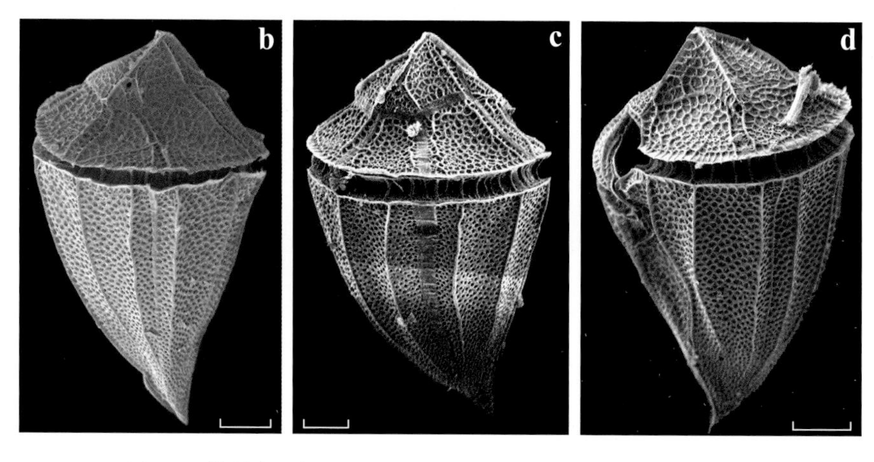

图 174　佛利伞甲藻 *Corythodinium frenguellii* (Rampi) Taylor, 1976
a. 腹面观；b, c. 背面观；d. 左侧面观；b–d. SEM

宽阔伞甲藻 *Corythodinium latum* (Gaarder) Taylor, 1976

Taylor 1976, 123.

同种异名：*Oxytoxum latum* Gaarder, 1954: Gaarder 1954, 36, fig. 43; Balech 1962, 170, t. 19, fig. 292–294, 297–301.

藻体细胞中至大型，长 75～93 μm，宽 58～70 μm，长约为宽的 1.3～1.4 倍。上壳扁锥形，两侧边直或凹，顶端稍凸。横沟左旋，下降 1～1.5 倍横沟宽度，交叠 1.5～2 倍横沟宽度。纵沟短，明显伸入上壳。下壳两侧边稍凸或稍凹，肋纹粗壮，底部急剧收缩形成一个粗短的底刺。壳面网纹结构密集清晰，孔散布。

样品 2016 年 5 月采自南海北部海域，数量稀少，系中国首次记录。

暖温带至热带性种。北大西洋有记录。

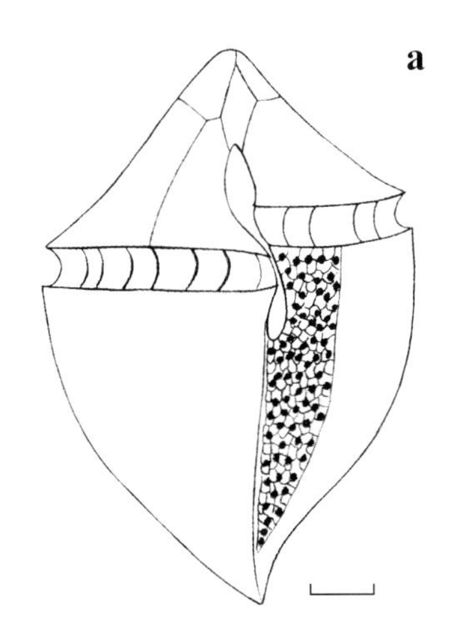

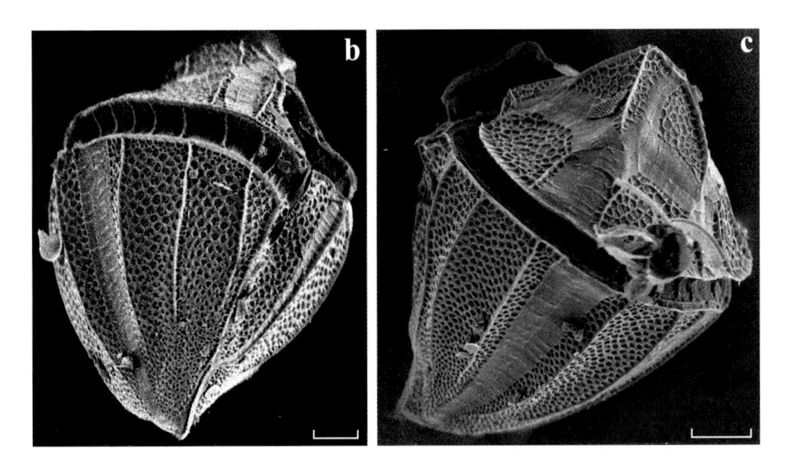

图 175 宽阔伞甲藻 *Corythodinium latum* (Gaarder) Taylor, 1976

a, b. 腹面观；c. 左侧面观；b, c. SEM

网状伞甲藻 *Corythodinium reticulatum* (Stein) Taylor, 1976

Taylor 1976, 123; Dodge 1982, 245, fig. 32f; Balech 1988, 180, lam. 82, fig. 1–2.

同种异名：*Pyrgidium reticulatum* Stein, 1883: Stein 1883, t. 5, fig. 14.

Oxytoxum reticulatum (Stein) Schütt, 1899: Schütt 1899, 371; Schiller 1937, 462, fig. 525; Balech 1971b, 31, t. 7, fig. 135–137; Dodge & Saunders 1985, 114, fig. 64–66, 77i; Dodge 1985, 107.

藻体细胞中型，长 45 ~ 51 μm，宽 28 ~ 32 μm。上壳短，约为细胞长度的 1/3，扁锥形，两侧边直或稍凸，顶端稍尖。横沟左旋，下降 1 倍横沟宽度，交叠 0.5 ~ 1 倍横沟宽度。纵沟短，略呈“S”型弯曲。下壳长锥形，两侧边凸，具纵向肋纹，底刺短小。壳面网纹结构粗大清晰，孔散布。

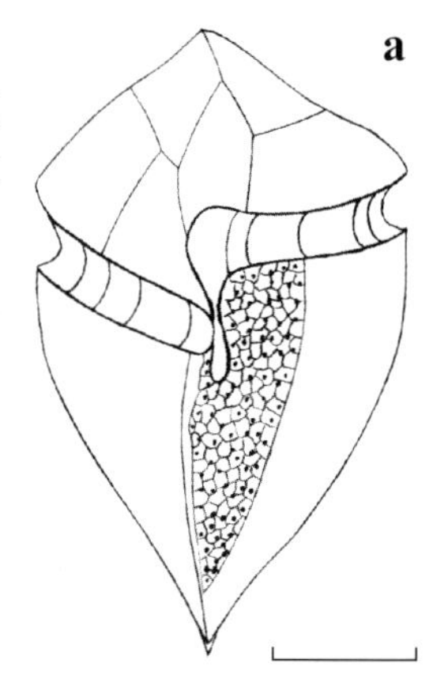

样品 2016 年 5 月采自南海北部海域，数量稀少，系中国首次记录。

暖温带至热带性种。大西洋、印度洋、地中海、阿根廷东部海域有记录。

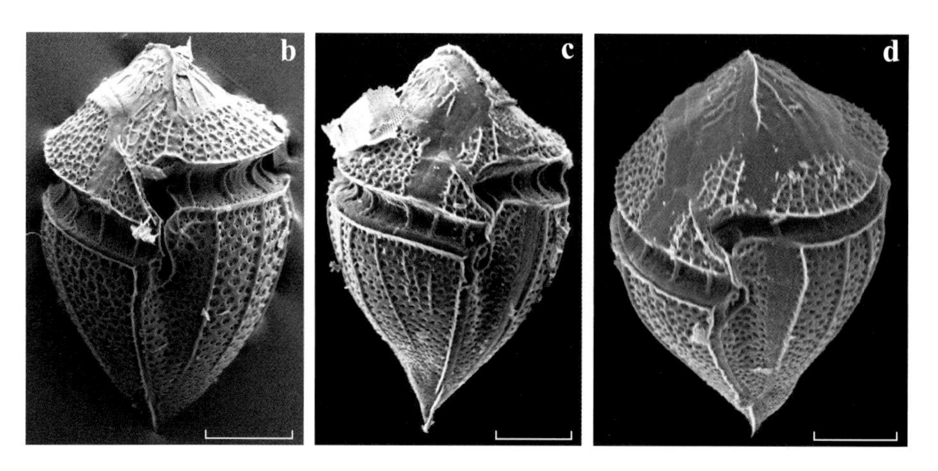

图 176 网状伞甲藻 *Corythodinium reticulatum* (Stein) Taylor, 1976

a–d. 腹面观；b–d. SEM

方格伞甲藻 *Corythodinium tesselatum* (Stein) Loeblich & Loeblich Ⅲ, 1966

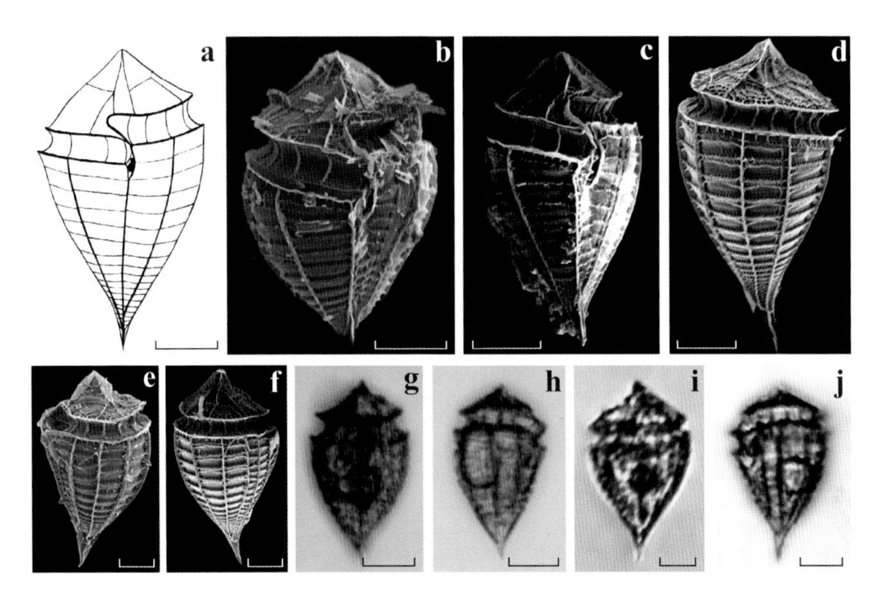

图 177　方格伞甲藻 *Corythodinium tesselatum* (Stein) Loeblich & Loeblich Ⅲ, 1966
a–c. 腹面观；d, g–i. 背面观；e, j. 左侧面观；f. 右侧面观；b–f. SEM

Loeblich & Loeblich Ⅲ 1966, 23; Taylor 1976, 123; Balech 1988, 179, lam. 81, fig. 2; Tomas 1997, 517, t. 45; Al–Kandari et al. 2009, 169, t. 16e–i; 杨世民和李瑞香 2014, 152.

同种异名：*Pyrgidium tesselatum* Stein, 1883: Stein 1883, t. 6, fig. 2–3.

Oxytoxum tesselatum (Stein) Schütt, 1895: Schütt 1895, 160, t. 17, fig. 52; Schiller 1937, 462, fig. 526a–b; Wood 1968, 94, fig. 273; Steidinger & Williams 1970, 54, t. 27, fig. 88; Balech 1971b, 30, t. 7, fig. 130–134; Dodge & Saunders 1985, 114, fig. 67–69, 77h; Dodge 1985, 113; Gómez et al. 2008, 27, fig. 11; Omura et al. 2012, 108.

藻体细胞小至中型，长 32 ~ 50 μm，宽 20 ~ 31 μm。上壳短，约为细胞长度的 1/5 ~ 1/4，扁锥形，两侧边直或稍凹。横沟左旋，下降 1 倍横沟宽度，稍交叠，横沟边翅窄。纵沟短而弯曲。下壳长锥形，两侧边凸，底部生有一个强壮的底刺。上壳壳面具不规则的网纹结构，孔散布；下壳壳面生有 9 条纵脊，纵脊间还生有许多横向条纹，孔在横条纹上下规则排列，位于横条纹上方的孔较大且密集，下方的孔较小且稀疏。

本种与优美伞甲藻 *C. elegans* 相似，但本种上壳无顶角，而后者有一粗短的锥形顶角。

东海、南海、吕宋海峡均有分布。样品 2011 年 4 月采自吕宋海峡、2013 年 8 月采自冲绳海槽西侧海域、2016 年 5 月采自南海北部海域、2017 年 8 月采自南海中部海域。

暖温带至热带性种。太平洋、大西洋、地中海、加勒比海、墨西哥湾、佛罗里达海峡、美国加利福尼亚附近海域、巴西北部海域、科威特附近海域均有记录。

苏提藻属 *Schuettiella* Balech, 1988

本属藻体细胞大，横沟左旋，顶孔复合结构 APC 明显。细胞壁薄，甲板上纵向排列的小孔呈线状。本属的甲板公式为：Po, 2′, 1a, 6″, 6c, 9s, 6‴, 2⁗。

本属仅 1 种。

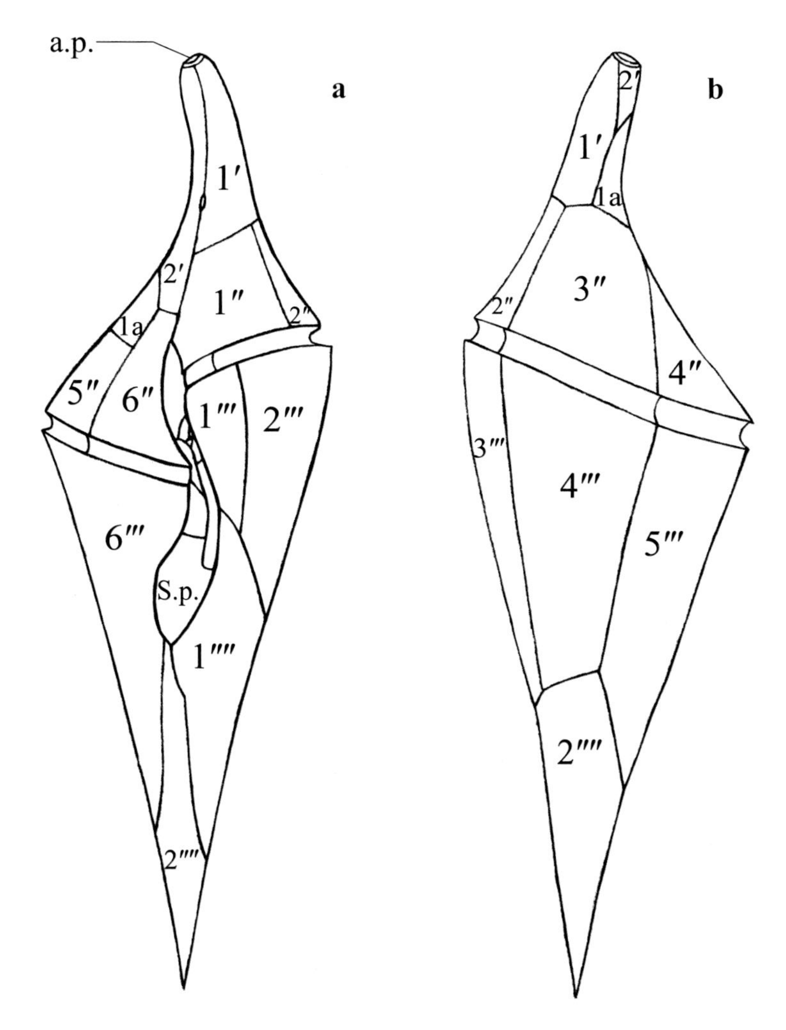

图 178　苏提藻属结构示意图

a. 腹面观；b. 背面观

帽状苏提藻 *Schuettiella mitra* (Schütt) Balech, 1988

Balech 1988, 174, lam. 78, fig. 1–17; Tomas 1997, 512, t. 43; Omura et al. 2012, 107.

同种异名：*Steiniella mitra* Schütt, 1895: Schütt 1895, 54, t. 7, fig. 27.

Oxytoxum gigas Kofoid, 1907: Kofoid 1907b, 189, t. 10, fig. 59; Schiller 1937, 466, fig. 536; Gaarder 1954, 36; Wood 1954, 316, fig. 249; Steidinger & Williams 1970, 54, t. 26, fig. 85a–c.

Gonyaulax mitra (Schütt) Kofoid, 1911: Kofoid 1911a, 202; Schiller 1937, 308, fig. 320a–b; 陈国蔚 1989, 231, fig. 2a–b.

藻体细胞大型，长 124～345 μm，宽 35～103 μm，腹面观为不对称的长双锥形。上壳短于下壳，两侧边凹。顶角较长，粗壮，末端圆钝或略尖，稍弯向背面。横沟左旋，凹陷，下降 6～7 倍横沟宽度，交叠约 1 倍横沟宽度，横沟边翅不明显。纵沟狭窄蜿蜒。下壳两侧边直或稍凸，底角尖锥形。壳面具多条细长的纵脊，孔松散排列。

南海有分布。样品 2008 年 6 月采自三亚附近海域、2016 年 5 月采自南海北部海域。

热带性种。太平洋、大西洋、地中海、墨西哥湾、澳大利亚附近海域、阿根廷东部海域有记录。

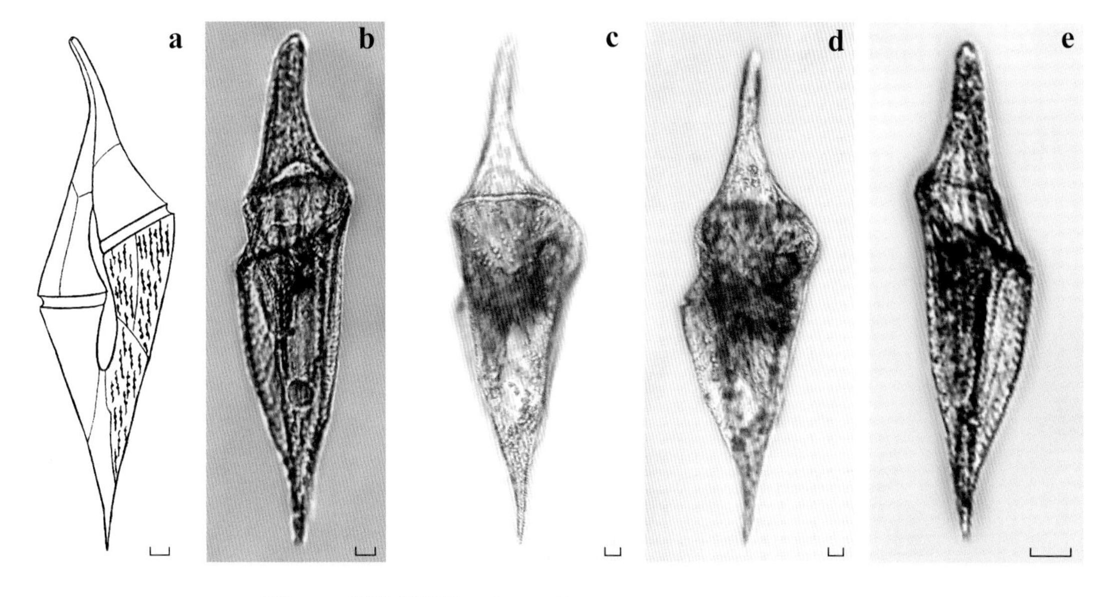

图 179　帽状苏提藻 *Schuettiella mitra* (Schütt) Balech, 1988
a. 腹面观；b–d. 左侧面观；e. 右侧面观

Peridiniida incertae sedis

螺沟藻属 *Spiraulax* Kofoid, 1911

本属藻体细胞大，双锥形至纺锤形，细胞中部宽。第一顶板 1′ 较宽，且不与横沟相连，第六前沟板 6″ 较宽大。无腹孔，横沟左旋。壳面孔粗大。Carbonell–Moore (1996) 认为本属有 1 块后间插板 1p 和 1 块底板 1⁗，但依据 Balech (1979c) 认为围绕纵沟甲板的底部甲板为底板的观点，后间插板 1p 应属于底板。因此，本属的甲板公式为：Po, 3′, 2a, 6″, 6c, 6s, 6‴, 2⁗。

本属共 2 种，本书记述 1 种。

本属在多甲藻目 Peridiniales 中的分类地位尚未确定。

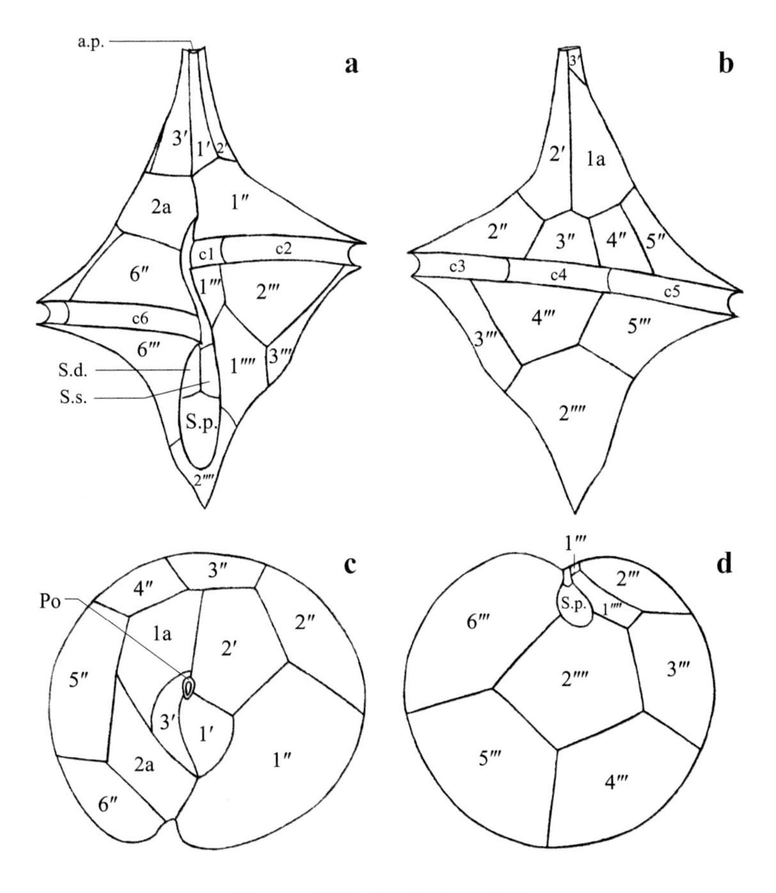

图 180　螺沟藻属结构示意图

a. 腹面观；b. 背面观；c. 顶面观；d. 底面观

乔利夫螺沟藻 *Spiraulax jolliffei* (Murray & Whitting) Kofoid, 1911

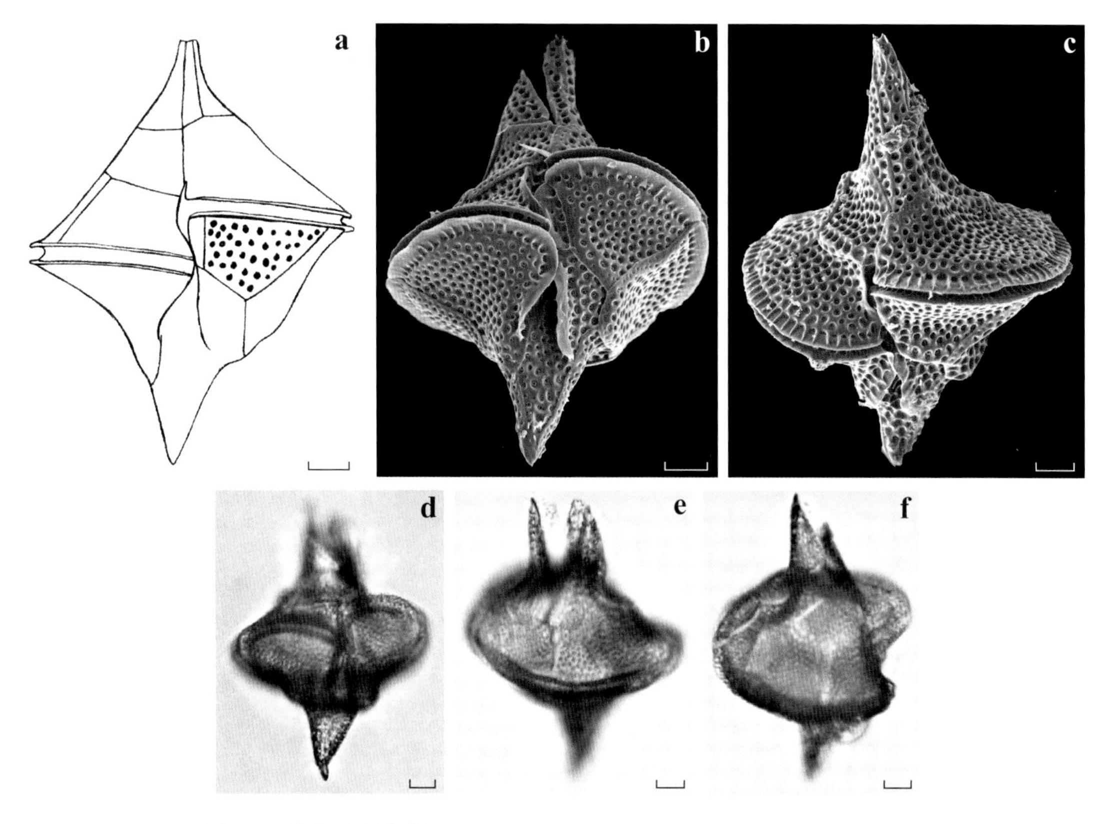

图 181 乔利夫螺沟藻 *Spiraulax jolliffei* (Murray & Whitting) Kofoid, 1911
a–d. 腹面观；e. 背面观；f. 右侧面观；b, c. SEM

Kofoid 1911b, 296, t. 19; Schiller 1937, 312, fig. 328a–e; Margalef 1948, 47, fig. 1m; Wood 1954, 265, fig. 181; Halim 1967, 751, t. 7, fig. 100; Wood 1968, 128, fig. 399; Taylor 1976, 112, fig. 424; Carbonell-Moore 1996, 349, fig. 1, 2a, d, 3, 6, 9, 12–20, 23, 68; 杨世民和李瑞香 2014, 140.

同种异名：*Gonyaulax jolliffei* Murray & Whitting, 1899: Murray & Whitting 1899, 324, t. 28, fig. 1a–b.

藻体细胞大型，长 98～114 μm，宽 77～81 μm，腹面观宽纺锤形。上、下壳约略等长，上壳两侧边凹，顶角粗壮，末端稍尖。第一前间插板 1a 六边形，第二前间插板 2a 宽五边形。横沟左旋，凹陷，下降 3～4 倍横沟宽度，交叠 1 倍横沟宽度。横沟边翅窄，具肋刺支撑。纵沟前端狭窄，后端宽阔。下壳底角亦粗壮，末端尖锐。壳面孔粗大明显，无粗壮脊。

南海、吕宋海峡有分布。样品 2010 年 8 月采自吕宋海峡、2016 年 5 月采自南海北部海域。

热带大洋性种。太平洋、大西洋、印度洋、阿拉伯海、孟加拉湾、佛罗里达海峡、澳大利亚附近海域、巴西北部海域有记录。

参考文献

陈国蔚. 1989. 西沙群岛甲藻的研究: Ⅲ. 几种罕见的热带大洋性甲藻. 海洋与湖沼, 20(3): 230–237.
郭浩. 2004. 中国近海赤潮生物图谱. 北京: 海洋出版社: 1–107.
郭玉洁, 叶嘉松, 周汉秋. 1983. 西沙、中沙群岛海域的角藻. 海洋科学集刊, 20: 69–108.
蓝东兆, 顾海峰. 中国近海甲藻包囊. 北京: 科学出版社: 1–54.
李瑞香, 毛兴华. 1985. 东海陆架区的甲藻. 东海海洋, 3(1): 41–55.
李瑞香, 俞建銮. 1992. 东海黑潮区甲藻的分布及其对水系的指示作用. 黑潮调查研究论文选（四）. 北京: 海洋出版社: 182–190.
林金美. 1984. 中太平洋西部水域甲藻 (Pyrrophyta) 的分类 . 西太平洋热带水域浮游生物论文集. 北京: 海洋出版社: 22–46, pls. 1–5.
林金美. 1994. 东海浮游甲藻类的分布. 海洋学报, 16(2): 110–115.
林金美, 林加涵. 1997. 南黄海浮游甲藻的生态研究. 生态学报, 17(3): 252–257.
林永水, 周近明. 1993. 南海甲藻（一）. 北京: 科学出版社, 1–115.
刘东艳, 孙军, 钱树本. 2000. 琉球群岛及其临近海域的浮游甲藻——1997 年夏季的种类组成和丰度分布. 中国海洋学文集, 12. 北京: 海洋出版社: 170–182.
陆斗定. 1991. 东海黑潮指示性甲藻的分布特征. 黑潮调查研究论文选（三）. 北京: 海洋出版社: 287–296.
陆斗定, 蒋加伦, 徐芝敏. 1990. 1986 年春季东海黑潮区浮游甲藻种类组成及其分布特征的初步分析. 黑潮调查研究论文选（一）. 北京: 海洋出版社: 229–238.
齐雨藻, 钱峰. 1994. 大鹏湾几种赤潮甲藻的分类学研究. 海洋与湖沼, 25(2): 206–210.
齐雨藻, 邹景忠, 梁松 等. 2004. 中国沿海赤潮. 北京 : 科学出版社: 1–348.
钱树本, 刘东艳, 孙军. 2005. 海藻学. 青岛 : 中国海洋大学出版社: 1–529.
宋星宇, 黄良民, 钱树本 等. 2002. 南沙群岛邻近海区春夏季浮游植物多样性研究. 生物多样性, 10(3): 258–268.
杨世民, 李瑞香. 2014. 中国海域甲藻扫描电镜图谱. 北京 : 海洋出版社: 1–213.
郑重, 李少菁, 许振祖. 1984. 海洋浮游生物学. 北京 : 海洋出版社: 1–653.
福代康夫, 高野秀昭, 千原光雄 等. 1990. 日本の赤潮生物（写真と解说）. 东京: 内田老鶴圃: 1–407.
山路勇. 1977. 日本プランクトン図鑑 . 大阪 : 保育社: 65–108, pls. 31–51.
Abé T H. 1927. Report of the biological survey of Mutsu Bay. 3. Notes on the protozoan fauna of Mutsu Bay. Ⅰ. Peridiniales. Science Reports of the Tohoku Imperial University, Biology, Sendai, Japan, Ser. 4, Biol., 2(4): 383–438.
Abé T H. 1936a. Report of the biological survey of Mutsu Bay. 30. Notes on the protozoan fauna of Mutsu Bay. Ⅱ. Genus *Peridinium*: Subgenus *Archaeperidinium*. Science Reports of the Tohoku Imperial University, Biology, Sendai, Japan, 10(4): 639–686.

Abé T H. 1936b. Report of the biological survey of Mutsu Bay. 29. Notes on the protozoan fauna of Mutsu Bay. Ⅲ. Subgenus *Protoperidinium*: Genus *Peridinium*. Science Reports of the Tohoku Imperial University, Biology, Sendai, Japan, 11(1): 19–48.

Abé T H. 1940. Studies on the Protozoan Fauna of Shimoda Bay. Report of the biological survey of Mutsu Bay 3. Notes on the protozoan fauna of Mutsu Bay. I. Peridiniales. Sai. Rap. Tohoku Imp. Univ. Ser. 4, 2(4): 383–438.

Abé T H. 1941. Studies on the Protozoan Fauna of Shimoda Bay. The Diplopsalis group. Records of Ocean Works in Japan, 12: 121–144.

Abé T H. 1965. Report of the biological survey of Mutsu Bay. 3. Notes on the protozoan fauna of Mutsu Bay. I. Peridiniales. Sai. Rap. Tohoku Imp. Univ. Ser. 4, 2(4): 383–438.

Abé T H. 1966. The armoured dinoflagellata: I. Podolampidae. Publications of the Seto Marine Biological Laboratory, 14(2): 129–154.

Abé T H. 1981. Studies on the family Peridiniales. Publications of the Seto Marine Biological Laboratory, Special Publication Series, 6: 1–409.

Al–Kandari M, Al–Yamani D F Y, Al–Rifaie K. 2009. Marine Phytoplankton Atlas of Kuwait's Waters. Kuwait: Kuwait Institute for Scientific Research: 1–350.

Andreis C, Ciapi M D, Rodondi G. 1982. The thecal surface of some Dinophyceae: A comparative SEM approach. Botanica Marina, 25: 225–236.

Andreis C, Andreoli C. 1975. SEM survey on mediterranean species of *Podolampas*. Giornale Botanico Italiano, 109: 387–397.

Balech E. 1951. Deuxième contribution à la connaissance des *Peridinium*. Hydrobiologia, 3: 305–330.

Balech E. 1959a. Two new genera of dinoflagellates from California. The Biological Bulletin, 116(2): 195–203.

Balech E. 1959b. Operacion Ocenaografica Merluza. V. Cruzero. Plancton. Republica Argentina, Secretaria de Marina, Servico de Hidrografia Naval, 618: 1–43.

Balech E. 1962. Tintinnoineay dinoflagellata del Pacifico según material de las expediciones Norpac y Downwind del Instituto Scripps de Oceanografía. Revista del Museo Argentino de Ciencias Naturales《Bernardino Rivadavia》, Ciencias Zoológicas, 7(1): 1–253.

Balech E. 1963a. La familia Podolampacea (Dinoflagellata). Boletimo del Instituto Marina Mar del Plata, 2: 3–27, pls. 1–26.

Balech E. 1963b. Dos dinoflagellados de una laguna salobre de la Argentina. Notas del Museo, Universidad Nacional de la Plata, 20(199): 111–123.

Balech E. 1964. Trecera Contribucion Al Conocimiento Del Genero《*Peridinium*》. Rev. Mus. Arg. Cs. Nat. "B. Rivadavia", Hidrobiol., 1(6): 179–195, pls.1–3.

Balech E. 1967a. Dinoflagelados nuevos o interesantes del Golfo de Mexico y Caribe. Revista del Museo Argentino de Ciencias naturales《Bernardino Rivadavia》, Hidrobiologia, 2(3): 77–126, pls.1–9.

Balech E. 1967b. Dinoflagellates and Tintinnids in the Northeastern Gulf of Mexico. Bulletin of Marine Science, 17(2): 280–298.

Balech E. 1971a. Microplancton de la campana oceanografica Productividad Ⅲ. Revista del Museo Argentino de Ciencias naturales《Bernardino Rivadavia》, Hidrobiologia, 3(1): 1–202, pls. 1–39.

Balech E. 1971b. Microplancton del Atlántico Ecuatorial Oeste (Equalant I). Armada Argentina, Servicio Hidrográfico Naval, 654: 1–103, incl. pls. 1–12.

Balech E. 1973a. Segunda contribución al conocimiento del microplancton del microplancton del mar de Bellinghausen. Contribucion del Instituto Antartico Argentino, 107: 1–63, incl. pls. 1–10.

Balech E. 1973b. Cuarta contribucion al conocimiento del genero *Protoperidinium*. Revista Mus. Argent. Ci. Nat., Beradino Rivadavia Inst. Nac. Invest. Ci. Nat., Hidrobiol., 3(5): 347–368.

Balech E. 1974. El genero *Protoperidinium* Bergh, 1881 (*Peridinium* Ehrenberg 1831, partim). Revta Arg. Cienc. Nat. 《B. Rivadavia》, Hidrobiol., 4(1): 1–79.

Balech E. 1979a. Tres dinoflagelados nuevos o interesantes de Aguas Brasieñas. Bolm Inst. Oceanogr., S. Paulo, 28(2): 55–64.

Balech E. 1979b. Dinoflagellados. Campana Oceanografica Argentina《Islas Orcadas》06/75. Repubica Argentina, Armada Argentina Servico de Hidrografia Naval, Buenos Aires, 655: 1–76, pls. 1–10.

Balech E. 1988. Los dinoflagellados del Atlantico sudoccidental. Publicaciones Especiales Instituto Espanol de Oceanografia, 1: 1–310.

Balech E. 1994. Contribucion a la taxonomia y nomenclatura del genero *Protoperidinium* (Dinoflagellata), Revista del Museo Argentino de Ciencias naturales《Bernardino Rivadavia》, Hidrobiologia, 7(4): 61–80.

Balech E. 1999. *Protoperidinium* (Dinoflagellata) nuevos o interessantes de la Bahia de Manila. Revista del Museo Argentino de Ciencias naturales, n.s., 1(2): 165–171.

Balech E, Borgese B. 1990. *Diplopsalopsis latipeltata*, una nueva especie de Dinoflagellata. Anal. Acad. Nac. Cs. Ex. Fis. Nat., Buenos Aires, 42: 251–255.

Balkis N. 2000. Five dinoflagellate species new to Turkish seas. Istanbul: Department of Biology, Faculity of Science, University of Istanbul: 97–108.

Banaszak A T, Iglesias–Prieto R, Trench R K. 1993. *Scrippsiella velellae* sp. nov. (Peridiniales) and *Gloeodinium viscum* sp. nov. (Phytodiniales), dinoflagellate symbionts of two hydrozoans (Cnidaria). Journal of Phycology, 29(4): 517–528.

Bergh R S. 1881b. Der Organismus der Cilioflagellaten. Eine phylogenetische Studie. Gegenbauer's Morphologisches Jahrbuch, 7(2): 177–288, pls. 12–16.

Biecheler B. 1952. Recherches sur les Péridiniens. Bulletin Biologique de France et de Belgique, Supplement, 36: 1–149.

Böhm A. 1931. Peridineen aus dem Persichen Golf und dem Golf von Oman. Archiv für Protistenkunde, 74(1): 188–197.

Böhm A. 1936. Dinoflagellates of the coastal waters of the western Pacific. Bull. Bernice P. Bishop. Mus. Honolulu, 137: 1–54.

Borgese M B. 1987. Two armored dinoflagellates from the southwestern Atlantic Ocean: A new species of *Protoperidinium* and a first record and redescription of *Gonyaulax alaskensis* Kofoid. Journal of Protozoology, 34(3): 332–337.

Braarud T, Gaarder K R, Gröntved J. 1953. The phytoplankton of the North sea and adjacent waters in May 1948. Rapp. Proc.–verb. Cons. perm. int. Explor. Mer, 133: 1–87, pls. 1–2.

Broch H. 1906. Bemerkungen über den Formenkreis von *Peridinium depressum*. lat. Nytt Magasin for Naturvetenskapene, Oslo, 44: 151–157.

Broch H. 1910a. Das Plankton der schwedischen Expedition nach Spitzbergen 1908. Kungl. Svenska. Vetenskapsademiens Handlingar, 45(9): 25–64, pls. 1–2.

Broch H. 1910b. Die *Peridinium*–Arten des Nordhafens (Val di Bora) bei Rovign im Jahre 1909. Archiv für Protistenkunde, 20: 176–200, pls. 113.

Carbonell–Moore M C. 1991. Lissodinium Matzenauer, emend., based upon the rediscovery of L. schilleri Matz., another member of the family Podolampaceae Lindemann (Dinophyceae). Botanica Marina, 34: 327–340.

Carbonell–Moore M C. 1993. Further observations on the genus *Lissodinium* Matz., (Dinophyceae), with description of seventeen new species. Botanica Marina, 36: 561–587.

Carbonell-Moore M C. 1996. On *Spiraulax jollifei* (Murray et Whitting) Kofoid and *Gonyaulax fusiformis* Graham (Dinophyceae). Botanica Marina, 39: 347–370.

Carbonell-Moore M C. 2004. On the taxonomical position of Lessardia Saldarriaga et Taylor within the family Podolampadaceae Lindemann (Dinophyceae). Phycological Research, 52: 340–345.

Carbonell-Moore M C. 1992. *Blepharocysta hermosillai* sp. nov., a new member of the family Podolampadaceae Lindemann (Dinophyceae). Botanica Marina, 35: 273–281.

Carbonell-Moore M C. 1994a. On the biogeography of the family Podolampaceae Lindemann (Dinophyceae)-vertical and longitudinal distribution. Review of Palaeobotany and Palynology, 84(1/2): 23–44.

Carbonell-Moore M C. 1994b. On the taxonomy of the family Podolampaceae Lindemann (Dinophyceae) with descriptions of three new genera. Review of Palaeobotany and Palynology, 84(1/2): 73–99.

Cassie V. 1961. Marine phytoplankton in New Zealand waters. Botanica Marina, 2(Supplement): 1–54.

Chomérat N, Couté A. 2008. *Protoperidinium bolmonense* sp. nov. (Peridiniales, Dinophyceae), a small dinoflagellate from a brackish hypereutrophic lagoon (South of France). Phycologia, 47(4): 392–403.

Cleve P T. 1900. Notes on some Atlantic plankton organisms. K. Svenska Vetensk Akad. Handl., 34(1): 1–22.

Cleve P T. 1901. Plankton from the Indian Ocean and the Malay Archipelago. K. Svenska Vetensk-Akad. Handl, 35(5): 8–58, incl. pls. 1–8.

Cleve P T. 1903. Report on plankton collected by Mr. Thoruld Wulff during a voyage to and from Bombay. Ark. Zool., 1: 329–391.

Coats D W. 1999. Parasitic life styles of marine dinoflagellates. The Journal of Eukaryotic Microbiology, 46(4): 402–409.

Couté A, Iltis A. 1985. Etude au microscope électronique à balayage de quelques algues (Dinophycées et Diatomophycées) de la lagune Ebrié (Côte d'Ivoire). Nova Hedwigia, 41: 69–79, pls. 1–9.

Dale B. 1977. New observations on *Peridinium faeroense* Paulsen (1905), and classification of small orthoperidinoid dinoflagellates. British phycological Journal, 12(3): 241–253.

Dale B. 1978. Acritarchous cysts of *Peridinium faeroense* Paulsen: Implications for dinoflagellate systematics. Palynology, 2: 187–193.

Dangeard P A. 1923. Coloration vitale de l'appareil vaculaire chez les Péridiniens marins. Comptes Rendues hebdomaires des Scéances de l'Academie des Sciences, Paris, 177: 978–980.

Dangeard P A. 1926a. Sur la flore des Péridiniens de la Manche occidentale. Comptes Rendues hebdomaires des Scéances de l'Academie des Sciences, Paris, 182: 80–82.

Dangeard P A. 1926b. Description des Péridiniens testacés receuillis par la Mission Charcot pendant le mois d'août 1924. Annales de l'Institut Océanographique de Monaco, 3: 307–334.

Dangeard P A. 1926c. Sur la variation des plaques chez les Péridiniens. Comptes Rendues hebdomaires des Scéances de l'Academie des Sciences, Paris, 183: 984–986.

Dangeard P A. 1927a. Péridiniens nouveaux ou peu connus de la croisiére du "Sylvana". Bulletin de l'Institut Océanographique, 491: 1–16.

Dangeard P A. 1927b. Notes sur la variation dans le genre *Peridinium*. Bulletin de L'Institut Océanographique, 507: 1–16.

Dangeard P A. 1927c. Phytoplancton de la Croisière du SYLVANA (Février-Juin 1913). Annales de l'Institut Océanographique de Monaco, 4(8): 287–407.

Dangeard P A. 1928. Phytoplancton receuilli dans les croisières du《Pourquoi-Pas》(Mission J. Charcot, Juillet-Septembre 1925). Revue Algologique, 4: 97–125, pls. 3–4.

Dangeard P A. 1938. Mémoire sur la famille des Péridiniens. Le Botaniste, 29: 3–181.

Dangeard P A. 1939. Second Mémoire sur la famille des Péridiniens. Le Botaniste, 29: 267–309.

Delgado M, Fortuna J M. 1991. Atlas de Fitoplancton del Mar Mediterráneo. Sciencia Marina, 55(Supplement 1): 1–133.

Dodge J D. 1982. Marine Dinoflagellates of the British Isles. London: Her Majesty's Stationery Office: 1–303.

Dodge J D. 1985. Atlas of Dinoflagellates. London: Farrand Press: 1–119.

Dodge J D. 1989. Records of marine dinoflagellates from North Sutherland (Scotland). British Phycological Journal, 24: 385–389.

Dodge J D, Crawford R M. 1970. A survey of the thecal fine structure in the Dinophyceae. Bot. J. Linn. Soc., 63: 53–67.

Dodge J D, Hermes H. 1981. A revision of the Diplopsalis group of dinoflagellates (Dinophyceae) based on material from the British Isles. Botanical Journal of the Linnean Society, 83: 15–26.

Dodge J D, Saunders R D. 1985. A partial revision of the genus *Oxytoxum* (Dinophyceae) with the aid of scanning electron microscopy. Botanica Marina, 28: 99–122.

Dodge J D, Toriumi S. 1993. A taxonomic revision of the Diplopsalis group (Dinophyceae). Botanica Marina, 36: 137–147.

Faust M A. 1996. Morphology and ecology of the marine benthic dinoflagellatwe *Scrippsiella subsalsa* (Dinophyceae). Journal of Phycology, 32(4): 669–675.

Faust M A. 2000. Dinoflagellate associations in a coral reef–mangrove ecosystem: Pelican and associated Cays, Belize. Atoll Research Bulletin, Smithonian Institution, Washington D.C., 473: 135–152.

Faust M A. 2003. *Protoperidinium belizeanum* sp. nov. (Dinophyceae) from Manatee Cay, Belize, Central America. Journal of Phycology, 39(2): 390–394.

Faust M A. 2006. Creation of the subgenus Testeria Faust subgen. nov. *Protoperidinium* Bergh from the SW Atlantic Ocean: *Protoperidinium novella* sp. nov. and *Protoperidinium concinna* sp. nov. Dinophyceae. Phycologia, 45(1): 1–9.

Faust M A, Gulledge R A. 2002. Identifying harmful marine dinoflagellates. Smithonian Institution, Contributions from the United States National Herbarium, 42: 1–144.

Fensome R A, Taylor F J R, Norris G, et al. 1993. A classification of living and fossil dinoflagellates. Micropaleontology, Special Publication, 7: 1–351.

Fukuyo Y, Takano H, Chihara M, et al. 1990. Red Tide Organisms in Japan—An Illustrated Taxonomic Guide. Tokyo, Japan: Uchida Rokakuho: 1–430.

Gaarder K R. 1954. Dinoflagellatae. Rep. Scient. Results "Michael Sars" North Atlantic Deep–Sea Expedition, 1910: 1–62.

Gao X, Dodge J D. 1991. The taxonomy and ultrastructure of a marine dinoflagellate, *Scrippsiella minima* sp. nov. British Phycological Journal, 26(1): 21–31.

Gao X, Dodge J D, Lewis J. 1989. An ultrastructural study of planozygotes and encystment of a marine dinoflagellate, *Scrippsiella* sp. British Phycological Journal, 24(2): 153–165.

Gárate–Lizárraga, Rogelio González–Armas. 2015. First record of the dinoflagellate *Oxytoxum caudatum* (Peridiniales: Oxytoxaceae) in the Gulf of California. Revista de Biología Marina y Oceanografía, 50: 583–586.

Gast R J, Moran D M, Beaudoin D J, et al. 2006. Abundance of a novel dinoflagellate phylotype in the Ross Sea, Antarctica. Journal of Phycology, 42(1): 233–242.

Gómez F. 2003. Checklist of Mediterranean free–living dinoflagellates. Bot. Mar., 46: 215–242.

Gómez F. 2005. A list of free–living dinoflagellate species in the world's oceans. Acta Bot. Croat, 64(1): 129–212.

Gómez F. 2018. A review on the synonymy of the dinoflagellate genera *Oxytoxum* and *Corythodinium* (Oxytoxaceae, Dinophyceae). Nova Hedwigia, 107 (1–2): 141–165.

Gómez F, Claustre H, Souissi S. 2008. Rarely reported dinoflagellates of the genera *Ceratium*, *Gloeodinium*, *Histioneis*, *Oxytoxum* and *Prorocentrum* (Dinophyceae) from the open southeast Pacific Ocean. Revista de Biología Marina y Oceanografía, 43(1): 25–40.

Gómez F, Moreira D, López-García P. 2010. Molecular phylogeny of the dinoflagellates *Podolampas* and *Blepharocysta* (Peridiniales, Dinophyceae). Phycologia, 49(3): 212–220.

Graham H W. 1942. Studies in the morphology, taxonomy and ecology of the Peridiniales. Scientific Results of CruiseⅦ of the Carnegie during 1928–1929 under Command of Captain J. P. Ault. Carnegie Institution of Washington Publication, 542 (Biology Ⅲ): Ⅰ – Ⅶ, 1–129.

Gran H H. 1915. The phytoplankton production in the North European waters in the spring of 1912. Conseil Permanent International pour l'Exploration de la Mer. Bulletin Planktonique, 1–142.

Gu Haifeng, Luo Zhaohe, Liu Tingting, et al. 2013. Morphology and phylogeny of *Scrippsiella enormis* sp. nov. and *S.* cf. *spinifera* (Peridiniales, Dinophyceae) from the China Sea. Phycologia, 52(2): 182–190.

Gu H F, Sun J, Kooistra W H C F, et al. 2008. Phylogenetic position and morphology of thecae and cysts of *Scrippsiella* (Dinophyceae) species in the East China Sea. Journal of Phycology, 44: 478-494.

Gul S, Saifullah S M, Muhmmad Farrakh Nawaz. 2018. The Dinoflagellate genera *Oxytoxum* and *Pyrophacus* from polluted inshore waters of Karachi, Pakistan. Pak. J. Bot., 50(2): 835–840.

Halim Y. 1955. Note sur *Peridinium tregouboffi* n. sp. (Dinoflagellé). Bulletin de l' Institut Océanographique, 1056: 1–7, incl. pls. 1–2.

Halim Y. 1960. Étude quantitative et qualitative du cycle écologique des Dinoflagellés dans les eaux de Villefranche-sur-Mer. Ann. Inst. Océanogr. Paris, 38: 123–232.

Halim Y. 1965. Microplancton des Eaux Égyptiennes. Ⅱ. Chrysomonadines; Ebriedies et Dinoflagellés nouveaux ou d'interê biogéographique. Rapport Process verbales de la Réunion de Conseil International Pour Explorarion de la Mer, 18: 373–379.

Halim Y. 1967. Dinoflagellates of the South-East Carribean Sea (East Venuzela). Internationale Revue für die gesamte Hydrobiologie, 52(5): 701–755.

Halim Y. 1969. Plankton of the Red Sea. Oceanogr. Mar. Biol. Ann. Rev., 7: 231–275.

Halim Y. 1976. Marine biological studies in Egyptian Mediterranean waters: a review. Acta Adriatica, 18(14): 31–38.

Halldal P. 1953. Phytoplankton investigations from Weather Ship M in the Norwegian Sea, 1948–49. Hvalrådets Skrifter, Scientific Results of Marine Biological Research, 38: 1–91.

Hallegraeff G M. 1988. Plankton A Microscopic World. Australia: CSIRO: 1–112.

Hallegraeff G M. 2002. Aquaculturist's Guide to Harmful Australian Miccroalgae. Hobart: School of Plant Science: 136.

Hallegraeff G M, Jeffrey S W. 1984. Tropical phytoplankton species and pigments of continental shelf waters of north and north-west Australia. Mar. Ecol. Prog. Ser., 20: 59–74.

Hansen G, Turquet J, Quod J P. 2001. Potentially harmful microalgae of the western Indian Ocean——a guide based on a preliminary survey. Intergovernmental Oceanographic Commision Unesco, 1: 1–107.

Hasle G R. 1954. More on phototactic vertical migration in marine dinoflagellates. Nytt Mag. Bot., 2: 139–147.

Hernández-Becerril D U. 1985. Dinoflagelados en el fitoplancton del Puerto de El Sauzal, Baja California. Cienc. Mar., 11(1): 65–91.

Hernández-Becerril D U. 1987. A checklist of planctonic diatoms and dinoflagellates from the Gulf of California. Nova Hedwigia, 45(1–2): 237–261.

Hernández-Becerril D U. 1988a. Especies de fitoplancton tropical del Pacífico Mexicano. Ⅱ. Dinoflagelados y cianobacterias. Revista Latinoamericana de Microbiología, 30(2): 187–196.

Hernández-Becerril D U. 1988b. Observaciones de algunos dinoflagelados (Dinophyceae) del Pacífico mexicano con microscopios fotónico y electrónico de barrido. Investigación Pesquera, 52(4): 517–531.

Hernández-Becerril D U. 1988c. Planktonic Dinoflagellates (except *Ceratium* and *Protoperidimum*) from the Gulf of California and off the coasts of Baja California. Botanica Marina, 31: 423–435.

Hernández-Becerril D U, Alonso-Rodríguez R, Álvarez-Góngora C, et al. 2007. Toxic and harmful marine phytoplankton and microalgae (HABs) in Mexican coasts. Journal of Environmental Science and Health, Part A, 42: 1349–1363.

Hernández-Becerril D U, Bravo-Sierra E. 2004a. New records of planktonic dinoflagellates (Dinophyceae) from the Mexican Pacific Ocean. Botanica Marina, 47: 417–423.

Hernández-Becerril D U, Bravo-Sierra E. 2004b. Observations on a rare planktonic dinoflagellate, Dinofurcula cf. ultima (Dinophyceae), from the Mexican Pacific. Phycologia, 43(4): 341–345.

Hope B. 1954. Floristic and taxonomic observations on marine phytoplankton from Nordåsvatn, near Bergen. Nytt Magasin for Botanik, 2: 149–153, fig. 1.

Ignatiades L. 2012. Mixotrophic and heterotrophic dinoflagellates in eutrophic coastal waters of the Aegean Sea (eastern Mediterranean Sea). Botanica Marina, 55(1): 39–48.

Indelicato S R, Loeblich A R Ⅲ. 1985. A description of the marine dinoflagellate, *Scrippsiella tinctoria* sp. nov. Japanese Journal of Phycology, 33: 127–134.

Iwataki M, Wong M W, Fukuyo Y. 2002. New record of *Heterocapsa circularisquama* (Dinophyceae) from Hong Kong. Fisheries Science, 68: 1161–1163.

Janofske D. 2000. *Scrippsiella trochoidea* and *Scrippsiella regalis*, comb. nov. (Peridiniales, Dinophyceae): a comparision. Journal of Phycology, 36: 178–189.

Janofske D, Karwath. 2000. Oceanic Calcareous dinoflagellates of the equatorial Atlantic Ocean: Cyst-theca relationship, taxonomy and aspects on ecology//Karwath B. Ecological studies on living and fossil calcareous dinoflagellates of the equatorial and tropical Atlantic Ocean. Berichte aus dem Fachbereich Geowissenschaften, Universität Bremen, 152: 93–136.

Jörgensen E. 1905. Protist Plankton of northern Norwegian Fiords (Winter and Spring 1899, 1900). Bergens Museums Skrifter, 1905: 1–151, pls. 6–18.

Karsten G. 1906. Das Phytoplankton des Atlantischen Ozeans nach dem Material der deutschen Tiefsee-Expedition, 1989–1899. Wiss. Ergebn. Dt. Tiefsee-Exped. Valdivia, 2(2): 137–219.

Kawami H, Van Wezel R, Koeman R P T, et al. 2009. *Protoperidinium tricingulatum* sp. nov. (Dinophyceae), a new motile form of a round, brown, and spiny dinoflagellate cyst. Phycological Research, 57: 259–267.

Kimor B, Wood B. 1975. A plankton study in the eastern Mediterranean Sea. Marine Biology, 29: 321–333.

Kisselev I A. 1950. Pantsyrnye zhguitkonosty (Dinoflagellata) morey I presnykh vod SSSR. Opred. Faune SSSR, Izdav. Zool. Inst., Akad. Nauk SSSR, 33: 1–279.

Kofoid C A. 1905. Reports of the scientific results of the Expedition to the Eastern tropical Pacific, in charge of Allexander Agassiz, by the U.S. Fish Commission Steamer "Albatross", from October, 1904, to March, 1905, Lieut. Commander L.M. Garrett, U.S.N., commanding. Ⅲ. Craspedotella, a new genus of the Cystoflagellata, an example of convergence. Bulletin of the Museum of Comperative Zoology at Harvard College, 46(9): 163–165.

Kofoid C A. 1907a. Dinoflagellates of the San Diego Region. Ⅲ. Description of new species. University of California Publications in Zoology, 3(13): 299–340, pls. 22–33.

Kofoid C A. 1907b. Reports on the scientific results of the expedition to the eastern tropical Pacific, in charge of Alexander Aggassiz, by the U.S. Fish Commission steamer "Albatross", from October, 1904, to March, 1905, Lieut.-Commander L.M. Garrett, U.S.N., commanding. IX. New species of dinoflagellates. Bulletin of the Museum of Comparative Zoology at Harvard College, 50(6): 163–207, pls. 1–18.

Kofoid C A. 1911a. Dinoflagellates of the San Diego region IV. The genus *Gonyaulax*, with notes on ist skeletal morphology and a discussion of its generic and specific characters. University of California Publications in Zoology, 8: 187–286.

Kofoid C A. 1911b. Dinoflagellates of the San Diego region V. On *Spiraulax*, a new genus of the Peridinida. University of California Publications in Zoology, 8: 295–300.

Kofoid C A, Michener J R. 1911. Reports on the Scientific Results of the Expedition to the Eastern Tropical Pacific, in Charge of Alexander Agassiz, by the U.S. Fish Commission Steamer "ALBATROSS", from October 1904, to March, 1906, Lieut. L.M. Garrett, U.S.N., commanding. XXII. New genera and species of Dinoflagellates. Bulletin of the Museum of Comparative Zoology at Havard College, 54(7): 267–302.

Kofoid C A, Skogsberg T. 1928. Reports on the scientific results of the expedition to the eastern tropical Pacific, in charge of Alexander Aggassiz, by the U.S. Fish Commission steamer "Albatross", from October, 1904, to March, 1905, Lieut. -Commander L.M. Garrett, U.S.N., commanding. XXXV. The Dinoflagellata: The Dinophysoidae. Memoirs of the Museum of Comparative Zoology at Harvard College, 51: 1–766, pls. 1–31.

Kofoid C A, Swezy O. 1921. The free-living unarmored Dinoflagellata. Memoirs of the University of California, 5: 1–538.

Krakhmalnyi A F, Zarei Darki B. 2018. *Protoperidinium hurmusum* sp. nov (Dinoflagellata)b from the Strait of Hormuz (Iran). International Journal on Algae, 20(3): 231–238.

Larsen J, Kuosa H, Ilkävalko J, et al. 1995. A redescription of *Scrippsiella hangoei* (Schiller) comb. nov. -a' red tide' dinoflagellate from the northern Baltic. Phycologia, 34(2): 135–144.

Lebour M V. 1923. Plymouth Peridinians. IV. The plate arrangement of some *Peridinium* species. Journal of the Marine Biological Association of the United Kingdom, 13(1): 266–270.

Lebour M V, Sc D, F Z S. 1925. The Dinoflagellates of Northern Seas. Marine Biological Association of the United Kingdom: 1–250, incl. pls. 1–35.

Léger C. 1973. Diatomées et dinoflagellés de la mer Ligure. Systématique et distribution en juillet 1963. Bull. Inst. océanogr. Monaco, 71(1425): 11.

Lessard E J, Swift E. 1986. Dinoflagellates from the North Atlantic classified as phototrophic or heterotrophic by epiflourescence microscopy. J. Plankton Res., 8: 1209–1215.

Lewis J, Dodge J D, Tett P. 1984. Cyst-theca relationships in some *Protoperidinium* species (Peridiniales) from Scottish sea lochs. Journal of Micropaleaentology, 3(2): 25–34.

Li Ruixiang, Pan Yulong, Sun Huiying, et al. 2016. The morphological identification of *Protoperidinium* (Peridiniales, Dinophyceae) species on the coasts of China. Acta Oceanol. Sin., 35(4): 108–117.

Licea S, Zamudio M E, Luna R, et al. 2004. Free-living dinoflagellates in the southern Gulf of Mexico: report of data. Phycological Research, 52: 419–428.

Lindemann E. 1928. Abteilung Peridineae (Dinoflagellatae)//Engler A, Prantl K. Die natürlichen Pflanzenfamilien nebst ihren Gattungen und wichtigeren Arten insbesondere den Nutzpflanzen. Auflage 2, Band., 2: 3–104.

Loeblich A R Ⅲ. 1965. Dinoflagellate Nomenclature. Taxon, 14(1): 57–61.

Loeblich A R Ⅲ. 1968. A new marine dinoflagellate genus, Cachonina, in axenic culture from the Salton Sea, California with remarks on the genus *Peridinium*. Proceedings of the Biological Society of Washington, 81: 91–96.

Loeblich A R Ⅲ. 1970. The amphiesma or dinoflagellate cell covering. Proceedings of the North American Paleontological Convention, Chicago, Part G: 867–929.

Loeblich A R Ⅲ. 1976. Dinoflagellate Evolution: Speculation and Evidence. The Journal of Protozoology, 23(1): 13–28.

Mangin L. 1911. Sur l'existence d'individus dextres et senestres chez certains Peridiniens. Compte Rendu Hebdomadaire des Séances de l'Académie des Sciences. Paris, 153: 27–32.

Mangin L. 1922. Phytoplancton Antarctique. Expedition Antarctique de la 'Scotia', 1902–1904. Memoires de I Academic des Sciences, Paris, 57: 1–134.

Margalef R. 1948. Fitoplancton nerítico de la Costa Brava en 1947–48. Publnes Inst. Biol. Apl., Barcelona, 5: 41–51.

Margalef R. 1957. Fitoplancton de las costas de Puerto Rico. Invest. Pesq., 6: 39–52.

Margalef R. 1961a. Fitoplancton atlántico de las costas de Mauretania y Senegal. Investigaciones Pesqueras, 20: 131–143.

Margalef R. 1961b. Hidrografía y fitoplancton de un área marina de la costa meridional de Puerto Rico. Investigaciones Pesqueras, 18: 33–96.

Margalef R. 1969. Diversidad de fitoplancton de red en dos áreas del Atlántico. Invest. Pesq, 33(1): 275–286.

Margalef R, Duran M. 1953. Microplancton de Vigo, de Octobre de 1951 a septiembre de 1952. Publs Inst. Biol. Apl., 13: 5–78.

Marshall S M. 1933. The production of microplanktion in the Great Barrire Reef region. Sci. Rep. Gt. Barrier Reef Exped., 2(5): 111–157.

Martin G W. 1929. Dinoflagellates from marine waters and brackish waters of New Jersey. University of Iowa Studies. Studies in Natural History NS, 159: 1–32.

Matzenauer L. 1933. Die Dinoflagellaten des Indischen Ozeans. Botanical Archives, 35: 437–510.

Meunier A. 1910. Microplancton des mers de Barents & de Kara//Duc d'Orléans Campagne Arctique de 1907. Bulens, Bruxelles: 1–355, pls. 1–36.

Meunier A. 1919. Microplancton de la mer Flamande. Ⅲ. Les Péridiniens. Mémoires du Musée Royal d'Histoire Naturelle de Belgique, 8(1): 1–116.

Montresor M. 1995. *Scrippsiella ramonii* sp. nov. (Peridiniales, Dinophyceae) a marine dinoflagellate producing a calcareous resting cyst. Phycologia, 34(1): 87–91.

Montresor M, Zingone A. 1988. *Scrippsiella precaria* sp. nov. (Dinophyceae), a marine dinoflagellate from the Gulf of Naples. Phycologia, 27(3): 387–394.

Murray G, Whitting F. 1899. New Peridiniaceae from the Atlantic. Trans. Linn. Soc. London. Botany, 5: 321–342.

Nie D. 1939. Dinoflagellate of the Hainan region. Ⅱ. On the thecal morphology of Blepbarocysta, with a description of a new species. Contr. Biol. Lab. Sci. Soc. China, 13(3): 23–42.

Nie D. 1944. Sinodiniidae, a new family of Peridiniida (Protozoa, Dinoflagellata). Transactions of the American Microscopical Society, 64: 196–202.

Nie D. 1947. Thecal morphology of some dinoflagellates of Woods Hole, with special reference to the "ventral area". Biol. Bull. Mar. Biol. Lab. Woods Hole, 93(2): 210–211.

Nie D, Wang C-C. 1941. Dinoflagellata of the Hainan Region, Ⅲ. On *Metadinophysis sinensis*, a new genus and species of Dinophysidae. Sinensia, 12: 217–226.

Okolodkov Y B. 1993. Dinoflagellates from the Norwegian, Greenland and Barents Seas, and the Faroe–Shetland Islands area collected in the cruise of r/v "Oceania", in June–July 1991. Polish Polar Research, 14(1): 9–24.

Okolodkov Y B. 1998. A check-list of dinoflagellates recorded from the Russian Arctic Seas. Sarsia, 83(4): 267–292.

Okolodkov Y B. 1999. *Protoperidinium falk–petersenii* sp. nov. (Dinophyceae, Peridiniales) from the Barents Sea. Botanical Journal, Russian Academy of Science, 84(3): 116–119.

Okolodkov Y B. 2003. Further observations on a hypothecal pore in the genus *Protoperidinium* Bergh (Dinoflagellata). Hidrobiológica, 13(4): 263–269.

Okolodkov Y B. 2005. *Protoperidinium* Bergh (Dinoflagellata) in the southeastern Mexican Pacific Ocean: Part Ⅰ. Botanica Marina, 48(4): 284–296.

Okolodkov Y B. 2008. *Protoperidinium* Bergh (Dinophycene) of the National Park Sistema Arrecifal Veracruzano, Gulf of Mexico,With a Key for Identifiction. Universidad Veracruzana, Centro de Ecología y Pesquerías, Calle Hidalgo Núm. Acta Botanica Mexicana, 84: 93–149.

Okolodkov Y B, Dodge J D. 1997. Morphology of some rare ang unusual dinoflagellates from the north–eastern Atlantic. Nova Hedwigia, 64: 3–4, 353–365.

Okolodkov Y B, Gárate–Lizárraga I. 2006. An annotated checklist of Dinoflagellates (Dinophyceae) from the Mexican Pacific. Acta Botanica Mexicana, 74: 1–154.

Omura T, Lwataki M, Borja V M, et al. 2012. Marine Phytoplankton of the Western Pacific. Tokyo, Japan: Kouseisha Kouseikaku Co., Ltd.: 1–160.

Osorio–Tafall B F. 1942. Notas sobre algunos dinoflagelados marinos planctónicos marinos de México, con descripción de nuevas especies. An. Esc. Nac. Cienc. Biol. México, 2: 435–447.

Ostenfeld C H, Schmid J. 1901. Plankton fra det Röde Hav og Adenbugten. Vidensk. Medd. Naturh. Foren. Kjöbenhavn., 1901: 141–182.

Paulsen O. 1908. Peridiniales. Nordisches Plankton (Bot. Teil.), 18: 1–124.

Paulsen O. 1949. Observations on dinoflagellates. Kongelige danske Videnskabernes Selskab. Biol. Skr., 6(4): 1–67.

Pavillard J. 1905. Recherches sur la flore pélagique (Phytoplankton) de l' Étang de Thau. Travail de l' Institut de Botanique de l'Université de Montpellier et de la Station Zoologique de Cette, Série mixte, Mémoire, 2: 5–116, pls. 1–3.

Pavillard J. 1916. Recherches Sur les peridiniens du Golfe du Lion. Trav. Inst. Bot. Univ. Montpellier, Ser. Mix., Mem., 4: 9–70, incl. pls. 1–3.

Pavillard J. 1931. Phytoplankton (Diatomées, Péridiniens) provenant des campagnes scientifiques du Prince Albert Ier de Monaco. Résultats des Campagnes Scientifiques accomplies sur son Yacht par Albert 1er Prince souverain de Monaco, publiés sous sa direction avec la concours de M. Jules Richard, 82: 1–208.

Pertola S, Faust M A, Kuosa H. 2006. Survey on germination and species composition of dinoflagellates from ballast tanks and recent sediments in ports on the South Coast of Finland, North–Eastern Baltic Sea. Marine Pollution Bulletin, 52(2006): 900–911.

Polat S, Işik O. 2002. Phytoplankton distribution, diversity and nutrients at the NE Mediterranean Coast of Turkey (Karataş –Adana). Turk. J. Botany, 26: 77–86.

Polat S, Koray T. 2007. Planktonic dinoflagellates of the northern Levantine Basin, northeastern Mediterranean Sea. European Journal of Protistology, 43: 193–204.

Qi Y Z, Zheng L, Lu S H, et al. 1996. The ecology and occurrence of harmful algal blooms in the South China Sea// Yasumoto T, Oshima Y, Fukujo Y. Harmful and Toxic Algal Blooms. Interg. Ocean. Comm. UNESCO: 377–380.

Rampi L. 1941. Ricerche sul fitoplancton del Mar Ligure, 3. Le Heterodiniaceae e le Oxytoxaceae delle acque di san Remo. Annali Mus. civ. Stor. nat. G. Doria, Genova, 61: 50–70.

Rampi L. 1950a. Péridiniens rares ou nouveaux pour le Pacifique Sud–Équatorial. Bull. Inst. Océanogr. Monaco, 974: 1–12.

Rampi L. 1950b. Ricerche sul fitoplancton del Mare Ligure. 9 *Peridinium* delle acque di Sanremo. Atti Accad. Ligure, 7: 231–240, pls. 1–2.

Rampi L. 1952a. Ricerche sul Microplancton di superficie del Pacifico tropicale. Bull. Inst. Océanogr. Monaco, 1014: 1–16.

Rampi L. 1952b. Su alcune Peridinee nuove od interessanti racolte nelle acque di San Remo. Atti della Accademia Ligure di Scienze e Lettere, Annata 1951, Genova, 8: 104–114, pls. 1–2.

Rampi L, Bernhard M. 1980. Chiave per la determinazione delle peridinee pelagiche mediterranee. Comitato Nazionale Energia Nucleare RT/BIO (80), 8: 1–193.

Ricard M. 1974. Quelques dinoflagellés planctoniques marins de Tahiti étudiés en microscope à balage. Protistologica, 10: 125–135.

Saunders R D, Dodge J D. 1984. An SEM study and taxonomic revision of some armoured sand–dwelling dinoflagellates. Protistologica, 20: 271–283.

Schiller J. 1935. Dinoflagellatae (Peridineae) in monographischer Behandlung//Dr. L. Rabenhorst's Kryptogamen–Flora von Deutschland, Österreich und der Schweiz. Bd., 10(3). Teil, 2(2): 161–320.

Schiller J. 1937. Dinoflagellatae (Peridineae) in monographischer Behandlung//Dr. L. Rabenhorst's Kryptogamen–Flora von Deutschland, Österreich und der Schweiz. Bd., 10(3). Teil, 2(3): 321–480.

Schmidt J. 1901. Flora of Koh Chang. Contributions to the knowledge of the vegetation in the Gulf of Siam. Peridiniales. Botanisk Tidskrift, 24: 212–221.

Schröder B. 1900. Phytoplankton des Golfes von Neapel. Mitt. Zool. Stat. Neapel., 14: 1–38, incl. pls. 1.

Schröder B. 1906. Beiträge zur Kenntnis der phytoplankton warmer Meere. Vierteljaha Naturf. Ges. Zürich, 51: 319–377.

Schütt F. 1895. Die Peridineen der Plankton Expedition. Ⅰ. Theil. Studien über die Zellen der Peridineen. Ergebnisse der Plankton–Expedition der Humboldt–Stiftung, 4: 1–170.

Siano R, Montresor M. 2005. Morphology, ultrastructure and feeding behaviour of *Protoperidinium vorax* sp. nov. (Dinophyceae, Peridiniales). European Journal of Phycology, 40(2): 221–232.

Silva E S. 1956. Contribucáo para o estudo do microplâncton marinho de Mocambique. Est. Docum., Minist. Ultramar Jta Invest. Ultram. Lisboa, 28: 1–97, incl. pls. 1–14.

Silva A, Bazzichelli G. 1988. Dinoflagellates from the coastal lakes of Latium, Italy. Nova Hedwigia, 46: 357–368.

Skvortzov B W. 1968. New and little known Peridinea from northern Manchuria, China. Quarterly Journal of the Taiwan Museum, 21: 79–114.

Smayda T J. 2010. Adaptations and selection of harmful and other dinoflagellate species in upwelling systems 1. Morphology and adaptive polymorphism. Progress in Oceanography, 85: 53–70.

Sournia A. 1967. Contribution a la connaisance des péridinies microplanctoniques du Canal de Mozambique. Bull. Mus. nat. Hist. Nat. Paris, Ser. 2, 39(2): 417–438.

Sournia A. 1970. A checklist of planktonic diatoms and dinoflagellates from the Mozambique Channel. Bull. Mar. Sci., 20: 678–696.

Sournia A. 1972. Une période de poussées phytoplanctoniques près de Nosy–Bé (Madagascar) en 1971. Ⅰ. Espèces rares ou nouvelles du phytoplancton. Cahier O.R.S.T.O.M., Série Océanographie, 10(2): 151–159.

Sournia A. 1973. Catalogue des especes et taxons infraspecifiques de Dinoflagelles marins actuels. Ⅰ. Dinoflagelles libres. Beih. Nova Hedwigia, 48: 1–92.

Sournia A. 1984. Classification et nomenclature de divers dinoflagellés marins (Dinophyceae). Phycologia, 23: 345–355.

Sournia A. 1986. Atlas du Phytoplancton Marin. Introduction, Cyanophycées, Dictyochophycées, Dinophycées et Raphidophycées. Paris, France: CNRS: 1–219.

Spector D L. 1984. Dinoflagellates. Orlando: Academic Press, Inc.: XIV+514.

Steidinger K A. 1979. Collection, enumeration and identification of free–living marine dinoflagellates//Taylor D L, Seliger H H. Toxic Dinoflagellate Blooms. New York, Amsterdam, Oxford: Elsevier North Holland Inc.: 435–442.

Steidinger K A. 1983. A re–evaluation of toxic dinoflagellate biology and ecology. Progress in Phycological Research, 2: 147–188.

Steidinger K A, Balech E. 1977. *Scrippsiella subsalsa* (Ostenfeld) comb. nov. (Dinophyceae) with a discussion on *Scrippsiella*. Phycologia, 16: 69–73.

Steidinger K A, Davis J T, Williams J. 1967b. A key to the marine Dinoflagellate genera of the west coast of Florida. St. Petersburg, 52: 1–45, incl. pls. 1–9.

Steidinger K A, Haddad K. 1981. Biological and hydrographic aspects of red tides. BioScience, 31: 814–819.

Steidinger K A, Joyce E A. 1973. Florida Red Tides. St. Petersburg: State of Florida Department of Natural Resources: 29.

Steidinger K A, Williams J. 1970. Dinoflagellates–Memoirs of the Hourglass Cruises. Mar. Res. Lab., Fla Dept. nat. Resources, St. Peterburg, 2: 1–251, incl. pls. 1–45.

Stein F R von. 1883. Der Organisms der Infusionsthiere. Leipzig, Germany: Wilhelm Engelmann: 1–31.

Subrahmanyan R. 1971. The Dinophyceae of the Indian Seas. Ⅱ. Family Peridiniaceae Schüt emend. Lindemann. Mar. Biol. Ass. India, Mem., 2(2): 1–334.

Tai L S, Skogsberg T. 1934. Studies on the Dinophysoidea, marine armoured dinoflagellates, of Monterey Bay, California. Archiv für Protistenkunde, 82(3): 380–482.

Takayama H. 1985. Apical grooves of unarmored dinoflagellates. Bulletin of Plankton Society of Japan, 32(2): 129–140.

Tas S, Okuş Koray E T. 2006. New record of a dinoflagellate species *Corythodinium tesselatum* (Stein) Loeblich Jr. & Loeblich Ⅲ from Zurkish coastal waters of the North–eastern Mediterranean Sea. Turkish Journal of Botany, 30: 55–57.

Taylor D L. 1971. Ultrastructure of the zooxanthella Endodinium chattoni in situ. J. Mar. Biol. Assoc. U. K., 51: 227–234.

Taylor F J R. 1976. Dinoflagellates from the International Indian Ocean 1976. Expedition. Bibliotheca Botanica, 132: 1–234, pls. 1–46.

Taylor F J R. 1979. The toxigenic gonyaulacoid dinoflagellates. In: Taylor D L, Seligern H H. Toxic Dinoflagellate Blooms. New York, Amsterdam, Oxford: Elsevier North Holland Inc.: 47–56.

Taylor F J R. 1980. On dinoflagellate evolution. BioSystems, 13: 65–108.

Taylor F J R. 1987. Dinoflagellate morphology//Taylor F J R. The Biology of Dinoflagellates. Botanical Monographs, 21: 24–91.

Taylor F J R. 1992. The taxonomy of harmful marine phytoplankton. Giornale Botanico Italiano, 126(2): 209–219.

Tomas C R. 1997. Identifying Marine Phytoplankton. San Diego: Academic Press: 1–858.

Tu H K, Chiang Y M. 1972. Dinoflagellates collected from the north–eastern part of the South China Sea. Acta Oceanogr. Taiwanica Science Reports of the National Taiwan University, 2: 134–136.

Vershinin A, Morton S L. 2005. *Protoperidinium ponticum* sp. nov. (Dinophyceae) from the northeastern Black Sea coast of Russia. Botanica, Marina, 48(3): 244–247.

Wall D, Dale B. 1968. Modern dinoflagellate cysts and evolution of the Peridiniales. Micropaleontology, 14(3): 265–304, pls. 1–4.

Wall D, Dale B, Lohmann G P, et al. 1977. The environmental and climatic distribution of dinoflagellate cysts in modern marine sediments from regions in the North and South Atlantic Oceans and adjacent seas. Marine Micropaleontology, 2: 121–200.

Wang C C. 1936. Dinoflagellata of the Gulf of Pe–Hai. Sinensia, Nanking, 7(2): 128–171.

Wang C C, Nie D. 1932. A survey of the marine protozoa of amoy. Contributions from the Biological Laboratory of the Science Society of China (Zoological Series), 8(9): 284–385.

Wood E J F. 1954. Dinoflagellates in the Australian region. Australian Journal of Marine and Freshwater Research, 5(2): 171–351.

Wood E J F. 1963a. Check–list of dinoflagellates recorded from the Indian Ocean. Rep. Div. Fish. Oceanogr. C. S. I. R. O. Austr., 28: 1–57.

Wood E J F. 1963b. Dinoflagellates in the Australian region. Ⅱ. Recent Collections. Techn. Pap. Div. Fish. Oceanogr. C. S. I. R. O. Austr., 14: 1–55.

Wood E J F. 1963c. Dinoflagellates in the Australian region. Ⅲ. Further Collections. Techn. Pap. Div. Fish. Oceanogr. C. S. I. R. O. Austr., 17: 1–20.

Wood E J F. 1968. Dinoflagellates of the Caribbean Sea and adjacent areas. Univ. Miami, Coral Gables, Florida, USA.: 1–143.

Xiao J, Sun N, Zhang Y W, et al. 2018. *Heterocapsa bohaiensis* sp. nov. (Peridiniales: Dinophyceae): a novel marine dinoflagellate from the Liaodong Bay of Bohai Sea, China. Acta Oceanol. Sin., 37(10): 18-27.

Yamaguchi A, Horiguchi T. 2008. Culture of the heterotrophic dinoflagellate *Protoperidinium crassipes* (Dinophyceae) with noncellular food items. Journal of Phycology, 44(4): 1090–1092.

学名索引

拉丁种名	中文名	页码